认识数学

DISCOVER
MATHEMATICS
1

席南华
主编

科学出版社

北京

内 容 简 介

本书是《认识数学》系列数学科普书的第一卷，由 10 篇文章组成，作者均是中国科学院数学院系统科学研究院的科研人员．内容包括黎曼猜想——引无数英雄竞折腰，三角往事，凭声音能听出鼓的形状吗，三体问题——天体运行的数学一瞥，图论就在我们身边，孤立子背后的数学，真的吗？如何检验？群体运动中的数学问题，剑桥分析学派，数学的意义．文章选题的主要考虑因素是有趣、深刻和重要，写作力求引人入胜．

本书的读者对象是大学生、受过高等教育的一般大众，部分内容感兴趣的中学生和读过高中的大众也是能读明白的，而且读后对数学会有新的认识．

图书在版编目(CIP)数据

认识数学. 1/席南华主编. —北京：科学出版社，2022.12
ISBN 978-7-03-074202-5

I. ①认⋯ II. ①席⋯ III. ①数学–普及读物 IV. ①O1-49

中国版本图书馆 CIP 数据核字 (2022) 第 235835 号

责任编辑：李 欣 李香叶／责任校对：彭珍珍
责任印制：肖 兴／封面设计：有道文化

科 学 出 版 社 出版
北京东黄城根北街 16 号
邮政编码：100717
http://www.sciencep.com
北京九天鸿程印刷有限责任公司 印刷
科学出版社发行 各地新华书店经销
*
2022 年 12 月第 一 版 开本：720 × 1000 1/16
2023 年 1 月第二次印刷 印张：16 1/2
字数：220 000
定价：98.00 元
(如有印装质量问题，我社负责调换)

序

在信息时代, 数学发挥着日益重要的作用, 国家和社会对数学也是特别的重视. 在这样的背景下, 社会对数学科普的需求是巨大的. 中国科学院数学与系统科学研究院作为国家最高的数学与系统科学研究机构, 有责任参与数学的科普工作. 实际上, 在科普领域, 该研究机构有优良的传统, 华罗庚、吴文俊、王元、林群等人的科普作品广泛传播, 脍炙人口.

《认识数学》将是一个系列丛书. 本次出版该丛书的前三卷, 主要是我的一些同事写的科普文章. 这些文章都写得十分有趣, 可读性强, 富有数学内涵, 读后对认识数学、理解数学的思维、感受数学的无处不在和数学的威力等方面都会是很有益的. 这三卷书还包括李文林先生写的数学史方面的两篇文章, 以及韦伊 (A. Weil) 关于数学史的文章的译文. 也包括三篇本人的文章, 有两篇是以前已经发表了, 有一篇是专为本系列丛书而写的. 这些写文章的同事中有些认为写科普文章不是他们的工作, 有其他的人做此事, 我感到他们是瞎扯, 有那么点糊涂劲儿, 写完后他们都很喜欢自己的文章.

第一卷的主题有黎曼猜想——引无数英雄竞折腰, 三角往事, 凭声音能听出鼓的形状吗, 三体问题——天体运动的数学一瞥, 图论就在我们身边, 孤立子背后的数学, 真的吗? 如何检验? 群体运动中的数学问题, 剑桥分析学派, 数学的意义等.

第二卷的主题有费马大定理, 朗兰兹纲领简介, 最速降线问题, 生活中的电磁和数学，最短距离中的一些数学问题，醉汉凌乱的脚步能否把他带回家？自己能抗干扰的控制方法，莫斯科数学学派，基础数学的一些过去和现状等.

第三卷的主题有悖论、逻辑和不完全性定理，流体的奥秘——流体力学方程，寻找最优，压缩感知的数学原理，辗转相除法——算法的祖先，熵助我们理解混乱与无序，密码与数学，数学史：为什么，怎么看等.

这些文章涉及的主题的多样性能让读者窥见数学的丰富和引人入胜.

第一卷到第三卷共有三篇数学史方面的文章，其中两篇的主题分别是莫斯科数学学派和剑桥分析学派. 这两个学派的兴起与发展的过程对我们都有很多的启示. 前者是在落后的局面发展起来的，后者是曾经兴旺，由于保守僵化而落后，然后再兴起的.

韦伊关于数学史的文章对数学史的价值有自己独到深刻的观点，其深邃流畅的思维让人赞叹，这是一篇很有影响的数学史文章.

在阅读本书的过程中，有些地方可能需要读者做一些思考，从而对相关的内容能有更好的理解. 书中的文章都是可以多读几遍的，那样会有更深的理解.

读者也可能对某些地方的符号和细节不太明白，但不必在意那些不太明白的内容，因为忽略这些仍可以继续阅读，并从中受益.

刚开始挑着看一些段落或内容阅读也是一个可以采用的阅读方式，应该也会被内容触动而有所思考，提升认识等.

十分感谢巩馥洲研究员在本书的组稿过程中给予的帮助. 特别感谢刘伟冬先生的团队为本书设计了意蕴丰富让人心动的封面，这个封面似乎要把人带到神奇的数学世界.

席南华

2022 年 9 月 30 日于中关村

目　录

黎曼猜想

——引无数英雄竞折腰

席南华

如果要问一个数学家, 在数学里面哪个问题最有名, 很可能你会听到的答案是: 黎曼猜想. 黎曼猜想有时称为黎曼假设, 它是关于一个称为黎曼 zeta 函数的零点的断言.

所谓函数的零点, 就是让函数取值为 0 的点, 用方程的语言说就是这个函数的根, 含义类似于多项式的根, 如 $x^2 - 1$ 的零点就是 $x^2 - 1 = 0$ 的根 1 和 -1; 正弦函数 $\sin x$ 的零点就是 $0, \pi, -\pi, 2\pi, -2\pi, \cdots, n\pi,$ $-n\pi, \cdots$, 因为 $\sin n\pi = 0 = \sin(-n\pi)$. 要说清楚这个猜想和它的重要性, 我们需要从整数中的素数说起.

 **1.1 素数**

经常遇到要把一群人平均分为若干组, 若干数量的物品平均分配等这类事情. 有时候这样的事情很容易做到, 比如 99 个人平均分成 9 组; 有时候这样的事情并不容易做到, 比如 8 个苹果平均分给 3 个人. 你很快就识别出这里问题的本质为一个数是否为另一个数的 (整) 倍数. 现在你可能会想到我们每天的时间分成 24 小时, 每小时分成 60 分钟是很

智慧的设计: 12 小时是半天, 6 小时是四分之一天, 30 分钟是半小时, 15 分钟是一刻钟等. 如果每天的时间分成 23 小时, 每小时分成 59 分钟, 那会带来很多的不便, 极大增加日常生活和工作的复杂度.

在正整数里面, 每个数当然是 1 的倍数, 也是自身的倍数, 常常还是一些其他数的倍数, 比如刚才说到的 99 还是 9 和 11 的倍数, 8 还是 2 和 4 的倍数. 但是也有很多的正整数, 除了 1 和自身以外, 不是任何其他正整数的倍数, 如 2, 3, 5, 7, 11, 13, $\cdots$. 这类数称为**素数**, 也称为**质数**, 它们不能写成两个更小的正整数的乘积, 从而构成整数乘法的基本单元, 这是说: **每个大于 1 的正整数都能写成素数的乘积, 而且这个写法本质上是唯一的** (即利用乘法交换性, 可以把一个写法变到另一个写法, 如 2×3 和 3×2 本质上是一样的).

这个结论看上去极其简单, 但却十分重要, 被称为算术基本定理. 它也说明素数在整数乘法中的角色类似于原子在物质世界的角色. 素数的内涵是极其丰富的, 甚至可以说是广袤又深不可测. 很多小学生都能理解的问题到现在都无法证明或回答, 如

哥德巴赫猜想: 每个大于 2 的偶数都是两个素数的和.

孪生素数猜想: 存在无穷多的素数, 它们加上 2 之后还是素数.

素数的个数: 给了一个正数 x, 在 1 和 x 之间有多少个素数?

对哥德巴赫猜想, 我们可以试一些偶数, 易见 $6 = 3+3, 20 = 13+7$, $100 = 3 + 97 = 41 + 59, \cdots$. 到目前为止, 关于哥德巴赫猜想最著名的工作是陈景润 1966 年证明的结果: 每个充分大的偶数是 1 个素数加上素因子个数不超过 2 的正整数, 俗称 "1+2". 关于素因子的个数, 我们用例子说一下, 素数的素因子个数是 $1, 6 = 2 \times 3$ 的素因子个数为 2, $12 = 2 \times 2 \times 3$ 的素因子个数为 3.

对于孪生素数, 我们有一些例子, 如 3, 5, 11, 17, 29, 41 等加 2 之后还是素数. 刚开始很容易找到这样的素数, 后面就越来越少了. 2013 年

华裔数学家张益唐在孪生素数猜想上取得突破, 他证明了存在无穷多个素数, 它们中的每一个加上某个比 7000 万小的数是素数.

对于找出在 1 和 x 之间的素数个数, 到现在为止, 没有一个可用的公式. 不过沿着这条路的探索却是成果丰硕, 一些最伟大的数学家在这里都做出让人惊叹的贡献. 首先, 我们知道**素数有无穷多个**. 在欧几里得的《几何原本》中有一个优美的证明:

如果我们已经有素数 p_1, p_2, p_3, $\cdots$, p_n, 考虑它们的乘积加 1

$$p_1 p_2 p_3 \cdots p_n + 1.$$

很明显, p_1, p_2, p_3, $\cdots$, p_n 都不整除这个数, 所以这个数的素因子都有别于前面的 n 个素数, 于是我们得到一个新的素数 p_{n+1}. 继续这个过程, 我们就能得到无穷多个素数. 比如, 从 2 开始, $2+1=3$ 是素数; $2\times3+1=7$ 是素数; $2\times3\times7+1=43$ 是素数; $2\times3\times7\times43+1=13\times139$, 这里的素因子 13 和 139 和前面的 2, 3, 7, 43 是不一样的素数……

往事越千年, 素数有无穷多个的结论是那么清晰, 欧几里得的证明是那么得优美, 很容易让人觉得这件事情没有进一步研究的价值, 以致在后面两千多年的时间里人类在素数个数的认识上陷入停滞. 原因是多方面的, 其中一个重要的原因是进一步认识素数还需要更多的数学工具和理论, 包括微积分、无穷级数、无穷乘积、复分析等.

时间到了 18 世纪, 伟大的数学家欧拉 (L. Euler) 登场了.

 ## 1.2 欧拉对素数有无穷多个的证明

欧拉从前面说过的算术基本定理出发, 对素数有无穷多个给了另一个证明. 我们很快就会看到, 这个证明开启了一扇大门, 影响是深远的. 欧拉的证明用到等比数列的求和. 对一个非零数 x, 下面的数列是一个等比数列 (后一项和前一项的比都是一样的):

$$1, \ x, \ x^2, \ \cdots, \ x^n, \ \cdots.$$

它的前 n 项的求和记作 S_n. 如果 $x \neq 1$, 就有

$$S_n = 1 + x + x^2 + \cdots + x^{n-1} = \frac{1 - x^n}{1 - x}. \tag{1}$$

上式的第二个等式可以推导如下:

$$\begin{aligned}
S_n - xS_n &= 1 + x + x^2 + \cdots + x^{n-1} - x(1 + x + x^2 + \cdots + x^{n-1}) \\
&= 1 + x + x^2 + \cdots + x^{n-1} - (x + x^2 + x^3 + \cdots + x^{n-1} + x^n) \\
&= 1 - x^n.
\end{aligned}$$

所以 $(1 - x)S_n = 1 - x^n$, 两边除以 $1 - x$, 得 $S_n = \dfrac{1 - x^n}{1 - x}$.

如果 x 的绝对值 $|x|$ 小于 1, 那么当 n 很大时, x^n 的绝对值就会很小, 比如 $0.999^{10000} < 0.00005$. 容易理解, 如果 x 的绝对值小于 1, 当 n 越来越大时, x^n 就会越来越接近 0, 从而 $S_n = 1 + x + x^2 + \cdots + x^{n-1} = \dfrac{1 - x^n}{1 - x}$ 越来越接近 $\dfrac{1}{1 - x}$. 在数学上, 我们是这样说刚才的现象: 如果 x 的绝对值 $|x|$ 小于 1, 等比数列 $1, x, x^2, \cdots, x^n, \cdots$ 的全部项加起来得到的无穷和 $1 + x + x^2 + \cdots + x^{n-1} + \cdots$ 收敛到 $\dfrac{1}{1 - x}$, 并记作

$$1 + x + x^2 + \cdots + x^{n-1} + \cdots = \frac{1}{1 - x}, \qquad \text{如果 } |x| < 1. \tag{2}$$

如果 p 是素数, 那么 $0 < \dfrac{1}{p} < 1$, 根据上式, 我们有

$$1 + \frac{1}{p} + \frac{1}{p^2} + \cdots + \frac{1}{p^{n-1}} + \cdots = \frac{1}{1 - \dfrac{1}{p}}. \tag{3}$$

现在回到欧拉的证明. 如果素数只有有限个, 记作 $p_1, p_2, p_3, \cdots, p_k$. 根据算术基本定理, 每个正整数就能写成这些素数的乘积 $p_1^{a_1} p_2^{a_2} \cdots p_k^{a_k}$,

其中 $a_1, a_2, \cdots, a_k$ 都是非负整数. 要得到更多的信息, 我们尝试把所有的正整数加起来

$$1 + 2 + 3 + \cdots + n + \cdots = \sum_{m=1}^{\infty} m = \sum_{a_1, a_2, \cdots, a_k \geqslant 0} p_1^{a_1} p_2^{a_2} \cdots p_k^{a_k}$$

$$= \left(\sum_{a_1 \geqslant 0} p_1^{a_1}\right) \left(\sum_{a_2 \geqslant 0} p_2^{a_2}\right) \cdots \left(\sum_{a_k \geqslant 0} p_k^{a_k}\right).$$

这里我们用记号 $\sum$ 表示连加, 连加的范围由指标 m 和 a_i 的取值范围确定. 不过上式不能给我们带来什么有用的信息, 因为等式中的求和结果都是无穷大.

换一个想法, 考虑倒数的求和, 则得到

$$1 + \frac{1}{2} + \frac{1}{3} + \cdots + \frac{1}{n} + \cdots = \sum_{m=1}^{\infty} \frac{1}{m} = \sum_{a_1, a_2, \cdots, a_k \geqslant 0} \frac{1}{p_1^{a_1} p_2^{a_2} \cdots p_k^{a_k}}$$

$$= \left(\sum_{a_1 \geqslant 0} \frac{1}{p_1^{a_1}}\right) \left(\sum_{a_2 \geqslant 0} \frac{1}{p_2^{a_2}}\right) \cdots \left(\sum_{a_k \geqslant 0} \frac{1}{p_k^{a_k}}\right)$$

$$\underset{\text{根据公式 (3)}}{=\!=\!=\!=} \frac{1}{1 - \dfrac{1}{p_1}} \cdot \frac{1}{1 - \dfrac{1}{p_2}} \cdots \cdot \frac{1}{1 - \dfrac{1}{p_k}}.$$

很明显, 上面的式子中最后一个等式的右边是一个有理数. 如果能够说明上式第一个等式的左边的无限求和的值是无穷大, 我们就得到矛盾了, 从而说明原来的假设只有有限个素数是不成立的.

我们先注意到如下事实: 对任意的正整数 j, 有

$$\frac{1}{2^j + 1} + \frac{1}{2^j + 2} + \frac{1}{2^j + 3} + \cdots + \frac{1}{2^j + 2^j}$$

$$> \underbrace{\frac{1}{2^j + 2^j} + \frac{1}{2^j + 2^j} + \frac{1}{2^j + 2^j} + \cdots + \frac{1}{2^j + 2^j}}_{2^j \text{ 项}}$$

$$= 2^j \cdot \frac{1}{2^j + 2^j} = \frac{1}{2}.$$

于是, 前 $2^{j+1} = 2^j + 2^j$ 个正整数的倒数和为

$$1 + \frac{1}{2} + \frac{1}{3} + \cdots + \frac{1}{2^{j+1}}$$

$$= 1 + \frac{1}{2} + \left(\frac{1}{3} + \frac{1}{4}\right) + \left(\frac{1}{5} + \frac{1}{6} + \frac{1}{7} + \frac{1}{8}\right)$$

$$+ \cdots + \left(\frac{1}{2^j + 1} + \frac{1}{2^j + 2} + \frac{1}{2^j + 3} + \cdots + \frac{1}{2^j + 2^j}\right)$$

$$> 1 + \underbrace{\frac{1}{2} + \frac{1}{2} + \frac{1}{2} + \cdots + \frac{1}{2}}_{j+1 \text{ 项}} = 1 + \frac{j+1}{2} = \frac{j+3}{2}.$$

当 j 越来越大时, $\dfrac{j+3}{2}$ 会变得越来越大. 可见所有的正整数的倒数和是无穷大. 我们写下这个结论:

$$\sum_{m=1}^{\infty} \frac{1}{m} = 1 + \frac{1}{2} + \frac{1}{3} + \cdots + \frac{1}{n} + \cdots = \infty. \tag{4}$$

欧拉证明素数有无穷多个的方法看上去比欧几里得的方法要复杂得多, 但是欧拉的方法的巨大价值在于把无穷级数等微积分的工具用于研究素数, 富有启示, 开辟了一个辽阔的研究疆域.

我们继续看欧拉用他的思想方法给我们带来了什么. 仍利用算术基本定理, 以一个固定的数 s 为指数, 考虑正整数幂的倒数和, 和前面 $s = 1$ 的情况类似, 得到

$$\sum_{m=1}^{\infty} \frac{1}{m^s} = 1 + \frac{1}{2^s} + \frac{1}{3^s} + \cdots + \frac{1}{n^s} + \cdots = \prod_{p \text{ 为素数}} \frac{1}{1 - \dfrac{1}{p^s}}. \tag{5}$$

注意我们用符号 $\prod$ 表示连乘, 连乘的范围由指标的范围确定. 上式右端的乘积称为欧拉乘积.

可以证明在 $s > 1$ 时, 上式两边都是绝对收敛的, 这保证了两边都是明确的数, 而且是相等的. 如果 $s > 1$, 利用函数 x^{-s} 在区间 $[1, \infty)$ 上的积分, 很容易看出上式左边的无穷和的值在 $\dfrac{1}{s-1}$ 和 $\dfrac{s}{s-1}$ 之间.

当 s 从大于 1 的方向趋近 1 时, 由等式 (4) 知道等式 (5) 的左边趋于无穷大, 从而右边也趋于无穷大. 可见, 我们有

$$\prod_{p \text{ 为素数}} \frac{1}{1 - \dfrac{1}{p}} = \infty.$$

两边取自然对数, 得

$$\sum_{p \text{ 为素数}} \log \frac{1}{1 - \dfrac{1}{p}} = \sum_{p \text{ 为素数}} \left[-\log\left(1 - \frac{1}{p}\right) \right] = \infty.$$

当 p 很大时, $\dfrac{1}{p}$ 很小, 这时 $\log\left(1 - \dfrac{1}{p}\right)$ 与 $-\dfrac{1}{p}$ 的差别可以忽略, 从而上式给出如下等式

$$\sum_{p \text{ 为素数}} \frac{1}{p} = \infty. \tag{6}$$

这个等式是欧几里得的方法不能得到的, 它当然比说素数有无穷多个含有更多的信息. 比如, 因为知道 $\displaystyle\sum_{n=1}^{\infty} \frac{1}{n^2}$ 是一个有限数, 所以素数的个数比整数的平方数要多得多. 注意到 $\displaystyle\sum_{n=2}^{\infty} \frac{1}{n(\log n)^2}$ 也是收敛的, 即这个无限和的值是有限的, 我们进一步知道在 1 和 x 之间, 素数的个数一般会超过 $x/(\log x)^2$.

顺便说一下, 欧拉在 1735 年, 那年他 28 岁, 证明了一个初看不可思议的等式:

$$\sum_{n=1}^{\infty} \frac{1}{n^2} = 1 + \frac{1}{2^2} + \frac{1}{3^2} + \cdots + \frac{1}{n^2} + \cdots = \frac{\pi^2}{6}. \tag{7}$$

他用的方法也是很有意思: 因为 π 的整数倍是正弦函数的零点, 所以有 $\sin x = x \prod_{n=1}^{\infty} \left(1 - \frac{x^2}{n^2\pi^2}\right)$, 展开, 然后和正弦函数的泰勒级数 $\sin x = x - \frac{x^3}{3!} + \frac{x^5}{5!} - \cdots$ 比较 x^3 的系数, 就得到了等式 (7). 欧拉的这个证明的严格性是需要很多细节补充的.

等式 (5) 的左边在 $s > 1$ 时定义了一个函数

$$\zeta(s) = 1 + \frac{1}{2^s} + \frac{1}{3^s} + \cdots + \frac{1}{n^s} + \cdots . \tag{8}$$

它就是黎曼 zeta 函数的前身. 欧拉还考虑了 $\zeta(s)$ 对小于 1 的正数和负整数怎样定义. 欧拉的工作可以认为是解析数论的起源.

1.3 高斯和勒让德关于素数分布的猜想

我们很容易看出在正整数中素数的分布极不规则, 试图找出在 1 到 x 之间的素数的个数的尝试都没有成功. 到 18 世纪末, 人们已经知道很多素数了, 并把它们列成表. 对任意大于 1 的正数 x, 记

$$\pi(x) = \text{在 1 到 } x \text{ 之间的素数的个数}.$$

不再寄望对 $\pi(x)$ 得到准确的公式, 高斯 (J. C. F. Gauss) 和勒让德 (A. M. Legendre) 转而考虑 $\pi(x)$ 的渐近行为.

这显然是数论中一类新型的问题. 我们用记号 $f(x) \sim g(x)$ 表示渐近相等, 即 $\lim_{x \to \infty} \frac{f(x)}{g(x)} = 1$, 换句话说, x 充分大时, $f(x)$ 和 $g(x)$ 的差别在某种意义上是较低数量级上.

1798 年, 通过对已知素数表的研究, 勒让德发表了关于 $\pi(x)$ 渐近行为的一个猜测: $\pi(x) \sim \dfrac{x}{A\log x + B}$, 其中 A 和 B 是待定的常数 (见 [Le1, p.19]). 这是历史上公开发表的第一个与素数定理 (见下面的公式

(10)) 有关的猜测. 1808 年勒让德进一步修正了他的猜测为 (见 [Le2, p.394])

$$\pi(x) \sim \frac{x}{\log x - 1.08366}.$$

19 世纪的数学王子高斯生于 1777 年. 1849 年 12 月 24 日, 高斯给他的朋友, 天文学家恩克 (J. Encke), 写了一封信. 信中说道在 1792—1793 年 (那时十五六岁), 为了消磨时间和娱乐, 他计算了一些区间中的素数, 这些区间的长度为 1000. 他很快就发现了素数出现的频率和自然对数成反比, 从而小于 x 的素数的个数大致是如下的**对数积分函数**:

$$\mathrm{Li}\,(x) = \int_2^x \frac{dt}{\log t}. \tag{9}$$

这就意味着在 a 和 b 之间的素数的个数大致是

$$\int_a^b \frac{dx}{\log x}.$$

这个近似程度是令人惊讶的. 例如, 在 2600000 和 2700000 之间, 高斯发现有 6762 个素数, 而

$$\int_{2600000}^{2700000} \frac{dx}{\log x} = 6761.332.$$

勒让德的猜测和高斯的猜测都导致了如下被称为**素数定理** (当时是一个猜测) 的结论

$$\pi(x) \sim \frac{x}{\log x}. \tag{10}$$

不过, 比起 $\frac{x}{\log x}$, 高斯给出的 $\mathrm{Li}\,(x)$ 是 $\pi(x)$ 更好的近似, 这是一个深刻的结果.

高斯的计算能力是让人敬畏的, 在给恩克的信中显示他已经计算到 300 万以内的素数. 要知道那时候还没有计算机.

高斯和勒让德都没有能证明他们的猜想. 取得实质进展的第一人是俄国数学家切比雪夫 (P. L. Chebyshev), 他在 19 世纪中叶证明了 (参见 [Che]): 对充分大的 x, 有

$$0.92129 \leqslant \frac{\pi(x)}{x/\log x} \leqslant 1.10555.$$

为了比较 $\pi(x)$ 和 $\dfrac{x}{\log x}$, 他引入函数

$$\theta(x) = \sum_{\text{素数 } p \leqslant x} \log p, \tag{11}$$

并证明素数定理等价于如下结论

$$\theta(x) \sim x. \tag{12}$$

切比雪夫的方法是初等的, 带有组合性质, 威力不足以证明素数定理. 通向证明素数定理的道路是黎曼 (B. Riemann) 铺设的! 这条道路的主角就是黎曼 zeta 函数.

 ## 1.4 黎曼 zeta 函数

1859 年, 柏林科学院 11 月的报告发表了黎曼一篇 8 页的论文, 题为 "论小于一个给定量的素数的个数". 从论文的题目就可以看出, 黎曼关注的问题就是 $\pi(x)$. 阅读论文就会发现黎曼的一个目标是理解高斯与勒让德的猜想. 黎曼富有穿透力的想法是把公式 (8) 中函数 $\zeta(s)$ 的自变量的取值范围从大于 1 的实数延伸到复数, 从而 $\zeta(s)$ 是一个复变量函数, 并把小于 x 的素数的个数 $\pi(x)$ 与函数 $\zeta(s)$ 的零点建立起联系.

和往常一样, 记虚数单位 $\sqrt{-1}$ 为 i. 对复数 $z = a + bi$, 如果 a, b 都是实数, 那么 a 称为 z 的实部, 记作 $\operatorname{Re} z$; b 称为 z 的虚部, 记作 $\operatorname{Im} z$.

首先黎曼注意到欧拉考虑的无穷求和 $1 + \dfrac{1}{2^s} + \dfrac{1}{3^s} + \cdots + \dfrac{1}{n^s} + \cdots$ 对实部大于 1 的复数 s 也是绝对收敛的, 并且公式 (5) 依然成立, 从而对实部大于 1 的复数 s, 得到一个可以对 s 求导数的复函数:

$$\zeta(s) = 1 + \frac{1}{2^s} + \frac{1}{3^s} + \cdots + \frac{1}{n^s} + \cdots = \prod_{p \text{ 为素数}} \frac{1}{1 - \dfrac{1}{p^s}}, \quad \operatorname{Re} s > 1. \quad (13)$$

黎曼进而发现这个函数在除了 $s = 1$ 外的所有复数都可以定义, 并且可以对 s 求导数. 在 $s = 1$ 处由公式 (4) 我们知道 $\zeta(1) = \infty$.

理解函数 $\zeta(s)$ 可以扩充定义域的一个合适的例子是前面证明的公式 (2). 在那儿等式左边的无穷和只有在 x 的绝对值小于 1 时才是有限值, 但等式右边的分式除了 $x = 1$ 外都有意义, 从而可以看作是左边无穷和定义的函数的延拓 (即扩充了定义域), 并且在 $x \neq 1$ 时都有导数.

现在我们看黎曼是怎样对除 1 外所有的复数定义函数 $\zeta(s)$ 的. 黎曼用到了欧拉在 1792 年引入的伽马函数:

$$\Gamma(s) = \int_0^\infty e^{-x} x^{s-1} dx,$$

其中 e 是自然常数. 伽马函数是阶乘函数的连续化: 对正整数 n 有 $\Gamma(n) = (n-1)!$ (在黎曼 1859 年的那篇论文中, 他用记号 $\Pi(s-1)$ 表示上式右边的积分). 黎曼注意到

$$\int_0^\infty e^{-nx} x^{s-1} dx = \frac{\Gamma(s)}{n^s}.$$

由此可得

$$\Gamma(s)\zeta(s) = \int_0^\infty \frac{x^{s-1}}{e^x - 1} dx = \int_0^\infty \frac{e^{-x} x^{s-1}}{1 - e^{-x}} dx, \qquad \operatorname{Re} s > 1.$$

然后考虑 $\dfrac{(-x)^{s-1}}{e^x - 1}$ 的一个围道积分: 从 $+\infty$, 沿着复平面一个包含 0 但不包含这个函数其他不连续点的区域的边界, 再回到 $+\infty$. 如此一来, 下面的等式 (除了伽马函数的记号, 其他记号和黎曼原文一致)

$$2\sin \pi s\, \Gamma(s)\zeta(s) = i\int_{\infty}^{\infty} \frac{(-x)^{s-1}}{e^x - 1}dx$$

给出了函数 $\zeta(s)$ 在所有不等于 1 的复数 s 处的定义. 由于 $\Gamma(1-s)\cdot$ $\Gamma(s) = \dfrac{\pi}{\sin \pi s}$, 从上式我们得到

$$\zeta(s) = \frac{\Gamma(1-s)}{2\pi i}\int_{\infty}^{\infty}\frac{(-x)^{s-1}}{e^x - 1}dx. \tag{14}$$

它就是黎曼 zeta 函数的积分表达式, 对所有不等于 1 的复数 s, 它都是一个有限值.

从这个积分表达式黎曼得出函数方程

$$\Gamma\left(\frac{s}{2}\right)\pi^{-\frac{s}{2}}\zeta(s) = \Gamma\left(\frac{1-s}{2}\right)\pi^{-\frac{1-s}{2}}\zeta(1-s).$$

它等价于下面的方程:

$$\zeta(s) = 2^s\pi^{s-1}\sin\frac{\pi s}{2}\Gamma(1-s)\zeta(1-s). \tag{15}$$

从这个方程很容易看出, 当 s 是负偶数时 $\zeta(s) = 0$, 因为对负偶数 s, 上式右边的因子 $\sin\dfrac{\pi s}{2}$ 等于 0, 而 2^s, $\Gamma(1-s) = (-s)!$, $\zeta(1-s)$ 都是有限值. 当 s 是非负偶数时, 虽然 $\sin\dfrac{\pi s}{2}$ 等于 0, 但此时 $\sin\dfrac{\pi s}{2}$ 乘以 $\zeta(1-s)$ 或 $\Gamma(1-s)$ 不等于零, 这有点类似于 $x-1$ 在 $x=1$ 处等于 0, 但 $x-1$ 与 $\dfrac{1}{x-1}$ 的乘积在 $x=1$ 处并不等于 0. **负偶数都称为 $\zeta(s)$ 的平凡零点**. 函数 $\zeta(s)$ 其他的零点都称为非平凡零点.

黎曼猜想 函数 $\zeta(s)$ 的非平凡零点的实部都是 $\dfrac{1}{2}$.

黎曼证明了这个猜想蕴含比高斯和勒让德猜想更强的结论: 对任意小的正数 ϵ, 存在常数 C 使得

$$\left|\pi(x) - \int_2^x\frac{dt}{\log t}\right| \leqslant Cx^{\frac{1}{2}+\epsilon}. \tag{16}$$

由此可以看出黎曼猜想和素数之间的深刻联系.

黎曼得出他的结论是从如下等式开始的:

$$\frac{1}{s}\log\zeta(s)=\int_1^\infty\left(\pi(x)+\frac{1}{2}\pi(\sqrt{x})+\frac{1}{3}\pi(\sqrt[3]{x})+\cdots\right)x^{-s-1}dx,\quad \operatorname{Re}s>1.$$

通过傅里叶变换, 把 $f(x)=\pi(x)+\dfrac{1}{2}\pi(\sqrt{x})+\dfrac{1}{3}\pi(\sqrt[3]{x})+\cdots$ 用函数 $\dfrac{\log\zeta(s)}{s}x^s$ 的一个复积分表示. 类似于欧拉通过 $\sin x$ 的零点考虑 $\sin x$ 的一个无穷乘积分解, 黎曼考虑了 $\xi(s)=\Gamma\left(\dfrac{s}{2}+1\right)(s-1)\pi^{-\frac{s}{2}}\zeta(s)$ 的零点给出的无穷乘积分解, 这些零点正是 $\zeta(s)$ 的非平凡零点. 于是黎曼得到 $f(x)$ 与 $\zeta(s)$ 的非平凡零点的联系. 最后通过一个逆公式把 $\pi(x)$ 用 $f(x)$ 表出, 建立了 $\pi(x)$ 与 $\zeta(s)$ 的非平凡零点的联系.

黎曼 zeta 函数是研究素数分布的强大工具. 黎曼研究这个函数的出发点是勒让德和高斯的猜测. 虽然黎曼没有证明这个猜测, 但后人沿着黎曼开辟的这条道路最终证明了这个猜测. 后人在研究的过程中发现, 要证明这个猜测, 并不需要证明黎曼猜想, 只需要证明一个比黎曼猜想弱得多的结论: 如果 $\operatorname{Re}s=1$, 那么 $\zeta(s)\neq0$. 1896 年阿达马 (J. Hadamard) 和普森 (C. J. de la Vallte Poussin) 分别独立证明了这个结论, 从而把勒让德和高斯的猜测变成了数学里面遐迩闻名的**素数定理**: $\pi(x)\sim\dfrac{x}{\log x}$.

1949 年, 塞尔贝格 (A. Selberg) 和埃尔德什 (P. Erdös) 不用复分析的方法证明了素数定理. 塞尔贝格的这项工作是他 1950 年获菲尔兹奖工作的重要组成部分. 由此也可以看出数学界对素数定理的重视. 另外塞尔贝格和埃尔德什的证明是很复杂的, 有分析认为他们的方法必定是以某种方式证明了黎曼 zeta 函数在直线 $\operatorname{Re}s=1$ 上没有零点, 其实他们所用的组合方法狡黠地掩藏了一个微妙的复分析证明于表面之下. (参见《普林斯顿数学指南》, IV.2, 第 3 节.)

1.5 黎曼 zeta 函数的零点的研究

从黎曼的论文可以知道黎曼 zeta 函数的零点蕴含丰富的素数信息, 研究黎曼 zeta 函数的零点成为数学中的一个重大问题也就是很自然的事情了. 我们已经利用函数方程 (15) 得到黎曼 zeta 函数的平凡零点: 所有的负偶数. 这一节我们进一步讨论黎曼 zeta 函数的零点.

迄今为止, 黎曼 zeta 函数的零点研究主要有三个方面: 数值计算、以证明黎曼猜想为目标的理论研究、零点的分布规律.

1.5.1 非平凡零点的实部在 0 和 1 之间

我们先证明一个容易的结论: 黎曼 zeta 函数在 $\operatorname{Re} s > 1$ 时没有零点. 假设 $\operatorname{Re} s = a > 1$. 根据公式 (13), 此时我们有

$$\zeta(s) = \prod_{p \text{ 为素数}} \frac{1}{1 - \dfrac{1}{p^s}}.$$

取绝对值 (更准确地说是取复数的模), 得

$$|\zeta(s)| = \prod_{p \text{ 为素数}} \frac{1}{\left|1 - \dfrac{1}{p^s}\right|}.$$

利用三角不等式得

$$\left|1 - \frac{1}{p^s}\right| \leqslant 1 + \left|\frac{1}{p^s}\right| = 1 + \frac{1}{p^a}.$$

于是

$$|\zeta(s)| = \prod_{p \text{ 为素数}} \frac{1}{\left|1 - \dfrac{1}{p^s}\right|} \geqslant \prod_{p \text{ 为素数}} \frac{1}{1 + \dfrac{1}{p^a}} = A. \tag{17}$$

要证 $\zeta(s) \neq 0$, 只要证 $A = \displaystyle\prod_{p \text{ 为素数}} \dfrac{1}{1 + \dfrac{1}{p^a}} > 0$. 取对数, 得

$$\log A = \sum_{p \text{ 为素数}} \left[-\log\left(1 + \frac{1}{p^a}\right) \right] = -\sum_{p \text{ 为素数}} \log\left(1 + \frac{1}{p^a}\right) < 0. \quad (18)$$

另一方面, $\log\left(1 + \dfrac{1}{p^a}\right) < \dfrac{1}{p^a}$, 所以 $-\log\left(1 + \dfrac{1}{p^a}\right) > -\dfrac{1}{p^a}$. 由于 $a > 1$,

所以无穷求和 $\displaystyle\sum_{p \text{ 为素数}} \left(-\dfrac{1}{p^a}\right)$ 收敛. 于是等式 (18) 中的无穷求和收敛到

一个有限的负数, 从而 $A = e^{\log A} > 0$.

我们已经证明了

$$\zeta(s) \neq 0, \qquad \text{如果 } \operatorname{Re} s > 1. \quad (19)$$

再利用函数方程 (15) 可知 $\operatorname{Re} s < 0$ 时, 函数 $\zeta(s)$ 没有非平凡的零点. 于是我们得到了一个看上去很不错的结论.

定理 1 如果 s 不是负偶数且 $\zeta(s) = 0$, 那么 $0 \leqslant \operatorname{Re} s \leqslant 1$. 也就是说, 黎曼 zeta 函数的非平凡零点的实部在 0 和 1 之间.

1.5.2 黎曼-曼戈尔特公式

在黎曼的论文中, 除了对 $\zeta(s)$ 的零点给出黎曼猜想外, 还有一个著名的断言.

断言 在区域 $0 < \operatorname{Im} s \leqslant T$ 内 $\zeta(s)$ 内的零点个数 $N(T)$ 大约是

$$\frac{T}{2\pi} \log \frac{T}{2\pi} - \frac{T}{2\pi}.$$

黎曼在论文中实际上对这个断言给了简要的证明. 更被大家接受的证明是曼戈尔特 (H. von Mangoldt) 在 1895 年给出的, 他给出了如下更为准确的公式, 一般称之为黎曼-曼戈尔特公式:

$$N(T) = \frac{T}{2\pi} \log \frac{T}{2\pi} - \frac{T}{2\pi} + O(\log T), \quad (20)$$

其中 $O(\log T)$ 表示不超过 $\log T$ 的某个倍数的量. 这个公式表明 $\zeta(s)$ 有无穷多个非平凡零点.

1.5.3 数值计算

虽然黎曼的论文有关于其 zeta 函数的零点的研究、断言、猜想等, 但在文中没有给出一个确切的非平凡零点.

寻找零点的路途并不平坦. 最早发表的结果出现在 1903 年, 丹麦数学家格拉姆 (J. P. Gram) 公布了他计算的 $\zeta(s)$ 的前 15 个非平凡零点, 实部都是 1/2. 他用的方法是 18 世纪 30 年代和 40 年代分别由欧拉和麦克劳林独立得到的公式, 后称为欧拉-麦克劳林公式. 我们转述他的结果, 以对历史上最初发表的黎曼 zeta 函数的非平凡零点有一个直观的感受. 由于这些零点都有形式 $\frac{1}{2} + ti$ 的形式, 如同原文, 我们仅列出零点虚部的值 t, 它们是表 1[①].

表 1

非平凡零点序号	零点虚部的值
1	14.134725
2	21.022040
3	25.010856
4	30.424878
5	32.935057
6	37.586176
7	40.918720
8	43.327073
9	48.005150
10	49.773832
11	52.8
12	56.4
13	59.4
14	61.0
15	65.0

① 这些值均是一些无理数的近似值. 在网站 http://www.dtc.umn.edu/odlyzko/zeta_tables/zeros2 可以看到前 100 个非平凡零点精确到小数点后 1000 位的值.

继续沿用这个方法, 1914 年巴克隆德 (R. J. Backlund) 计算到前面 79 个零点, 1925 年, 哈钦森 (J. I. Hutchinson) 则计算到前 138 个零点. 不过到这时, 用欧拉-麦克劳林公式计算黎曼 zeta 函数的非平凡零点已是复杂到难以往前推进的程度.

事情在 1932 年出现了戏剧性的变化. 西格尔 (C. L. Siegel) 从黎曼的手稿中发现黎曼其实计算了前面 3 个非平凡的零点, 其所用的方法远比基于欧拉–麦克劳林公式的方法来得优越. 从黎曼那犹如天书的手稿中理清黎曼计算 $\zeta(s)$ 的零点的方法是非常艰难的, 这个方法中的关键的公式后来被称为黎曼–西格尔公式. 这个公式后来就成为计算 $\zeta(s)$ 非平凡零点的一个基础.

西格尔对黎曼手稿的挖掘工作也澄清了当时人们的一大疑问: 黎曼在他的论文中的断言和猜测有依据吗? 原来黎曼是做了大量艰苦的计算和论证的.

1935 年, 蒂奇马什 (E. C. Titchmarsh) 根据黎曼–西格尔公式, 计算出前 195 个零点. 单凭纸和笔计算黎曼 zeta 函数的零点到这里就结束了.

1936 年, 运用几台手动计算机 (品牌是 Brunsviga、National、Hollerith), 在科姆里 (L. J. Comrie) 的帮助下, 蒂奇马什把 $\zeta(s)$ 的零点计算到了前 1041 个.

第一次使用电子计算机计算黎曼 zeta 函数零点的是图灵 (A. M. Turing), 他在 1953 年把零点的计算推进到前 1104 个. 以后借助电子计算机, 黎曼 zeta 函数的零点计算进入了快车道.

表 2[①]记录了黎曼 zeta 函数非平凡零点计算的一些历史节点.

在这些数值计算中, 有几件事情值得提出.

(1) 范德伦和特瑞尔在 1983 年计算了 3 亿零 1 个非平凡零点, 均

---

① 表格取自网址 https://www.primidi.com/riemann_hypothesis/zeros_on_the_critical_line/numerical_calculations, 略有修改. 也参见: http://numbers.computation. free.fr/Constants/Miscellaneous/zetazeroscompute.html#Wedeniwski2003.

支持黎曼猜想. 这件事情让德国马普数学所的数论专家扎吉尔 (Don Zagier) 输掉了两瓶非常好的波尔多葡萄酒.

表 2

年份	非平凡零点数量	计算者
1859?	3	黎曼 (未发表, 见 [Sie], 1932)
1903	15	格拉姆, 方法: 欧拉–麦克劳林公式
1914	79	巴克隆德
1925	138	哈钦森
1935	195	蒂奇马什
1936	1041	蒂奇马什 (在科姆里的帮助下)
1953	1104	图灵, 这是首次使用电子计算机
1956	15000	莱默 (D. H. Lehmer)
1956	25000	莱默
1958	35337	梅勒 (N. A. Meller)
1966	250000	莱曼 (R. S. Lehman)
1969	3500000	罗瑟、尤赫和舍恩菲尔德 (J. B. Rosser, J. M. Yohe, L. Schoenfeld)
1977	40000000	布伦特 (R. P. Brent)
1979	81000001	布伦特
1982	200000001 (2 亿零 1)	布伦特、范德伦、特瑞尔、温特 (R. P. Brent, J. van de Lune, H. J. J. te Riele, D. T. Winter)
1983	300000001	范德伦、特瑞尔 (J. van de Lune, H. J. J. te Riele)
1986	1500000001 (15 亿零 1)	范德伦、特瑞尔、温特 (J. van de Lune, H. J. J. te Riele, D. T. Winter)
1987	10 万	奥德利兹科 (A. M. Odlyzko), 零点的虚部值大于 2×10^{11}
1992	$1.75 \cdot 10^8$	奥德利兹科, 零点的虚部值大于 10^{20}
1998	1 万	奥德利兹科, 零点的虚部值大于 10^{21}
2001	100 亿	范德伦, 未发表
2004	9000 亿	魏德尼夫斯基 (S. Wedeniwski), 用 ZetaGrid 分布式系统
2004	10 万亿	古尔登和德米切尔 (X. Gourdon, P. Demichel) 他们还对虚部值量级分别为 10^{13}, 10^{14}, $\cdots$, 10^{23}, 10^{24} 的零点各计算了 20 亿个

原来, 在 20 世纪 70 年代, 扎吉尔对黎曼猜想持怀疑态度, 也对有些人忽视缺乏证据仅因为美就相信黎曼猜想而恼火.

对黎曼猜想的信心可能几乎就是基于对数学的简洁和美的崇敬. 临界线 (即实部为 1/2 的复数形成的直线) 外的零点是这幅美丽图景的一处污渍. 每个零点都为素数乐曲贡献音符. 邦别里 (E. Bombieri) 1974 年获菲尔兹奖, 是黎曼猜想的典型信徒. 邦别里表示, 如果黎曼猜想竟是错的那意味着: "犹如你去了音乐会, 正在聆听音乐家们非常和谐地一起演奏, 突然, 某个大号以极强的声音演奏, 淹没了其余所有的声音." 数学世界有如此多的美, 以至于我们不能——不敢相信大自然会选择一个让黎曼猜想为错的不和谐宇宙.

扎吉尔认为邦别里对黎曼猜想的信心是一种宗教信念.

打赌的机会来了. 邦别里到马普数学所访问, 喝茶时与扎吉尔讨论, 谈起了黎曼猜想. 这一下扎吉尔可以邀请邦别里对决了. 扎吉尔说: "没有足够的证据说服我相信黎曼猜想, 所以我愿意出同样的赌注打赌它是错的. 我倒不是说这个猜想一定是错的, 只是我愿意扮演魔鬼的代言人." 赌注是两瓶非常好的波尔多葡萄酒.

考虑到猜想的困难性, 为让打赌可以定出胜负, 经过讨论, 打赌的内容最终确定为数值计算到 3 亿个零点, 扎吉尔认为那会是一个分水岭. 如果有零点在临界线外, 扎吉尔赢, 如果这些零点都在临界线上, 邦别里赢. 当时只计算了 350 万个零点, 以那时的计算机能力, 扎吉尔估计需要 30 年的时间才能算到 3 亿个零点.

随后大约有 4 年的时间, 零点的计算没有什么显著进展. 不过, 扎吉尔显然没有预料到计算机技术的快速发展. 1977 年以后, 零点的计算不断有新进展, 到了 1982 年, 布伦特等已经把零点计算到了 2 亿零 1 个, 它们都在临界线上. 这个计算速度和结果让扎吉尔很是吃惊.

但布伦特和特瑞尔等人停止了进一步的零点计算. 扎吉尔禁不住笑了. 但他的笑容很快消失了. 扎吉尔的好朋友伦斯特拉 (H. Lenstra) 知道这个赌局, 正好和特瑞尔在同一个城市——阿姆斯特丹. 伦斯特拉把这个赌局告诉了特瑞尔: "你们怎么在 2 亿那儿停下了? 要知道如果你们算到 3 亿, 扎吉尔会输掉赌局. " 于是特瑞尔和布伦特等人继续算到了 3 亿个零点. 自然, 它们都在临界线上.

就这样, 扎吉尔输了赌局, 买了两瓶波尔多葡萄酒. 正如扎吉尔念叨的那样, 这两瓶酒可能是有史以来喝掉的最昂贵的葡萄酒, 因为后面那 1 亿个零点的计算完全是因为这个赌局, 花了约 1000 小时的 CPU 时间, 当时 1 小时的 CPU 时间约 700 美元. 换句话说, 那两瓶酒的代价大约是 70 万美元.

从此以后, 扎吉尔不可动摇地支持黎曼猜想.

(2) ZetaGrid 是 2001 年启动的一个项目, 将黎曼 zeta 函数的零点计算通过计算机网络分散到世界各地的计算机, 只要下载安装一个小的软件包就可以加入 ZetaGrid, 这个方式极大拓展了计算零点的能力. 参与 ZetaGrid 的计算机是非常多的, 有时候接近 12000 台, 每天可以计算 10 亿个零点. 这是计算模式的创新, 给零点计算带来显著的进展.

奥德利兹科和舍恩赫 (A. Schönhage) 在 1988 年发展了新的算法, 古尔登和德米切尔用这个新算法与少得多计算机资源, 所算出的零点数需要 ZetaGrid 花 700 年的时间. 古尔登和德米切尔的工作让 ZetaGrid 的威力黯然失色. 这也表明好的算法价值巨大, 能难以置信地节省人力和物力, 完成原来无法想象的事情.

(3) 奥德利兹科计算零点的出发点和蒙哥马利[①](H. L. Montgomery) 关于黎曼 zeta 函数的非平凡零点分布的研究有关. 我们后面再说此事.

1.5.4 理论研究

在通过数值计算黎曼 zeta 函数的非平凡零点的同时, 对临界线 $\mathrm{Re}\, s = \dfrac{1}{2}$ 上的零点的研究也在富有成效地进行.

哈拉尔德·玻尔 (Harald Bohr) 与兰道 (E. Landau) 在 1914 年 1 月 12 日发表的一篇论文中证明了对任意的正数 δ, 黎曼 zeta 函数在长

---

① 个人网页: http://www-personal.umich.edu/ hlm/pubs.html.

条区域 $\frac{1}{2} - \delta < \operatorname{Re} s < \frac{1}{2} + \delta,\ -T < \operatorname{Im} s < T$ 的零点数是

$$\frac{1}{\pi} T \log T - \frac{1 + \log 2\pi}{\pi} T + o(T),$$

其中 $o(T)$ 是相比 T 来说小得多的量, 更确切地说, 有 $\lim\limits_{T \to \infty} \dfrac{o(T)}{T} = 0$. 比较黎曼-曼戈尔特公式 (20), 可以看出, 以实部为 1/2 为中心线的长条区域不管多么窄, $\zeta(s)$ 的零点绝大部分都在这个区域内.

我们可以用一个定积分来帮助理解玻尔与兰道的结论: 对任何正数 δ, 函数 $f(x) = \dfrac{1}{x - \dfrac{1}{2}}$ 在区间 $\dfrac{1}{2} < x \leqslant \dfrac{1}{2} + \delta$ 上的图像与 x 轴之间的

区域的面积由积分

$$\int_{\frac{1}{2}}^{\frac{1}{2} + \delta} \frac{1}{x - \dfrac{1}{2}} dx$$

给出. 无论 δ 多么小, 这个面积的值都是无穷大. 但该函数在区间 $\dfrac{1}{2} + \delta < x \leqslant 1$ 上的图像与 x 轴之间的区域的面积都是有限值.

哈拉尔德·玻尔是物理学家尼尔斯·玻尔 (Niels Bohr) 的弟弟, 后者是哥本哈根量子学派的创始人, 对 20 世纪物理学的发展影响巨大.

兰道为人很难相处. 1909 年, 哥廷根大学教授闵可夫斯基 (H. Minkowski) 去世, 希尔伯特 (D. Hilbert) 要找一个继任者, 兰道是两位候选人之一. 希尔伯特难以决定, 问同事: 两位候选人谁最难相处, 均回答是兰道. 希尔伯特说那哥廷根必须有兰道. 他希望同事们敢于挑战社会和数学习俗, 数学系不能由好好先生组成.

命 $M(T)$ 为 $\zeta(s)$ 在线段 $\operatorname{Re} s = \dfrac{1}{2},\ -T \leqslant \operatorname{Im} s \leqslant T$ 上的零点个数. 1914 年哈代 (G. H. Hardy) 证明当 T 趋于无穷时, $M(T)$ 也是趋于无穷的. 换句话说, 在直线 $\operatorname{Re} s = \dfrac{1}{2}$ 上, $\zeta(s)$ 有无穷多个零点. 这是一项惊人的成就. 后来他与李特尔伍德 (J. E. Littlewood) 合作进一步证明存在与 T 无关的正数 A 使得 $M(T) > AT$.

哈代是一个唯美主义者, 对黎曼猜想情有独钟, 他寄给朋友和同事众多的明信片中, 有一张明确写出新年愿望是: ① 证明黎曼猜想; ② 在一场关键的板球比赛中发挥精彩[①]; ③ 证明上帝不存在; ④ 第一个登顶珠穆朗玛峰; ⑤ 被任命为苏联、大不列颠、德国的第一任总统; ⑥ 谋杀墨索里尼. 让哈代在数学界外扬名的是他的随笔《一个数学家的辩白》, 书中表达了他对数学的思考和观点, 流传最广的一句话是, 美是 (数学的) 第一道检验; 难看的数学在这个世界上没有常驻之地[②].

1942 年, 塞尔贝格证明存在与 T 无关的正数 A 使得 $M(T) > AT \log T$. 根据公式 (20), 这意味着在 $\zeta(s)$ 的非平凡零点落在直线 $\operatorname{Re} s = \dfrac{1}{2}$ 上的部分占有一个正的百分比. 这项工作也是塞尔贝格在 1950 年获菲尔兹奖工作的重要组成部分. 塞尔贝格是挪威人, 冷峻, 喜独自行事. 王元先生曾说, 他用酒而不是水服药.

1974 年莱文森 (N. Levinson) 证明 $\zeta(s)$ 至少有 1/3 的非平凡零点落在临界线 $\left(\text{即直线 } \operatorname{Re} s = \dfrac{1}{2}\right)$ 上. 1989 年康瑞 (J. B. Conrey) 证明 $\zeta(s)$ 至少 40% 的非平凡零点落在临界线上. 以后的改进是缓慢的, 2012 年冯绍继证明了这个 zeta 函数至少 41.28% 的非平凡零点落在临界线上, 2020 年普拉特 (K. Pratt) 等四人证明了这个 zeta 函数至少 41.7293962% 的非平凡零点落在临界线上.

1.5.5 零点的分布规律

我们前面提到奥德利兹科计算零点的出发点和蒙哥马利研究零点的分布规律有关. 现在细说此事, 这是一个有趣的故事.

1971—1972 年, 剑桥大学的研究生蒙哥马利在研究非平凡零点的分布问题, 更准确地说, 他研究了这些零点的间距的分布, 以尝试解决二

---

① To make a brilliant play in a crucial cricket match.

② Beauty is the first test: There is no permanent place in the world for ugly mathematics.

次扩域中的类数问题. 基于黎曼猜想, 有时还假设孪生素数分布的猜想成立, 他证明了一些结论. 在这些结论的基础上, 他提出了对关联猜想 (Pair Correlation Conjecture). 该猜想说

$$\sum_{\frac{2\pi\alpha}{\log T} < \gamma - \gamma' \leqslant \frac{2\pi\beta}{\log T}} 1 \sim \frac{T}{2\pi} \log T \int_\alpha^\beta \left[1 - \left(\frac{\sin \pi u}{\pi u} \right)^2 \right] du. \qquad (21)$$

上式中的 T, α 和 β 是正数且 $\alpha < \beta$, 左边的是对独立的两个零点的虚部 γ, γ' 求和, 要求 $0 < \gamma$, $\gamma' < T$.

1972 年春天蒙哥马利去美国圣路易斯参加一个数论会议的返程途中, 绕道去了普林斯顿高等研究院, 塞尔贝格在那里. 那天他向塞尔贝格和其他在那儿访问的数论专家解释他的想法. 下午茶的时间到了, 于是他们都习惯性地去喝茶. 喝茶时他与前面听他说的数论专家乔拉 (S. Chowla) 闲聊, 乔拉看见物理学家戴森 (F. Dyson) 走进屋. 乔拉立即要把蒙哥马利介绍给戴森, 虽然蒙哥马利拒绝, 乔拉还是把蒙哥马利拽到戴森面前.

蒙哥马利回忆自己当时感到窘迫, 不过戴森很热情友好, 问他在研究什么. 蒙哥马利说在考虑两个零点的间距的行为, 当说道间距分布的图像时, 戴森的眼睛登时一亮, 说 "这正是随机埃尔米特矩阵的两个特征值之差的行为". 随即, 戴森对蒙哥马利解释说, 这种听起来奇怪的数学被物理学家用于预测重原子被低能中子轰击时原子核的能级. 蒙哥马利感到难以置信, 他所猜测的零点分布规律会和量子物理中重原子的原子核能级的分布有联系.

从戴森那儿知道猜测的公式 (21) 中右边的被积函数是大随机埃尔米特矩阵的特征值的对关联函数后, 蒙哥马利进而猜测不仅是对关联, 其他的统计关联 (如 k 个零点的关联) 也会和埃尔米特矩阵的特征值的统计关联相匹配. 由于这些埃尔米特矩阵在高斯酉系 (Gaussian Unitary Ensemble, GUE) 中, 这个猜想被称为 GUE 猜想.

蒙哥马利甚至揣测, 如果存在刻画黎曼 zeta 函数零点的线性算子,

那么它应该是某个希尔伯特空间的埃尔米特算子. 这当然让人想起一个广泛传播但难寻出处的希尔伯特–波利亚的想法[①]: 要证明黎曼猜想, 需要把零点理解为算子的特征值, 就是说要找到一个自然的埃尔米特算子, 其特征值正好是黎曼 zeta 函数的非平凡零点的虚部. 这个想法不断被人用来研究黎曼猜想.

奥德利兹科的计算支持了蒙哥马利的猜想, 逐渐地, GUE 猜想被人称作蒙哥马利–奥德利兹科定律, 一个十分贴切的称呼: 有大量的数值证据, 但无严格的数学证明.

蒙哥马利和戴森那天下午在普林斯顿高等研究院喝茶时的偶然相遇是人们津津乐道的话题. 这次相遇让人窥见黎曼猜想与量子物理的联系, 以后就有很多的研究从统计物理的角度和量子物理的世界去理解黎曼猜想, 参与的物理角色包括能级、各种频率、量子台球、量子鼓、量子混沌等.

蒙哥马利和戴森的这个故事给学术界的下午茶添加了一道迷人的色彩. 学术界的茶歇交流的价值似乎是毋庸置疑的.

 ## 1.6 黎曼猜想的一些等价形式

黎曼猜想的深刻性从它的若干等价命题也可见一斑. 下面是它的一些等价命题, 换句话说, 证明了下面任何一个结论, 黎曼猜想就得到了证明, 反之亦然.

(1) 冯·科赫 (von Koch, 1901—1902): 在 1 到 x 之间素数的个数 =

[①] 奥德利兹科曾专门写信问波利亚 (G. Pólya), 得到的回复是: 奥德利兹科先生: 多谢你 12 月 8 日的信函. 我只能告诉你在我身上所发生的. 我在哥廷根待了两年, 结束于 1914 年初. 我尝试向兰道学习解析数论. 有一天他问我: "你懂一些物理, 你知道让黎曼猜想成立的物理原因吗? " 是这样, 我回答, 如果 ζ 函数的非平凡零点真是与物理问题有联系, 那么黎曼猜想会等价于: 物理问题的特征根都是实数. 我从未发表这个意见, 但不知何故, 它为人所知且仍被记得. 最良好的问候. 你诚挚的乔治·波利亚. (见 http://www.dtc.umn.edu/odlyzko/polya/index.html)

$$\int_2^x \frac{dt}{\log t} + O(\sqrt{x}\log x).$$

(2) $\displaystyle\sum_{\text{素数}\, p\leqslant x} \log p = x + O(\sqrt{x}\log^2 x).$ (参见《普林斯顿数学指南》,
IV.2, 第 3 节.)

(3) 对于大于 100 的正整数 N, 记 $1, 2, 3, \cdots, N$ 的最小公倍数为
$[1, 2, \cdots, N]$, 那么

$$|\log[1, 2, \cdots, N] - N| \leqslant \sqrt{N}(\log N)^2.$$

(参见《普林斯顿数学指南》, IV.2, 第 3 节.)

(4) 哈代与李特尔伍德 (1918): $\displaystyle\sum_{k=1}^\infty \frac{(-x)^k}{k!\zeta(2k+1)} = O(x^{-1/4}).$

(5) 雷德赫弗 (Redheffer, 1977): 定义

$$a(i, j) = \begin{cases} 1, & j = 1 \text{ 或 } i \text{ 整除 } j, \\ 0, & \text{其他情况.} \end{cases}$$

命 $A(n) = (a(i, j))_{1\leqslant i,\, j\leqslant n}$ 是 $n \times n$ 矩阵, 其行列式记为 $\det A(n)$. 那么
对任意的数 $\epsilon > 0$, 存在 $C(\epsilon) > 0$ 使得

$$|\det A(n)| < C(\epsilon)n^{0.5+\epsilon}.$$

(6) 马西亚斯、尼古拉斯和罗宾 (Massias, Nicolas, Robin, 1988): 命
$f(n)$ 为对称群 S_n 的元素的阶的最大值, 那么对充分大的 n 有

$$(\log f(n))^2 < \int_1^n \frac{dt}{\log t} \text{ 的逆函数.}$$

(7) 巴拉扎德、赛亚斯和约尔 (M. Balazard, E. Saias, M. Yor, 1999):

$$\int_{-\infty}^\infty \frac{\log \left|\zeta\left(\frac{1}{2}+it\right)\right|}{1+4t^2} dt = 0.$$

(8) 拉加里亚斯 (Lagarias, 2002): 命 $\sigma(n)$ 为 n 的所有的约数之和 (例如 $\sigma(6) = 1 + 2 + 3 + 6 = 12$), 那么对任意的正整数 n, 有

$$\sigma(n) \leqslant 1 + \frac{1}{2} + \frac{1}{3} + \cdots + \frac{1}{n} + e^{1+\frac{1}{2}+\frac{1}{3}+\cdots+\frac{1}{n}} \cdot \log\left(1 + \frac{1}{2} + \frac{1}{3} + \cdots + \frac{1}{n}\right).$$

黎曼猜想还有很多形态各异的等价命题, 也就是说, 黎曼猜想有很多副面孔.

2017 年剑桥大学出版社专门出版了两卷书, 书名就是《黎曼猜想的等价命题》(*Equivalents of the Riemann Hypothesis*), 从中可以看到这一主题内容丰富.

1.7 黎曼猜想的影响

黎曼对 zeta 函数的研究, 尤其是黎曼猜想对以后数论的发展有巨大的影响, 不仅仅是黎曼揭示了其 zeta 函数与素数分布的深刻联系, 导致了素数定理的证明, 还因为黎曼的 zeta 函数是 L 函数的一个原型, 黎曼的工作对以后 L 函数的研究有深刻的启示, 而 L 函数在现代数论中有着核心的地位. 黎曼猜想还深刻地影响了代数几何的发展.

1.7.1 狄利克雷 L 函数

受欧拉的工作的启发, 狄利克雷 (P. G. L. Dirichlet) 在 1837 年对实变量 s 定义一个无穷和:

$$L(s, \chi) = \sum_{n=1}^{\infty} \frac{\chi(n)}{n^s}, \qquad s > 1, \tag{22}$$

其中 χ 是正整数上的一个函数, 取值可以是复数, 满足如下条件:

(1) 对任意正整数 a 和 b 有 $\chi(a)\chi(b) = \chi(ab)$;

(2) 存在正整数 k 使得对任意的正整数 a 有 $\chi(a + k) = \chi(a)$;

(3) 如果 a 与给定的数 p 互素, 那么 $\chi(a) \neq 0$, 否则 $\chi(a) = 0$.

上面函数 χ 的一个简单例子是 $\chi(奇数) = 1, \chi(偶数) = 0$, 这时

$k = 2$. 更简单的例子是对任意的整数 n, 定义 $\chi(n) = 1$, 这时 $k = 1$, 得到的函数就是黎曼 zeta 函数.

利用这个 L 函数, 狄利克雷证明了: 如果正整数 a 与 b 互素, 那么数列 a, $a + b$, $a + 2b$, $\cdots$, $a + nb$, $\cdots$ 中有无限多个素数. 这显然比欧几里得的定理进了一大步.

后来人们也像黎曼那样, 把狄利克雷 L 函数的定义域扩大到复数, 并猜想这些 L 函数的非平凡零点的实部都是 $1/2$. 这个猜想称为广义黎曼猜想 (Generalized Riemann Hypothesis).

广义黎曼猜想是黎曼猜想的推广, 似乎最早由德国数学家皮尔茨 (A. Piltz) 在 1884 年提出 (见 [Dav]). 很多的数学命题是在广义黎曼猜想成立的前提下证明的.

狄利克雷的工作影响深远. 后来人们把如下形式的级数称为狄利克雷级数:

$$\sum_{n=1}^{\infty} \frac{a_n}{n^s}, \quad \text{其中} \ a_n \ \text{是复数}. \tag{23}$$

1.7.2 更一般的 L 函数

以后, 人们定义了各种各样更一般的 L 函数类, 如戴德金 ζ 函数、赫克 L 函数、阿廷 L 函数、哈塞 L 函数、哈塞–韦伊 L 函数、母题 L 函数 (motivic L function)、自守 L 函数等等. 这些 L 函数在数论中都有十分重要的地位, 它们有如下的共性:

(1) 它们都是在实部大于 1 的时候通过狄利克雷级数或某种形式的欧拉乘积定义.

(2) 它们在实部大于 1 的情况既可以写成狄利克雷级数的形式, 也可以写成某种欧拉乘积的形式. 也就是说, 它们有如下的形式:

$$L(s) = \sum_{n=1}^{\infty} \frac{a_n}{n^s} = \prod_{p \, \text{为素数}} \frac{1}{1 - p^{-s} F_p}, \qquad \mathrm{Re}\, s > 1, \tag{24}$$

其中 a_n 是复数, F_p 是 p^{-s} 的多项式.

(3) 对 (2) 中的表达式, 想办法扩大定义域到所有的复数. 这件事情常常很不容易, 有些到现在也不知道是否能扩大定义域到所有的复数.

对戴德金 ζ 函数, 人们也猜测其非平凡零点的实部都是 1/2. 这个猜想称为扩展黎曼猜想 (Extended Riemann Hypothesis). 它也是黎曼猜想的推广.

黎曼猜想最宏大的推广被称为大黎曼猜想 (Grand Riemann Hypothesis), 它断言: 自守 L 函数的非平凡零点的实部是 1/2.

不用说, 这些黎曼猜想的推广版本离证明都遥远得很, 原因很简单, 最初的黎曼猜想就已经弄得数学家焦头烂额了.

关于 L 函数, 还有很多深刻的问题, 如阿廷 (E. Artin) 猜想, 它断言某些 L 函数对所有的复数可以求导数, BSD 猜想断言某些 L 函数在 1 处的信息和椭圆曲线的群结构的信息密切相关, 朗兰兹纲领断言母题 L 函数和自守 L 函数是一回事. 这些问题都是数论领域非常受关注的问题, 也都极其困难.

1.7.3 韦伊猜想

黎曼猜想对代数几何 (研究多项式零点的几何, 是解析几何的延伸) 发展的影响是出人意料的. 20 世纪 40 年代, 韦伊 (A. Weil) 对有限域上多项式方程组的零点集合提出一个猜想——韦伊猜想, 它可以看作是黎曼猜想的有限域版本. 格罗登迪克等对韦伊猜想的研究导致了代数几何革命性的发展, 影响遍及整个数学.

致谢

感谢付保华研究员仔细阅读本文并指出若干笔误.

 参 考 文 献

[BL]   Bohr H, Landau E. Sur les zéros de la fonction $\zeta(s)$ de Riemann. Comptes Rendus Acad. Sci. Paris, 12 janvier, 1914, 158: 106-110. (网址: https://gallica.bnf.fr/ark:/12148/bpt6k3111d/f106.item)

[Bro]　Broughan K. Equivalents of the Riemann Hypothesis, Vol. 1, 2. Cambridge: Cambridge University Press, 2017.

[Che]　Chebyshev P L. Mémoire sur les nombres premiers. J. de Math. Pures Appl. 1852, 17(1): 366-390. 也见 Mémoires présentés à l'Académie Impériale des sciences de St.-Pétersbourg par divers savants, 1854, 7: 15-33. 还可见其论文集 Oeuvres, 1899, 1: 49-70.

[Con]　Conrey J B. More than two fifths of the zeros of the Riemann zeta function are on the critical line. J. Reine Angew. Math., 1989, 399: 1-26.

[Dav]　Davenport H. Multiplicative Number Theory. New York: Springer-Verlag, 1980.

[F]　Feng S J. Zeros of the Riemann zeta function on the critical line. J. Number Theory, 2012, 132(4): 511-542.

[Gou]　Gourdon X. The 10^{13} first zeros of the Riemann zeta function, and zeros computation at very large height. Preprint, 2004.

[Gow]　Gowers T. The Princeton Companion to Mathematics. Princeton: Princeton University Press, 2008. 中译本: 普林斯顿数学指南. 北京: 科学出版社, 2015.

[Gr]　Gram J P. Sur les zéros de la fonction $\zeta(s)$ de Riemann. Acta Math., 1903, 27: 289-304.

[Had]　Hadamard J. Sur la distribution des zéros de la fonction $\zeta(s)$ et ses conséquences arithmttiques. Bull. de la Soc. Math. de France, 1896, 24: 199-220.

[Har]　Hardy G H. Sur les zéros de la fonction $\zeta(s)$ de Riemann. Comptes Rendus, 1914, 6: 126-128. (网址: https://gallica.bnf.fr/ark:/12148/bpt6 k3111d/f1014.item)

[HL]　Hardy H, Littlewood J E. The zeros of Riemann's zeta-function on the critical line. Math. Zeit., 1921, 10: 283-317.

[Hua]　华罗庚. 数论导引. 北京: 科学出版社, 1957.

[Hut]　Hutchinson J I. On the roots of the Riemann zeta-Function. Trans. Amer. Math. Soc., 1925, 27: 49-60.

[K]   Kline M. Mathematical Thought from Ancient to Modern Times. Oxford: Oxford University Press, 1972. 中译本: 古今数学思想. 上海: 科技出版社, 2013.

[Le1]   Legendre A M. Essai sur la theorie de Nombres. Paris, 1798: 19.

[Le2]   Legendre A M. Essai sur la Theorie de Nombres. 2nd ed. Paris, 1808: 394.

[Lev]   Levinson N. More than one-third of the zeros of the Riemann zeta-function are on $\sigma = 1/2$. Adv. Math., 1974, 13: 383-436.

[Lu]   卢昌海. 黎曼猜想漫谈. 北京: 清华大学出版社, 2016.

[LRW]   van de Lune J, te Riele H J J, Winter D T. On the Zeros of the Riemann Zeta Function in the Critical Strip. IV. Math. of Comp., 1986, 46(174): 667-681.

[Man]   von Mangoldt H. Auszug aus einer Arbeit unter dem Titel: Zu Riemann's Abhandlung über die Anzahl der Primzahlen unter einer gegebenen Grösse, Sitz. Konig. Preus. Akad. Wiss. zu Berlin, 1894: 337-350, 883-895. Zu Riemanns Abhandlung "über die Anzahl der Primzahlen unter einer gegebenen Grösse". Journal Für die Reine und Angewandte Mathematik, 1985, 114: 255-305.

[Mon]   Montgomery H L. The pair correlation of zeros of the zeta function//Analytic Number Theory (St. Louis), 1972. Proc. Sympos. Pure Math. 24. Amer. Math. Soc. (Providence), 1973: 181-193.

[OS]   Odlyzko A M, Schönhage A. Fast algorithms for multiple evaluations of the Riemann zeta-function. Trans. Amer. Math. Soc., 1988, 309: 797-809.

[Pou]   de la Vallte Poussin C J. Recherches analytiques sur la théorie des nombres premiers. Ann. de la Soc. Scientifique de Bruxelles, 1986, 20: 183-256, 281-397.

[PRZZ]   Pratt K N. Robles Zaharescu A, Zeindler D. More than five-twelfths of the zeros of ζ are on the critical line. Res. Math. Sci., 2020, 7(2): 77.

[Ri]   Riemann B. Über die Anzahl der Primzahlen unter einer gegebenen Grösse, Monat. der Königl. Preuss. Akad. der Wissen. zu Berlin aus der Jahre, 1859 (1860): 671-680. 也见 Gesammelte Math. Werke und wissensch. Nachlass, 2. Aufl, 1892: 145-155.

[Sau] du Sautoy M. The Music of the Primes. Harper Perennial, 2003. 中译本: 悠扬的素数. 北京: 人民邮电出版社, 2019.

[Sel] Selberg A. On the zeros of the zeta-function of Riemann, Der Kong. Norske Vidensk. Selsk. Forhand., 1942, 15: 59-62. 也见 Collected Papers, Berlin, Heidelberg, New York: Springer-Verlag, 1989, I: 156-159.

[Sie] Siegel C L. Über Riemanns Nachlass zur analytischen Zahlentheorie, Quellen und Studien zur Geschichte der Mathematik. Astronomie und Physik, 1932, 2: 45-80. 也见其论文集 Gesammelte Abhandlungen, Berlin-Heidelberg-New York: Springer-Verlag, 1966, Bd. I: 275-310.

[Ti1] Titchmars E C. The zeros of the Riemann zeta-function. Proceedings of the Royal Society of London. Series A-Mathematical and Physical Sciences, 1935, 151: 234-255.

[Ti2] Titchmars E C. The zeros of the Riemann zeta-function. Proceedings of the Royal Society of London. Series A-Mathematical and Physical Sciences, 1936, 157: 261-263.

[Z] 张寿武. L-函数: 她的前世和今生. 数学文化, 2022, 13(1): 36-62.

2 三角往事

周正一

我们可能都会相信, 中学里学的几何能正确描述我们这个世界的空间. 在生活中, 那些几何知识的确也有着广泛的应用, 如勾股定理、三角形的稳定性、三角形的内角和是 180 度等. 不过, 在几何的发展历程中, 对三角形内角和及相关的平行公理的探索完全改变了人类对几何的认识: 中学的几何只是一种几何, 还有很多其他种类的几何, 在那儿三角形的内角和可以小于 180 度, 也可以大于 180 度. 人们也知道中学的几何只能近似描述现实世界的空间, 只是在范围不大时, 比如在地球上, 精确度是足够高的. 数学家还找到了更好地描述我们这个世界的几何——黎曼几何, 它是广义相对论的数学基础.

三角形内角和的故事是出人意料的曲折、有趣和深刻. 首先让我们一起穿越回两百多年前.

1763 年 4 月 16 日, 大西洋, 天气晴.

接近正午, 梅德厄普大副走上甲板, 手里握着一个金属仪器, 在阳光下闪着金光. 黄铜的仪器制作得很漂亮, 像一面扇子, 边缘标记着密密麻麻的刻度. 上头还带一个望远镜, 还有好些个玻璃镜片, 其中有一块镜片的一半还镀着银. 那闪闪的银光一下抓住了小伙菲克的眼睛.

只见梅德厄普大副拿起那仪器指向远方, 眼睛对着望远镜, 开始慢慢调节活动臂. 大副眼中的太阳开始慢慢落下, 虽然还是正午耀眼的太阳, 却已经落在了海平面上. 梅德厄普看了看刻度盘, 飞快地记录下一串数字, 并掏出航海钟记录下时间. 稍作休息后, 又反复如此操作了好几次, 直到太阳已经明显越过了最高点. 他掏出一本小册子, 上面密密麻麻地填满了数字.

船长探出船舱, 喊道: "大副, 汇报纬度和经度!"

梅德厄普的手指在那小册子上扫过, 大概是在寻找什么. 突然他大喊: "报告船长, 北纬 16 度 35 分 37 秒, 西经 42 度 26 分 11 秒!" 然后收起册子和仪器准备回身.

"那是个什么仪器?" 菲克问道.

"六分仪, 用来测太阳的角度, 怎么, 你想试试?" 说着, 大副把六分仪递给菲克, "这可是精密的玩意儿."

菲克小心翼翼地接过来, 一面仔细地打量着, 一面喃喃道: "这是怎么测太阳角度的呢? ……"

2021 年 11 月 8 日, 北京, 雪后天气晴.

今天是小菲的数学期中考试, 可是第一道大题就把小菲给卡住了:

如果我们有如图 1 中的三根直线 AB, BC 和 CD. 已知 AB 和 BC 的夹角是 120 度, BC 和 CD 的夹角是 60 度, 那么 AB 和 CD 的夹角是多少?

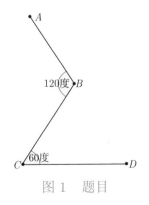

图 1　题目

小菲很困惑, 明明老师刚刚讲完三角形的知识, 可却怎么出了一道没有任何三角形的题目. 正在苦思的时候, 小菲看见窗户里射进的阳光, 光束若隐若现. 顿时灵感闪现, 拿起直尺把 AB 延长, 直到它和 CD 相交. 小菲飞速地写下: "不妨假设 AB 和 CD 的交点就是 D. 因为 ABD 构成一条直线, 我们知道 BC 和 BD 的夹角是 60 度. 因为三角形 BCD 内角和是 180 度, 那么 AB 和 CD 的夹角是 $180 - 60 - 60$, 等于 60 度!" 接着第二问:

如果 BE 和 CF 分别是两根角平分线, 那么 BE 和 CF 的夹角是多少?

这可已经难不倒学会套路的小菲了, 他延长 EB 和 CF 直到它们相交在 G 点. 然后利用三角形 BCG 内角和是 180 度, 迅速解出 BE 和 CF 的夹角是 30 度 (图 2). 紧接着最后一问:

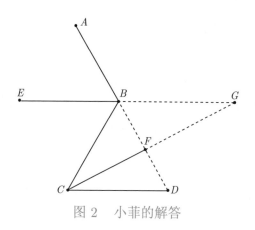

图 2　小菲的解答

如果 AB 和 BC, BC 和 CD 的夹角任意给定, 但后者小于前者. 证明 BE 和 CF 的夹角是 AB 和 CD 的夹角的一半.

按着前面的经验, 小菲很快写下了证明. 突破了第一个障碍, 小菲一路开挂, 很快答完了整张卷子. 第二天, 数学老师讲解完试卷, 下课的铃声已经响了. 老师似乎意犹未尽, 继续说道:

"虽然第一大题是很简单, 但却解释了六分仪的数学原理.

"六分仪是 18 世纪到 20 世纪重要的航海工具. 在题目里, 我们在 B 点和 C 点各放一面镜子. 想象 A 点是太阳, D 点是眼睛. 那么通过调整 B 处镜子的角度, 直到太阳和海平面重合, 此时太阳和海平面的夹角就是两面镜子垂线的夹角的两倍. 为了知道太阳的角度, 就只要测量镜子间的夹角就行了 (图 3).

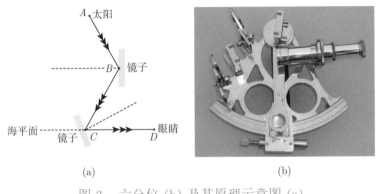

图 3 六分仪 (b) 及其原理示意图 (a)

"一旦知道了太阳的角度, 加上时间, 就可以确定我们所处的纬度和经度了. 在还没有 GPS 的年代里, 这可是我们航海人员重要的定位工具.

"虽然六分仪的原理要到牛顿才提出来, 真正制造出来已经是 18 世纪 30 年代的事了. 可它的数学原理, 就是我们上周学的三角形内角和是 180 度. 这可是两千多年前希腊人就已经证明的定理啊. 所以说呀, 数学是很重要且神奇有趣的学科, 偶尔的拖堂也是必要的."

小菲听得津津有味, 虽然他不喜欢老师拖堂, 但这次好像一个心里藏了很久的困惑解开了.

 ## 2.1 欧氏几何和三角形内角和

"三角形内角和 180 度" 是大家再熟悉不过的 "真理", 可是它是怎么来的, 又为什么正确, 我们又为什么要在真理上加上双引号, 这就不像它的表述那般简洁. 这条人尽皆知的事实, 两千多年的数学定理, 是人类对几何学伟大探索的序曲.

故事要从公元前 300 年的亚历山大港说起, 对我们的第一位主人公, 欧几里得 (Euclid), 我们知之甚少. 但他留下的巨著《几何原本》却影响了人类两千多年直至现在. 在《几何原本》里, 欧几里得用公理体系和形式推理的方式发展了平面几何, 也为之后所有的数学, 无论是几何、分析还是代数, 定下了范式. 我们把他定义和整理的几何称作欧氏几何 (图 4).

图 4 2019 年版的《几何原本》

所谓公理, 就是不需要证明的命题, 是最基本的假设, 是不容抬杠的共识. 我们要求公理不能互相矛盾. 在确定公理之后, 我们所能做的就是按逻辑推理从而得到各种定理. 所以只要公理正确合理, 我们的定理就是放之四海皆准的真理. 我们需要公理, 因为仅靠逻辑, 我们不能无中生有. 合理的公理, 除了符合现实规律, 另一个判断的标准就是简洁. 与其说这有什么道理, 不如说是一种信仰. 神奇的是, 对数学的美学追求, 似乎从来没有辜负过数学的有效性和深刻性.

欧几里得给我们定下了十条公理, 其中五条关于数量的比较, 另有关于几何的五条如下.

公理 1 过相异两点, 能作且只能作一直线.

公理 2 线段 (有限直线) 可以任意地延长.

公理 3　以任一点为圆心、任意长为半径, 可作一圆.

公理 4　凡是直角都相等.

公理 5　如果一根直线和另两根直线在同一侧的两个内角和小于两个直角, 那么这两根直线, 在适当延长之后, 会在这一侧相交.

　　欧几里得说他的公理是符合自然规律, 不证自明. 前面四条公理都非常直观自然, 尤其前面三条公理可以认为是允许直尺和圆规的作图操作. 既然直尺和圆规都已经被发明成了实物, 其合理性自然也是不容怀疑的. 但最后一条, 虽然很难找到任何矛盾的地方, 但却不能称为简洁. 正是欧几里得这句未加解释的断言, 为后面的发展埋下了伏笔.

　　从公元前 3 世纪到 18 世纪, 欧氏几何一直被认为是描述我们身处的这个世界的正确几何. 甚至有过很多把分析学和代数学建立在欧氏几何之上的尝试, 用欧氏几何的真理性来担保它们的正确性. 但有一个疑虑一直萦绕在数学家们的心头, 那就是最后一条公理太过复杂, 更像一条定理而非公理. 所以两千年来, 许多数学家尝试证明第五条公理是前面四条的推论, 或者, 至少把第五条公理换成等价, 却更简洁, 更令人信服的公理. 这样的工作是多得难以胜数, 不过大部分都是徒劳无功, 以至于法国数学家达朗贝尔 (d'Alembert) 称这第五条公理为 "几何原理中的家丑"(见 [1]). 在这些研究中, 为人熟知且影响至今的一点是, 普莱费尔 (Palyfair) 在 1795 年给出了欧几里得第五条公理的等价替换, 即我们现在更熟知的平行公理 (图 5).

　　平行公理: 过直线外一点, 存在唯一一条平行线, 即无论怎么延长两条直线, 它们都不会相交.

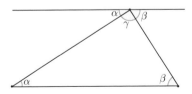

图 5　毕达哥拉斯学派给出的从平行线到三角形内角和 180 度的证明

通过平行公理, 我们可以得到一个三角形内角和是 180 度的证明. 虽然三角形内角和为 180 度本身并不等价于平行公理, 希尔伯特 (Hilbert) 在《几何基础》里提到, 如果我们引入阿基米德公理, 那么平行公理就可以被三角形内角和是 180 度取代. 所谓阿基米德公理指的是给出任何 (实) 数, 总能找到一个整数大于该数. 这是关于实数 (如长度和角度) 完备性的公理, 直觉上是一条合理自然甚至可以说是天经地义的公理. 但如果不假设平行公理 (或其等价形式), 我们很难证明三角形内角和是 180 度. 事实上, 如果只假设前面四条公理, 我们只能得到所谓的勒让德 (Legendre) 定理, 即如果有一个三角形内角和小于、等于或大于 180 度, 那么相应地, 所有三角形的内角和一定也是小于、等于或大于 180 度. 可见平行公理和三角形内角和有着千丝万缕的关系. 根据勒让德定理, 如果想要证明第五条公理的确是多余的, 那么在只假设前四条公理成立的前提下[1], 我们至少需要找到一个三角形, 使得它的内角和是 180 度. 但是我们马上会看到, 在非欧几何的世界里, 三角形的内角和可以大于也可以小于 180 度. 事实上, 的确存在满足前四条公理, 而不满足第五条公理的系统. 这个消息或许有些难以置信, 甚至带来巨大的心理冲击, 但这却是 19 世纪最为重要的数学进展之一.

2.2 什么是直线?

要寻找唯独不满足第五条公理的系统, 我们首先需要重新思考什么是直线. 在平面几何里, 直线便是用直尺画出来的图像, 欧氏几何的前两条公理就是从这样的直觉里出发的. 可惜现实世界里并不存在完全平整的平面. 再光滑的桌面, 只要我们不断放大, 总能看到坑坑洼洼. 更不用说生活中各种弯曲的几何体. 那么问题是, 要如何在曲面上使用直尺呢?

这的确是个难题, 因此, 我们需要转换一下思路. 我们都知道刻画直线的另一个性质是 "两点之间直线最短". 对于曲面上的两个点, 会有

---

[1] 并假设阿基米德公理.

无数条落在曲面上的曲线连接这两个点. 如果我们能找到长度最短的那条, 那它便是平面上直线的类比. 因为在大地测量学中的显然用处, 这类曲线被称为测地线①. "两点之间直线最短" 说的就是在平面几何中, 直线是测地线.

根据测地线的定义, 不难相信它是一个重要又有用的概念. 比如, 在确定飞机航线的时候, 为了减少燃料, 我们就需要沿着地球的测地线飞行. 那么, 我们该怎么寻找测地线呢? 想象曲面上的两点上各站着一个小人, 他们一起抓着一根绳子. 曲面上方盖着一个一模一样的曲面, 盖住了小人和绳子. 这时两个小人一起往后拉绳子, 直到绳子完全绷紧, 我们便找到了一条测地线. 以球面为例, 如果两个小人分别站在南极和北极, 那么绳子绷紧的时候一定会和一根经线重合. 所以经线就是球面上的测地线. 因为经线并不唯一, 这也说明了球面上的几何甚至连欧几里得的第一条公理都不满足. 虽然过两点的测地线并不唯一, 但如果给定一个点和一个方向, 我们会有唯一的一条测地线以给定的方向经过该点. 如果曲面可以无穷地延展, 那么这条测地线也可以无限地延长②, 即欧几里得第二公理是成立的.

如前面所说, 直线是平面上的测地线. 那么在曲面上, 即便我们不能再使用直尺, 测地线, 虽然不容易画, 但还是大量存在的. 我们可以把它们作为直线的 "替代品" 去研究曲面的几何学.

2.3 非欧几何学

如果以测地线作为曲面上直线的定义, 那么为了寻找只满足欧几里得前四条公理的几何理论, 只需要寻找一个合适的曲面. 如果我们考虑的曲面是一个平面, 我们就回到了欧氏几何. 接着我们可以考虑弯曲的表面. 如果我们取一张纸, 把它轻轻卷起就得到一个曲面——柱面. 很

---

① 测地线不一定要实现最短距离, 只需要它在每个局部上实现最短距离.

② 但有可能重复, 比如球面上的测地线.

明显, 柱面上一条绷紧的曲线, 在铺平纸张的时候, 还是绷紧的. 所以柱面上的测地线, 在柱面完全铺平的时候, 就变回了直线. 由此可见, 这个卷起和铺平的过程把平面和柱面的几何进行了一一对应. 可见柱面虽然是弯曲的, 上面的几何还是满足欧几里得的所有公理.

下一个最简单的曲面是球面. 正如我们拉绳实验解释的, 球面上的经线都是测地线. 因为球面是完全对称的, 那么任何一个大圆 (即经过球心的平面和球面的交) 都是测地线. 因为球面上所有的大圆都相互相交, 所以在球面上根本不存在平行线! 不过, 之前已经提到, 球面上通过两点可能会有无穷多条测地线, 所以球面的几何并非我们最想要的例子. 也许你会说, 我们可以接着考虑椭球面. 虽然理解椭球面上的测地线不是一件容易的事, 但它和球面一样, 也无法满足欧几里得的第一公理.

下面我们考虑所谓的马鞍面 (或称双曲面), 即由函数

$$z = x^2 - y^2$$

的图像给出的曲面. 这样的曲面在生活中随处可见, 比如名字里的马鞍、树干的分叉处, 或是薯片 (图 6).

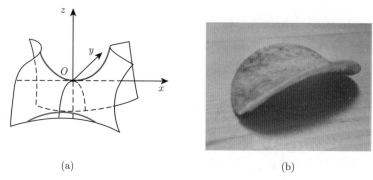

(a)   (b)

图 6　鞍面 (a) 和薯片 (b)

这里我们只考虑与测地线相关的第一、第二和第五公理. 如果我们把马鞍面无穷延拓, 根据我们的拉绳实验, 不难相信欧几里得的前两条公理成立. 对于平行公理, 虽然平行线总是存在, 但却不再唯一. 比如,

我们取那条上翘的测地线 (图 6 蓝色曲线). 再取马鞍面上一侧偏下的两点, 比如骑手的脚趾和脚跟. 按照我们的拉绳实验, 过这两点的测地线 (图 6 红色曲线), 往两侧延长会逐渐指向地面, 从而是一对平行线. 和平面非常不同的是, 这两条平行线间的距离会越来越远. 如果我们稍稍扰动其中一条的角度, 不难相信它们还是平行的. 可见平行公理的确是在逻辑上独立于前两条公理的. 对这个模型做合适的改动之后, 我们确实可以找到一个仅满足前四条公理的几何理论.

当然上面的解释是我们用现在的观点去执果索因而来. 虽然曲面几何学, 欧拉 (Euler) 早在 18 世纪中叶就开始了系统的研究, 但并没有在非欧几何的发现史中起太大作用. 事实上, 研究第五条公理的数学家们一直在尝试完全从形式逻辑的角度来研究第五公理的必要性. 在 18 世纪早期, 数学家萨切里 (Saccheri) 研究了下面的图形 (图 7), 其中角 A 和角 B 都是直角, 并且 AC 和 BD 长度相同. 那么仅用前面四条公理, 可以证明角 C 和角 D 相等. 而平行公理是等价于它们都是直角的. 萨切里讨论了角 C 是钝角 (钝角假设) 和角 C 是锐角 (锐角假设) 的情况, 发现钝角假设会导出矛盾[①]. 但在锐角假设下, 萨切里经过大量推理之后, 得出两条不同的直线在 "无穷远" 处相交并且有公共的垂线. 萨切里认为这是不符合直线特性的, 因此宣称平行公理是合理的, 虽然他并没有在锐角假设下找到什么矛盾. 朗伯 (Lambert) 研究了类似的四边形和钝角及锐角假设. 与萨切里不同的是, 朗伯分别研究了两个假设下的几何

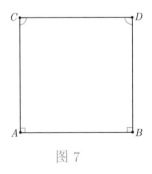

图 7

---

① 钝角假设在球面上成立, 但球面不满足欧几里得第一公理.

结论, 即便钝角假设是包含矛盾的. 朗伯证明无论在哪个假设下, 三角形的内角和与 180 度的差和三角形的面积成正比. 这是一个非常深刻的发现, 我们之后会再回到这个结果. 比起具体的数学结果, 朗伯更大的贡献来自理念上的升级: **任何自洽的公理体系都是一种可能的几何学, 并值得研究.** 这为非欧几何的出现做好了观念和心理上的准备. 有趣的是, 非欧几何几乎是在同一个时期, 分别由高斯 (Gauss)、罗巴切夫斯基 (Lobatchevsky) 和鲍耶 (Bolyai) 独立发现. 高斯也许觉得还不够完美, 或是太过激进, 并没有把非欧几何的工作发表出来, 并一面寻找非欧几何在物理世界中的实例. 虽然非欧几何被同时重复发现, 它在当时只被当作一种脱离实际的思维游戏. 其重要性一直被埋没了三十多年才被数学家们重新重视. 而如今非欧几何不断出现在现代数学、物理、工程的各个方面, 已经成为最基本的概念.

平面几何, 球面几何和双曲几何 (即马鞍面的几何) 是三种完全不同的几何, 分别对应零曲率、正曲率和负曲率. 以三角形 (由三条测地线围成的区域) 为例, 平面上, 三角形的内角和是 180 度. 如果我们考虑球面上的三角形, 比如北极点和赤道上经度分别为 0 度和 90 度的两个点围成的三角形, 那么三个角都是直角, 而这个三角形的内角和是 270 度 (图 8). 如果我们考虑双曲面上的三角形, 那么内角和会小于 180 度. 除了平行线, 三角形内角和的不同性质, 这三种几何还有许多截然不同的地方. 比如球面上的圆比起平面上同样半径的圆有更小的面积, 而双曲

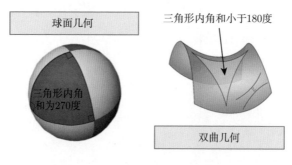

图 8　球面和双曲面上的三角形

面上的圆则有更大的面积. 如果我们各取一个纸制的球面圆盘和双曲面圆盘, 并努力把它们压平, 那么球面上的圆盘不得不破开, 而双曲面上的圆盘却会产生重叠和折痕. 当然我们很快会看到, 它们都是无论如何都不能被完全压平的.

2.4 内蕴和外嵌——披萨饼的几何学

既然曲面上紧绷的曲线和曲面如何放置在空间中并无关系, 从前面平面和柱面上的例子也可以看出, 弯曲曲面, 只要不拉伸、压缩、撕破或折叠曲面, 上面的测地线并不会改变. 所以它们满足的公理, 定理也不会有任何不同. 可见很大一部分的几何信息是内蕴在曲面本身, 而非依赖于曲面是如何放置在空间之中. 正如古话说, 江山易改, 本性难移, 曲面的本性便是内蕴性质. 但从平面和柱面的例子来看, 似乎弯曲程度并不是一个内蕴的性质.

想要理解内蕴的几何, 那就要了解它相对的概念——外嵌的几何, 也就是依赖于具体放置的几何. 因为我们生活在三维空间, 加上视觉感官, 这似乎该是最自然的几何. 在讨论曲面之前, 我们先来看看如何描述空间中曲线的弯曲程度. 我们首先考虑一个特殊情况, 即曲线在平面上, 由一个函数 $y = f(x)$ 的图像给出. 学过微积分的读者一定记得, 函数的一阶导数描述了函数的斜率, 而函数的二阶导数则描述了函数的凹凸性质 (即弯曲的程度和方向)(图 9).

一般地, 我们可以考虑空间中的一条曲线. 我们把它想象成是一个匀速 (单位速度) 粒子在空间中的运动轨迹, 也就是可以用下面三个函数来表达这条曲线 (即参数化):

$$\begin{cases} x = f(t), \\ y = g(t), \qquad a < t < b, \\ z = h(t), \end{cases}$$

那么它在 $(x_0 = f(t_0), y_0 = g(t_0), z_0 = h(t_0))$ 处的速度向量是三个函数

的一阶导数:

$$(f'(t_0), g'(t_0), h'(t_0)),$$

而曲线在该点的曲率则是由二阶导数给出:

$$(f''(t_0), g''(t_0), h''(t_0)).$$

因为我们要求粒子以单位速度匀速运动, 学过多元微积分的读者可以试着证明曲率向量是垂直于速度向量 (切向量) 的 (图 10).

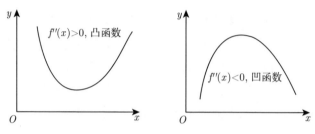

图 9 凸函数和凹函数

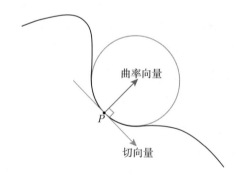

图 10 切向量和曲率向量

熟悉物理的读者可能已经意识到, 我们计算的是这个粒子的角速度. 如果我们有两个圆, 那么半径更小的圆要显得更为弯曲. 的确, 如果我们以相同的速度在两个圆上移动, 那么半径较小的圆上会有更大的角速度 (曲率向量的长度).

曲面可以被看作是无数条曲线的组合, 我们可以试着用所有可能曲线的弯曲程度来描述曲面的弯曲程度. 具体来说, 在曲面上给定一点, 再加上一个切方向, 我们会有唯一的一个包含这个方向并和切平面垂直的平面. 这个平面会和曲面交出一条曲线, 我们可以用上面的方法计算它的曲率向量. 所以对于每一个切方向, 我们都能得到一个曲率向量. 因为曲率向量一定包含在这个平面中并和该切方向垂直, 曲率向量一定平行于曲面的法向量. 如果选取一个单位长度的法向量, 那么我们只需要记录曲率向量和单位法向量的比值即可. 所以对于任何一个切方向, 我们都得到了一个实数. 这便是欧拉研究曲面的方法. 欧拉发现总有两个垂直的切方向, 其对应的曲率分别给出了曲率的最大值和最小值. 这两个值被称为主曲率 (图 11).

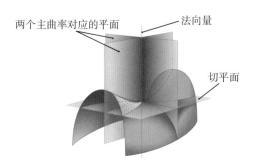

图 11　主曲率的示意图

事实上, 这个从切方向到曲率的函数是由一个切平面上的二次型 (称为曲面的第二基本形式) 给出的. 学过线性代数的读者一定记得平面上的二次型可以用一个 2×2 的对称矩阵表示, 而主曲率正是这个对称矩阵的两个特征值. 如果我们考虑曲面是由函数 $z = f(x, y)$ 的图像给出的, 并且假设其在 $(x_0, y_0, z_0 = f(x_0, y_0))$ 的切平面是水平的, 以及给定的法向量是 z 方向, 那么在该点处的第二基本形式就由函数的黑塞 (Hessian) 矩阵给出:

$$\begin{bmatrix} \dfrac{\partial^2 f(x_0, y_0)}{\partial x^2} & \dfrac{\partial^2 f(x_0, y_0)}{\partial x \partial y} \\ \dfrac{\partial^2 f(x_0, y_0)}{\partial y \partial x} & \dfrac{\partial^2 f(x_0, y_0)}{\partial y^2} \end{bmatrix},$$

即由 f 的各个二阶偏导数构成. 感兴趣的读者可以用这个公式计算一下各种曲面 (比如下面的四个例子) 的主曲率, 以及考虑一下在切平面不水平的时候该如何处理. 若是觉得数学公式不够直观, 不妨就记下 "曲率就是二阶导数" 这句粗略的总结吧.

平面上的任何方向都没有弯曲, 所以两个主曲率都是零, 特别地, 任何一个的方向上的曲率都是零. 在圆柱面上, 沿着轴线方向的主曲率是零, 而另一个主曲率, 沿着圆周的方向, 却是非零的. 球面在两个主曲率方向上都是朝着一个方向弯曲的, 所以它的两个主曲率有着相同的符号. 最后对于鞍面, 它在两个主曲率方向上是朝相反方向弯曲的, 所以它的主曲率有着相反的符号.

1827 年, 高斯发现了如今被称为高斯绝妙定理的惊人结果, 即两个主曲率的乘积是内蕴的, 是曲面的一个本质特征. 这个乘积也因此称为高斯曲率. 我们可以在平面和柱面的例子里证实这个定理. 可见某些弯曲性质也是曲面的内在性质. 这个定理对于吃货们来说有着非凡的意义. 在吃披萨的时候, 为了防止披萨上的馅料掉落, 我们总是会把它的一侧卷起. 这背后的原理正是高斯绝妙定理. 因为披萨在制作时是平整的, 它的高斯曲率是零. 如果我们把它卷起来, 那么披萨的内蕴几何并没有改变, 但却有了一个非零的主曲率. 根据高斯绝妙定理, 在弯曲的垂直方向一定是有着主曲率为零的方向, 所以它必须保持笔直, 兜住所有的馅料. 如果馅料还是随着耷拉着的披萨掉在地上, 各位老饕也不要埋怨高斯绝妙定理不够靠谱. 毕竟美味的披萨材质松软, 在重力的作用下, 披萨的内蕴几何得到了拉伸. 如果馅料掉落, 一定是披萨上产生了负高斯曲率 (图 12).

除了更好地享受披萨, 高斯绝妙定理还有很多应用. 最常见的便是瓦楞纸 (图 13), 或者波纹结构的金属板等建筑材料. 它们在波纹的垂直方向上有着很高的强度. 有意思的是, 波纹结构, 仅仅在高斯发现这个定理的两年后, 就被英国工程师帕尔默 (Palmer) 发明, 并运用在伦敦码头的松油棚屋的建造中. 由于波纹结构的轻便和坚固, 它被很多人认为是一个材料奇迹. 不过波纹结构在波纹方向上相对柔软. 但如果我们使用有非零高斯曲率的材料, 我们就能获得各个方向上的刚性, 从而在工程、建筑上有着很重要的意义.

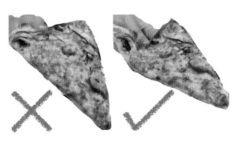

图 12　正确的拿披萨方式

图 13　通过折叠, 纸片能够承载重物

当然高斯证明这个定理并不是为了更好地享受披萨的馅料[①], 也并非他承接了什么建筑工程. 它被称为绝妙定理, 因为它意味着几何的研究可以脱离具体的嵌入. 并不是所有曲面都可以放在三维空间中, 比如图 14 中的克莱因 (Klein) 瓶.

高斯绝妙定理的影响远不止研究曲面那么简单, 它把我们从感官的局限中解放出来, 让我们有机会一窥那些并非肉眼可见的几何. 这便要说到黎曼 (Riemann) 带来的几何学革命. 1854 年, 黎曼在哥廷根大学的就职演说中发表了关于几何学基础的演讲, 他区区五页的讲稿彻底改变

---

① 现代披萨 (图 12) 要在 18 世纪末到 19 世纪初才出现, 见 [2].

了几何学. 他在演讲中提议研究 n 维一般空间的几何, 或者用现代的语言说, n 维流形的几何. 这里的 n 指的是可以独立运动的方向数量, 比如我们所处的世界就是一个三维的空间. 在这个 n 维空间上, 我们可以测量长度和角度. 另一方面, 假设我们身处在这个 n 维空间, 并且想象我们自己越来越小, 那么我们就会发现周围越来越像平坦的欧氏几何. 比如, 虽然我们现在知道地球是一个曲面, 但因为人太渺小, 会觉得周围是平坦的空间. 所以误认为欧氏几何是世界的真理也不难理解了. 不过在一个一般空间上, 接近欧氏几何的速度在各个点上可以各不相同, 它们拼接起来也可以组成非常复杂的情况. 这些额外的结构被称为黎曼度量. 更具体地说, 在拥有 $x_1, x_2, \cdots, x_n$ 局部坐标的空间上, 一个黎曼度量可写作

图 14   克莱因瓶不能放在三维空间中, 除非产生自相交点

$$ds^2 = \sum_{1 \leqslant i,\ j \leqslant n} g_{ij}(x_1, x_2, \cdots, x_n) dx_i dx_j,$$

其中 g_{ij} 是关于 $x_1, x_2, \cdots, x_n$ 的函数, 使得其在每一点上都是一个正定的二次型. 简单地说, 它描述的是在一个无穷小的坐标移动下, 距离的平方是怎样增长的. 特别地, 欧氏几何的黎曼度量就是我们熟知的勾股定理, 即

$$ds^2 = dx_1^2 + dx_2^2 + \cdots + dx_n^2.$$

更一般地, 使用合适的坐标变换, 只要 g_{ij} 都是常数, 那么对应的黎曼度量都是欧几里得度量. 当然也有黎曼度量能给出非欧几何, 而更一般的黎曼度量会给出更一般的, 不满足多条欧几里得公理的几何. 黎曼认为物理世界是一个具有黎曼度量的空间, 而确定上面的黎曼度量是物理学家和天文学家需要搞清楚的事. 黎曼也推广了高斯曲率的概念, 得到了一般空间中的曲率定义, 即所谓的黎曼曲率张量. 简单地说, 黎曼曲率张量可以局部地表达成 g_{ij} 的二阶导数, 以及一阶导数乘积的组合. 它的表达式比较复杂, 我们不在此赘述, 感兴趣的读者可以参看任何一本微分几何教科书, 如 [3]. 根据这些解释, 有兴趣的读者可以试着解释为什么当我们缩小自己 (或者等价地说, 放大空间) 任何一个黎曼度量会趋于平坦.

黎曼对几何学的观点, 有别于欧几里得那种基于直观经验的几何, 是抽象的、分析的, 同时也是内蕴的. 正是这种几何要比我们肉眼能见的几何要广泛得多, 它给后来的相对论, 以及近现代的许多数学、物理理论提供了充足的土壤.

 2.5 三角形内角和、曲率和拓扑

在 1827 年那篇文章里, 高斯还证明了下面这个非常优美的定理:

如果 A 是一个由测地线围成的三角形, 它的三个内角分别是 α, β 和 γ[①], 那么我们有

$$\iint\limits_{A} K dS = \alpha + \beta + \gamma - \pi, \tag{1}$$

这里 dS 是曲面的面积元, 即高斯曲率 K 的积分等于三角形内角和与 π(180 度) 的差.

特别地, 当高斯曲率是正的时候, 如球面, 三角形内角和会大于 180 度; 而当高斯曲率是负的时候, 如双曲面, 三角形内角和则小于 180

---

① 此处我们需要使用弧度制, 而非角度制, 即 π =180 度.

度. 这个定理还有一个更广为人知的形式, 被称作高斯–博内 (Gauss-Bonnet) 定理: 如果 M 是一个闭合曲面, 即没有边界的曲面, 比如球面、甜甜圈的表面等等, 那么我们有

$$\iint\limits_{M} K dS = 2\pi\chi(M) = 2\pi(2 - 2g). \tag{2}$$

也就是高斯曲率的积分等于所谓的欧拉示性数 (见下文解释) 和 2π 的乘积, 这里 g 是曲面上 "洞" 的个数. 比如对于球面而言, 无论它的半径是多少, 高斯曲率的积分始终是 4π. 特别地, 当球面半径为 1 时, 高斯曲率也是处处为 1, 所以其积分就是球面面积, 也就是 4π. 当然高斯曲率的积分为常数也并不反直觉, 因为对于面积更大的球面而言, 它更平坦, 也就有着更小的高斯曲率.

这是一个非常奇妙的定理. 等式左手边的高斯曲率, 虽然是内蕴的, 但随着拉伸、压缩, 高斯曲率也会随着变化. 而等式右手边的欧拉示性数 (图 15) 是一个在拉伸与压缩下都不会改变的量, 也就是所谓的拓扑不变量. 简单地说, 拓扑学研究几何体在连续变形下不变的性质. 所以拓扑的性质不依赖于长度、角度的具体数量, 也不依赖于弯曲的程度. 对于拓扑学家而言, 足球、篮球、乒乓球并没有任何区别. 拓扑的诞生要归功于欧拉对哥尼斯堡七桥问题的解答 (图 16).

图 15　有两个洞的曲面, 欧拉示性数为 -2

图 16　七桥问题: 一个步行者怎样才能不重复、不遗漏地一次走完七座桥, 最后回到出发点. 这个问题和距离角度并无关系, 只和岛屿、桥梁的连接情况有关

但和我们的故事更为相关的是另一个欧拉的定理: 对于任何一个凸多面体而言, 顶点数 (V) 减去边数 (E) 再加上面数 (F) 始终是 2. 这里 $V-E+F$ 就是所谓的欧拉示性数 $\chi(M)$. 把凸多面体想象成皮球, 那么鼓上气后就和球面没有区别, 也就是凸多面体在拓扑上是一个没有洞的曲面. 所以欧拉的发现就是 $\chi(M)=2-2g$ 在 $g=0$ 时的特殊情况 (图 17).

四面体 $V=4, E=6, F=4$ 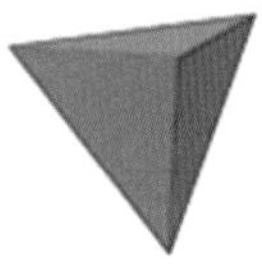	立方体 $V=8, E=12, F=6$ 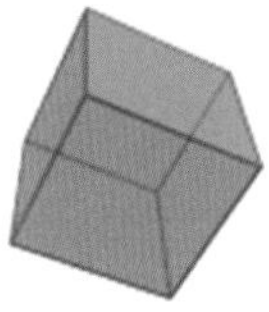	八面体 $V=6, E=12, F=8$ 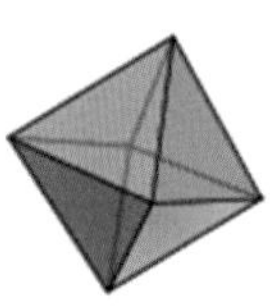	十二面体 $V=20, E=30, F=12$ 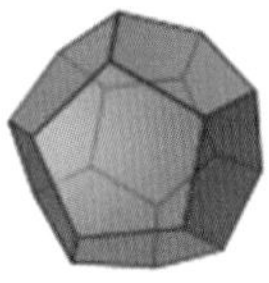	二十面体 $V=12, E=30, F=20$ 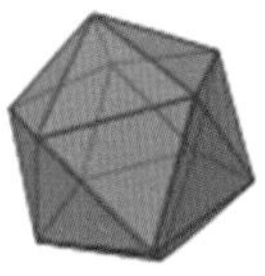

图 17　所有的正凸多面体, 都满足欧拉公式 $V-E+F=2$

更一般地, 庞加莱证明了 $V-E+F$ 对任何曲面, 以及其高维的类比, 都是一个拓扑不变量. 知道了欧拉示性数的定义, 有兴趣的读者可以试试用公式 (1) 推出公式 (2). 高斯–博内定理把几何性质和拓扑性质深刻地联系起来. 由此, 根据几何的信息, 我们可以去计算拓扑不变量, 反之依然.

除了系统地解释了三角形内角和与曲率的关系, 高斯–博内定理也是一个影响深远的定理. 1944 年, 华人数学家陈省身使用内蕴的方法[①]证明了高斯–博内定理在高维的一般推广, 也就是如今的陈–高斯–博内定理. 随之发展起来的陈–韦伊 (Weil) 理论、阿蒂亚 (Atiyah)–辛格 (Singer) 理论等等, 对现代几何、拓扑的发展起了决定性的作用, 也在如规范场论在内的许多物理理论上有着无与伦比的重要性.

2.6 结束语——既是量子世界, 也是星辰大海

三角形内角和的故事到这里就差不多了, 但几何学的故事才正要开启它波澜壮阔的一章. 黎曼带来的革命把我们从特定的几何学中解放到所有可能的几何世界中去, 虽然我们仍需要解决什么是物理世界真实的几何学. 出于对简洁和美的追求, 亦是出于好奇心, 数学家们总是无法割舍对那些特殊几何学的追求. 这看似矛盾的两种动机却常常能交会出惊人的结果.

根据高斯–博内定理, 我们知道对于一个有 g 个洞的曲面, 无论它的具体形态是怎样的, 是如何放置在空间中的 (无论上面的黎曼度量是怎样的), 高斯曲率的积分始终是 $2\pi(2 - 2g)$. 可以说是纯粹出于好奇心, 我们可以问在所有这些度量里是否存在最特殊的、最典范的一个, 比如高斯曲率是常数的度量? 黎曼就研究了常曲率的度量.

1907 年, 庞加莱和科贝 (Koebe) 分别证明了所谓的单值化定理: 曲面上存在高斯曲率为常数的度量. 虽然除了球面, 这些曲面都没法放入我们生活的平坦三维空间. 如果上升一个维度, 情况就不再这么简单, 除去欧氏、球面和双曲三种几何, 还有另外五种典范的几何. 瑟斯顿 (Thurston) 在 1982 年提出了几何化猜想, 即所有三维流形可以典范地分解成几部分, 且每一个部分都具备这八种几何之一的几何. 这个猜想在 2003 年被佩雷尔曼 (Perelman) 解决, 困扰数学界一百年的庞加莱猜

---

① 通过外嵌手段的证明在 1943 年由 Allendoerfer 和韦伊得到.

想也随之作为推论被一并解决.

　　单值化定理的另一个推广——山边 (Yamabe) 问题, 在高维寻找数量曲率为常数的度量. 有趣的是, 舍恩 (Schoen) 在解决山边问题的论证中用到他和华人数学家丘成桐对广义相对论中的正质量猜想的解答. 广义相对论的入场虽是神奇, 但也不完全是空穴来风. 爱因斯坦 (Einstein) 大名鼎鼎的广义相对论场方程的一侧便是曲率和度量, 而另一侧则是能量动量.

　　几何学的语言为广义相对论提供了的基础. 反过来, 宇宙的规律, 无论是光的运动, 还是黑洞的形成, 都因为爱因斯坦的方程可以化归成几何的问题. 爱因斯坦方程那些最为特殊的解, 即所谓的爱因斯坦度量, 正是另一类让数学家们痴迷至今的典范度量. 在这个问题上, 一个影响深远的里程碑是丘成桐对卡拉比 (Calabi) 猜想的解答, 解决了如今被称为卡拉比–丘流形的一般存在性的证明. 七年以后, 物理学家发现卡拉比–丘流形正是弦理论的时空模型需要的几何 (图 18). 而弦理论是物理学家为了把大尺度的相对论和小尺度的量子理论统一起来而发展的框架, 是为了实现爱因斯坦大统一理论梦想的伟大尝试. 几何学正是串起从量子世界到星辰大海的梦幻联动的丝带.

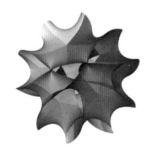

图 18　一个六维卡拉比–丘流形的二维截面

　　在几何学的历史里, 我们讲述的只是众多线索中的一个而已. 几何学从古典时代发展至今, 和分析、代数、组合、动力系统等其他数学领域都产生了紧密的联系, 也在物理学、天文学、地理学、生物学、医学、建筑学、数据科学等等学科的方方面面发挥着无可取代的作用. 回顾这段历史, 我们从现实世界的直觉出发, 抽象出欧几里得的公理体系. 利用逻辑思辨, 发展出丰富的理论. 因为不惧自我怀疑, 继而发现了非欧几何和黎曼几何的广阔世界, 让我们可以脱开感官的桎梏, 想象所有可能的几何. 是好奇心的驱使, 让我们在发现美妙数学理论的同时, 也串起下至微观量子, 上至宇宙太虚的世间万物. 这一切的源头似乎连接着欧几里得心中的那个三角形.

 参 考 文 献

[1] 莫里斯·克莱因. 古今数学思想. 张理京, 张锦炎, 江泽涵, 等译. 上海: 上海科学技术出版社, 2009.

[2] Helstosky C. Pizza: A Global History. London: Reaktion, 2008.

[3] 陈省身, 陈维恒. 微分几何讲义. 北京: 北京大学出版社, 1991.

3 凭声音能听出鼓的形状吗

刘晓东　张　波

如果我说"凭声音能听出鼓的形状吗"是一个数学问题,你可能会吃惊地看着我,露出不相信的眼神. 的确,是难以置信. 不过数学是强大的,也是神奇的,很多看似与数学无关的问题,最后发现实质是数学问题.

"凭声音能听出鼓的形状吗"不仅是一个数学问题,还是引起很多大数学家关注的一个问题. 对这个问题的研究产生了很丰富的成果,有些情形到现在都还没解决. 该问题是数学中"反问题"这一领域的一个缩影,后者在医学成像、无损探测、石油勘探、雷达与声呐等众多领域有广泛的应用.

本文将简要讨论这一问题蕴含的物理原理和数学表述,并顺便介绍一下相关的"反问题"这一数学领域的内涵和它的应用价值.

 **3.1** ‖振动弦

我们先从弦振动来看声音是如何产生的,它与数学有什么联系,在这种情况下声音能告诉我们弦的形状,即弦的长度吗?

弦乐器 (例如二胡、提琴) 演奏者用弓在弦上来回拉动, 会引起整根弦的振动. 弦的振动产生两种波. 一种称为**驻波**, 就是弦振动在弦上产生的波形. 另一种称为**行波**, 就是平时人们说的声波, 就是琴弦振动扰动了周围的空气而在空气中产生的波形, 它能被我们的听觉系统感知到.

希腊哲学家和数学家毕达哥拉斯[①] 约于 2530 年前发现, 弦的长度与其在振动时发出的声调之间存在某种确定的联系.

大概又经过了 2000 多年的不断发展和科学革命, 人们才理解了弦乐器发出的声音的音调与其弦振动的频率之间的关系.

首先得到这种关系的人是 17 世纪的法国数学家和修道士梅森[②] (Marin Mersenne, 1588—1648).

然而, 应用牛顿 (Isaac Newton, 1643—1727) 力学的基本定律和微积分推导出弦振动方程并由此来研究弦振动现象始于英国数学家泰勒 (Brook Taylor, 1685—1731), 他在 1715 年做了这些工作. 值得说一下, 泰勒是 18 世纪早期英国牛顿学派最优秀的代表人物之一, 他于 1712 年得到的泰勒公式是高等数学中的一个非常重要的内容, 它将一些复杂的函数近似地表示为简单的多项式函数, 是分析和研究许多数学问题的有力工具.

在 1741—1743 年, 荷兰裔瑞士数学物理学家丹尼尔•伯努利 (Daniel Bernoulli, 1700—1782) 对弦振动现象做了更广泛的研究, 并于 1762 年提出声音在空气中的传播规律; 他是著名的伯努利家族中最博学和最杰出的一位.

但是, 对声学理论以及产生声波的振动的理论研究做出最大贡献的

---

① Pythagoras, 生卒约在公元前 570 年至公元前 495 年间, 在西方因发现了勾股定理而著称.

② 梅森和当时的许多数学家, 如笛卡儿 (René Descartes, 1596—1650)、费马 (Pierre de Fermat, 1601—1665)、帕斯卡 (Blaise Pascal, 1623—1662)、伽利略 (Galileo Galilei, 1564—1642) 等有通信联系; 他在数论方面也有重要发现, 包括以他名字命名的梅森数和梅森素数等.

是英国物理学家瑞利勋爵 (Lord Rayleigh, 1842—1919), 他于 1877 年出版了详细研究这些理论的专著《声学理论》(*Theory of Sound*); 此外, 他在研究光波方面也卓有成就并获得了 1904 年的诺贝尔物理学奖.

在推导弹性弦振动的数学性质时, 人们需要对实际弦振动问题作**理想化**的假设, 以便抓住问题的实质. 这是数学物理中许多推理的一个典型特征: 我们并不试图考虑所有细节和最精确地描述一个物理现象; 相反, 为了得出一个抓住物理现象本质的简单描述, 需要作某些近似, 忽略一些次要因素产生的量.

为此, 我们假设弦是均匀细长的, 从而其横截面可忽略而视为线, 弦的线密度 (即单位长度的质量) 为常数 ρ. 这个假设是合理的. 进一步, 我们假定弦十分柔软, 从而可以任意弯曲, 也就是说, 当它变形时, 抗弯曲所产生的力矩可以忽略不计, 从而弦上各点间的拉力 (这种拉力称为弦中的**张力**) 沿着弦的切线方向. 此外, 弦乐器所用的弦往往是很轻的, 它的重量只有张力的几万分之一, 因此, 与张力 T 相比, 弦的重量完全可以忽略不计. 这样, 真实的弦就抽象为 “没有重量” 但有力学性质的弦.

把没有重量的弦两端固定 (弦乐器上的弦的两端是固定的), 拉紧之后让它离开平衡位置, 在垂直于弦线的外力作用下做微小横振动. 所谓**横振动**是指弦的运动在同一平面内进行, 且弦上各点的位移与平衡位置垂直. 取弦静止时的平衡位置所在的直线为 x 轴, 并把弦上各点的横向位移记作 U. 这样, 横向位移 U 就是 x 和 t 的函数, 更明确地记作 $U(x,t)$. 我们想知道 U 所满足的数学性质.

弦的振动是一种机械运动. 机械运动的基本定律是质点力学的牛顿运动方程 $\boldsymbol{F} = m\boldsymbol{a}$. 它描述的是, 作用于一个运动质点的力 $\boldsymbol{F}$ 等于该质点的质量 m 与它的加速度 $\boldsymbol{a}$ 的乘积. 加速度 $\boldsymbol{a}$ 是质点的速度 $\boldsymbol{v}$ 关于时间 t 的导数 dv/dt(也记为 $\boldsymbol{v}_t$), 而速度 $\boldsymbol{v}$ 又是质点运动的位移 U 关于时间的导数 U_t, 其中速度 $\boldsymbol{v}$ 和位移 U 都是时间变量 t 的函数. 因此, 加速度是位移 U 关于时间的导数的导数, 或者更简单地说, 加速度是位移 U

关于时间的二阶导数 d^2U/dt^2 (也记为 U_{tt}).

虽然弦不是质点, 但我们可以将整根弦细分成许多极小的小段, 每个小段近似看作质点, 这样一来, 整根弦由许多互相连接的质点组成, 从而我们可以对每个质点即每个小段应用牛顿运动方程 $\boldsymbol{F} = m\boldsymbol{a}$. 图 1 画出了一条受到张力为 T 的振动的弦, 其中有一小段 A 的弦的一端受到拉力 T_1, 另一端受到拉力 T_2. 因为弦是弯曲的, 所以这两个拉力的方向并不完全相反, 从而不会完全抵消.

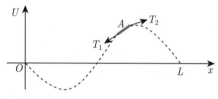

图 1 一条振动弦上所受的张力

弦的每小段都只有横向 (即垂直于平衡位置 x 轴) 运动而没有纵向 (即 x 方向) 的运动, 因此, 作用于小段弦 A 的纵向合力应为零. 又因弦的位移 U 很小, 所以拉力 T_1 和 T_2 几乎相等, 弦中张力不随 x 而变, 它在整根弦中取同一数值; 此外, 由于弦的位移 U 很小, 因此, 这一小段弦 A 几乎是水平的, 即 A 的长度 S 不随时间而变, 故作用于 A 段的张力也不随时间而变. 弦中张力既跟位置 x 无关, 又跟时刻 t 无关, 只能是常数, 记为 T.

弦的横向加速度 $\boldsymbol{a}$ 是位移 U 关于时间的二阶导数 U_{tt}. 此外, 注意到拉力 T_1 和 T_2 与弦曲线相切, 而 t 时刻的弦曲线由未知函数 $U = U(x,t)$ 来描述, 因此, 它们指向 U 的斜率方向, 而后者由 t 固定不变时 U 在 x_1 点和 x_2 点的一阶导数 $\partial U/\partial x$ (也记为 U_x) 给出. 因为弦的位移 U 很小, 所以作用于小段弦 A 的横向合力是拉力 T_2 与其斜率的乘积和拉力 T_1 与其斜率的乘积之差, 故它等于张力 T 与这一小段弦的长度 S 及 U_x 的关于 x 的偏导数的乘积. 换言之, 该横向合力的方向为垂直向上, 大小等于 STU_{xx}. 由于单位长度弦的质量是 ρ, 从而长度为 S 的小

段弦 A 的质量是 $S\rho$, 因此, 对于与 x 轴之间的位移为 U、几乎水平的这一小段弦来说, 牛顿运动方程 $\boldsymbol{F} = m\boldsymbol{a}$ 可以写为 $STU_{xx} = S\rho U_{tt}$. 我们在这个等式的两边除以 $S\rho$, 并将 T/ρ 记为 c^2, 即 $c^2 = T/\rho$, 可以得到如下称为**波动方程**的偏微分方程:

$$U_{tt} = c^2 U_{xx}. \tag{1}$$

(注意, 弦段的长度 S 在这个方程中被消掉了.)

　　这个方程只有一个参数 c, 称为波速, 它可以通过 $c = \sqrt{T/\rho}$ 这样一个简单公式, 由张力与弦的密度计算出来. 在这个方程中, U_{tt} 是函数 U 关于 t 的二阶偏导数 (也记为 $\partial^2 U/\partial t^2$), 就是对 t 求两次导数, 在求导的过程中把 x 看作常数, 而 U_{xx} 是函数 U 关于 x 的二阶偏导数, 有时记为 $\partial^2 U/\partial x^2$, 就是对 x 求两次导数, 在求导的过程中把 t 看作常数.

　　只要不偏离水平直线 (x 轴) 太远, 将振动弦的状态描述为时间 t 及离弦线一端的距离 x 的函数的曲线 $U = f(x,t)$, 就必然是波动方程 (1) 的解.

　　对于一段长度为 L 的两端固定的弦的振动问题来说, 解波动方程 (1) 还需要补充边界条件或初始条件, 或者两者兼而有之; 否则, 我们会得到波动方程 (1) 的很多个解. 因为弦的两端被固定, 所以我们必须要求 $x = 0$ 和 $x = L$ 处弦的横向位移 U 在任何时刻都为零, 于是, 自然的边界条件必定为 $U(0,t) = U(L,t) = 0$. 初始条件是指在 $t = 0$ 时刻弦的状态.

　　为了找到这个数学问题的解, 我们可以尝试让函数 $U(x,t)$ 成为时间 t 的函数与位置 x 的函数之积, 即 $U(x,t) = u(x)w(t)$, 其中 u 可以通过适当地选择以使其满足 $u(0) = u(L) = 0$, 这样, 对所有 t 都成立的边界条件就很容易实现.

　　事实上, 只要 u 是微分方程 $u_{xx} = -k^2 u$ 的解, 而 w 是微分方程 $w_{tt} = -(kc)^2 w$ 的解, 那么乘积 $u(x)w(t)$ 就是方程 (1) 的一个解, 这里, u_{xx} 表示 x 的函数 u 关于 x 的二阶导数, 而 w_{tt} 表示时间 t 的函数 w 关

于 t 的二阶导数. 这可以验算如下:

$$U_{tt}=u(x)w_{tt}=u(x)[-(kc)^2w(t)]=c^2[-k^2u(x)]w(t)=c^2u_{xx}w(t)=c^2U_{xx},$$

这说明, $U(x,t)=u(x)w(t)$ 的确是波动方程 (1) 的解. 这种方法在数学上被称为分离变量法.

为了找出方程 $u_{xx}=-k^2u$ 和 $w_{tt}=-(kc)^2w$ 的解, 我们考虑两个在其他许多数学和物理问题中也会出现的正弦函数 $\sin x$ 和余弦函数 $\cos x$. 这两个函数都是周期为 2π 的周期函数, 即我们给 x 增加 2π 使它变为 $x+2\pi$ 后这两个函数的值不变, 所以这两个函数曲线都以 2π 为周期而周期性地变化. 图 2 画出了这两个函数曲线.

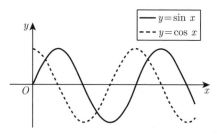

图 2　正弦函数和余弦函数曲线

对于正弦函数 $\sin x$ 和余弦函数 $\cos x$, 它们的一阶导数分别是 $(\sin x)'=\cos x$ 和 $(\cos x)'=-\sin x$. 因此, 它们的二阶导数分别是

$$(\sin x)''=((\sin x)')'=(\cos x)'=-\sin x,$$
$$(\cos x)''=((\cos x)')'=(-\sin x)'=-\cos x.$$

换句话说, 这两个函数都是二阶微分方程 $u_{xx}=-u$ 的解.

如果 k 是常数, 我们知道, 函数 $\sin kx$ 和 $\cos kx$ 的一阶导数分别是

$$(\sin kx)'=(kx)'\cos kx=k\cos kx,\quad (\cos kx)'=(kx)'(-\sin kx)=-k\sin kx,$$

由此我们可以得出结论: $u(x)=\sin kx$ 与 $u(x)=\cos kx$ 均是微分方程 $u_{xx}=-k^2u$ 的解.

由于 $\sin 0 = 0$, 我们知道: 方程 $u_{xx} = -k^2 u$ 满足边界条件 $u(0) = 0$ 的一个解是 $u(x) = \sin kx$. 对 $u(x) = \sin kx$, 为了满足另一个边界条件 $u(L) = 0$, 我们只需选择适当的 k 使得 $\sin kL = 0$. 对所有的整数 $n = \pm 1, \pm 2, \cdots$, 都有 $\sin n\pi = 0$, 因此, 如果 $k = n\pi/L$, $n = \pm 1, \pm 2, \pm 3, \cdots$, 那么, 函数 $u(x) = \sin kx$ 满足两个边界条件: $u(0) = 0$, $u(L) = 0$.

对于取定的每一个 k 值, 微分方程 $w_{tt} = -(kc)^2 w$ 的解可以选为 $w(t) = a \cos kct + b \sin kct$, 其中常数 a 和 b 由初始条件来确定. 这样, 我们就得到了波动方程 (1) 的满足边界条件 $U(0, t) = U(L, t) = 0$ 的无穷多个不同的解:

$$U(x, t) = (a \cos kct + b \sin kct) \sin kx, \tag{2}$$

其中 k 必须取下列值之一: $\pi/L, 2\pi/L, 3\pi/L, \cdots$, 而常数 a 和 b 由初始条件确定[1].

等式 (2) 给出的函数就是两端固定的弦振动时可能产生的**驻波**的函数. 每一个 k 值对应于一种驻波. 这些驻波也称为两端固定的弦的**固有振动**.

因为 $\sin kct$ 和 $\cos kct$ 是 t 的周期函数, 周期为 $2\pi/(kc)$, 所以, 这些解也是 t 的周期函数, 其频率与 k 的取值有关. 频率是指每秒钟振动的次数, 因而等于振动周期的倒数. 如果 k 取可能的最小值 π/L, 那么, 对应的驻波的频率将取最小值 $c/(2L)$. 这个驻波称为**基础波**. $k = n\pi/L$ ($n = 2, 3, \cdots$) 对应的各个驻波分别称为 n 次**谐波**.

弦的振动直接传递到周围的空气中, 并引起空气具有相同频率的振动; 这就是我们所听到的声音. 频率不同, 所听到声音的音调就不同. 例如, 长度为 L、密度为 ρ、张力为 T 的弦所产生的基音 (即基础波) 对应于频率 $c/(2L)$, 其中 $c = \sqrt{T/\rho}$, 而其所产生的谐音 (即谐波) 对应于频率 $nc/(2L)$ ($n = 2, 3, \cdots$). 因此, **弦的张力越大, 则所产生的音调就越**

---

① 由于 $\sin(-kx) = -\sin kx$, $\cos(-kct) = \cos kct$, 因此, 等式 (2) 给出的解也包含了 $k = -\pi/L, -2\pi/L, -3\pi/L, \cdots$ 的情形.

高; 弦的密度越大, 音调越低.

波动方程 (1) 可以写为 $U_{tt} - c^2 U_{xx} = 0$; 其左边的两项除常数外均依赖于 U(这里均是 U 的二阶导数), 而不依赖于 U 的右边项为零, 这样的方程称为**齐次**的. 此外, 对任意函数 $U(x,t)$ 及 $V(x,t)$ 和任意常数 a 及 b, 我们都有

$$(aU + bV)_{tt} - c^2(aU + bV)_{xx} = a(U_{tt} - c^2 U_{xx}) + b(V_{tt} - c^2 V_{xx}),$$

这一性质称为**线性性质**. 因此, 波动方程是**线性**的和**齐次**的. 由此可以得出结论: 如果 $U(x,t)$ 和 $V(x,t)$ 分别是波动方程的解, 那么它们之和, 或者说它们的**叠加** $U + V$, 也是该波动方程的解, 这说明该波动方程的解服从**叠加原理**.

因为边界条件也是线性的和齐次的, 所以弦上所有可能的驻波叠加起来后仍然是波动方程满足齐次边界条件的解:

$$U(x,t) = \left(a_1 \cos \frac{c\pi t}{L} + b_1 \sin \frac{c\pi t}{L}\right) \sin \frac{\pi x}{L}$$
$$+ \left(a_2 \cos \frac{2c\pi t}{L} + b_2 \sin \frac{2c\pi t}{L}\right) \sin \frac{2\pi x}{L} + \cdots.$$

因为 $\cos 0 = 1$, $\sin 0 = 0$, 所以初始时刻 $t = 0$ 时的位移和速度分别由下列两式给出:

$$U(x,0) = a_1 \sin \frac{\pi x}{L} + a_2 \sin \frac{2\pi x}{L} + \cdots, \tag{3}$$

$$U_t(x,0) = b_1 \frac{c\pi}{L} \sin \frac{\pi x}{L} + b_2 \frac{2c\pi}{L} \sin \frac{2\pi x}{L} + \cdots. \tag{4}$$

法国数学家傅里叶 (Jean Baptiste Fourier, 1768—1830) 证明了: 对于和函数 (3) 和 (4) (现在被称为傅里叶级数), 通过选择适当的系数 $a_1, a_2, \cdots$ 和 $b_1, b_2, \cdots$, 可以对任意给出的连续性不太差的函数求和; 如果给出函数 $U(x,0)$ 和 $U_t(x,0)$, 还可以很容易地计算出系数 $a_1, a_2, \cdots$ 和 $b_1, b_2, \cdots$. 这意味着, 弦能够同时产生出基音的所有谐音来, 而且, 所

产生的各个谐音的强度完全取决于弦的初始形状和速度. 需要指出的是, 由傅里叶级数发展出来的傅里叶分析目前已经成为数学和各科学技术领域中的必备工具.

前面的讨论包含了一个重要内容: 下列特殊问题的可能的非零解本质上 (即允许差一个常系数) 只有 $\sin kx$,

$$u_{xx} = -k^2 u, \ 0 < x < L, \tag{5}$$

$$u(0) = u(L) = 0. \tag{6}$$

而且我们发现, 除非 k^2 取某些特定值 (这些值称为问题 (5)—(6) 的**谱**, 或者微分算子 $-\partial^2/\partial x^2$ 在边界条件 (6) 下的**谱**), 否则该问题只有零解 $u(x) = 0$ (数学上称之为 "平凡解").

这是一个更普遍的数学事实的一个实例: 具有 "齐次边界条件" 的某些特定微分方程, 只有当方程中的一个参数取一些特殊值时, 才有 "非平凡" 解 (即不等于零的解). 这个参数称为方程 (或有关的微分算子) 的特征值或谱. 数学上, 这种微分方程问题称为微分方程的**特征值问题**或**谱问题**.

现在我们的问题 (5)—(6) 有了新的属性: 是一个特征值问题或谱问题. 对这个特征值问题, k^2 是**特征值**或**谱**, 而其对应的非零解称为**特征函数**. 我们已经知道, 特征值问题 (5)—(6) 有无穷可数个特征值: $k^2 = (n\pi/L)^2$, $n = 1, 2, 3, \cdots$, 其对应的特征函数为: $u(x) = \sin(n\pi x/L)$, $n = 1, 2, 3, \cdots$. 对于两端固定的弦振动, 我们所听到的声音依赖于这些特征值 k^2 所确定的基音和谐音. 因为这些特征值 k^2 含有弦的长度 L, **所以对于弦乐器来说, 我们可以从其声音听出弦的长度 L.**

3.2 振动膜

刚才说的弦振动是线的振动, 所以是一维的振动. 与振动弦相类似的二维情形是振动膜, 例如鼓膜或金属板. 对于边界固定的均匀薄膜的微小横振动来说, 膜距离平衡位置的位移所满足的方程是二维波动方程, 此时, 位移 $U(x, y, t)$ 是时间 t 及 x 和 y 两个坐标的函数, 而弦振动的波动方程 (1) 中的偏导数 U_{xx} 被 $U_{xx} + U_{yy}$ 所代替. 于是, 描述膜振动的波动方程为

$$U_{tt} = c^2(U_{xx} + U_{yy}). \tag{7}$$

这里, $U_{xx} + U_{yy}$ 称为 U 的二维拉普拉斯算子, 是由法国大数学家拉普拉斯 (Pierre Simon Laplace, 1749—1827) 引进的. 与弦振动相类似, 这个方程中的参数 $c = \sqrt{T/\rho}$, 称为膜振动的波速, 其中 T 是膜上张力, ρ 为单位面积的薄膜的质量 (称为薄膜的面密度). 膜振动的边界条件是边界上的位移为零, 即在鼓的边界上 $U = 0$, 其中边界的形状必须是给定的.

类似于弦振动的情形, 边界固定的膜振动时也产生**驻波**. 这些驻波也称为边界固定的膜的**固有振动**, 其频率称为膜的**固有频率**, 依赖于膜的材料、张力、大小以及形状. 膜的固有振动的空间形状极为复杂, 其中振动面在有些地方显得比其他地方更强烈 (或者说 "振幅较大"); 我们还可以看到振动沿着某些曲线消失, 完全静止不动, 这些不发生任何运动的点被称为**波节**. 波节形成的图形可以通过在膜表面撒沙子的方式演示出来; 只有在膜静止的地方沙子才保持不动, 而在其他地方, 沙子则会被抛起.

与弦振动的情形类似, 膜或板的振动传递到周围空气中, 产生声波, 而声音的音调由鼓所产生的一个或多个频率给出. 这时, 允许的频谱不仅与鼓膜的重量、张力及大小有关, 还与其形状有关. 这时对应的特征值问题是

$$\Delta u = -\lambda u, \quad (x, y) \in \Omega, \quad \text{且} \quad u(x, y) = 0, \quad (x, y) \in \Gamma. \tag{8}$$

这里, Ω 和 Γ 分别表示平面上一个有界区域及其边界, 由此来刻画一个周边固定且绷紧均匀的鼓面及其边界, 而常数 λ 和二维函数 u 分别称为负拉普拉斯算子 $-\Delta$ 的特征值和对应的特征函数. 真实的鼓一般都

是圆形的, 我们这里讨论任意形状的鼓. 如果鼓的形状比圆形或方形复杂, 那么, 相应的谱 λ 无法像均匀弦的情形那样, 用一个简单公式给出来, 必须通过数值计算得出.

为了刻画鼓能产生不同频率的基音和谐音, 在数学上我们必须证明特征值问题 (8) 的特征值存在, 即证明存在一系列正数 $\lambda_1 \leqslant \lambda_2 \leqslant \lambda_3 \leqslant \cdots$ 使得

$$-\Delta u_n = \lambda_n u_n, \qquad u_n|_\Gamma = 0 \tag{9}$$

存在非零解 $u_n, n = 1, 2, 3, \cdots$. 这个问题曾是 19 世纪众多数学家和物理学家关心的问题. 现在, 对于给定的足够光滑的有界区域 Ω, 人们已经证明了上述特征值问题存在无穷可数个特征值 $0 < \lambda_1 \leqslant \lambda_2 \leqslant \lambda_3 \leqslant \cdots$.

3.3 听音辨鼓

让我们再回到文章开头提出的 "听音辨鼓" 问题. 通过弦振动和膜振动问题, 我们已经知道, 我们所听到的声音依赖于特征值问题 (5)—(6) 的特征值 k^2 或特征值问题 (8) 的特征值 λ 所确定的基音和谐音. 因此, "从声音听出鼓形状 Ω 和 Γ" 问题本质上就是通过偏微分方程特征值问题 (8) 的特征值 λ 来确定鼓 Ω 的形状 Γ. 这类问题称为**偏微分方程的反谱问题**, 是一类典型的偏微分方程反问题.

为了理解和研究偏微分方程的反谱问题, 人们对偏微分方程的谱问题或特征值问题进行了大量的研究. 德国大数学家外尔 (Hermann Klaus Hugo Weyl, 1885—1955) 于 1911 年第一个研究了一般维数的特征值问题 (8) 或 (9) 的特征值 λ_n 的渐近性质; 他得到了如下被称为外尔定理的渐近估计:

$$\lambda_n \sim 4\pi^2 \left(\frac{n}{B_k |\Omega|} \right)^{2/k}, \quad n \to \infty, \tag{10}$$

其中 $|\Omega|$ 表示区域 Ω 的面积 (二维) 或体积 (三维), B_k 是 k 维单位球的体积, 而上式的 $\sim$ 表示随着 n 的增大 $\lambda_n / n^{2/k}$ 越来越逼近于

$4\pi^2/(B_k|\Omega|)^{2/k}$. 渐近估计式 (10) 意味着, 特征值可以完全给出鼓的面积.

外尔是为了回答荷兰著名物理学家洛伦兹 (Hendrik Antoon Lorentz, 1853—1928) 于 1910 年在德国哥廷根大学演讲时所提出的一个问题而得到了上述渐近估计的. 近年来, 许多数学家对一般偏微分算子特征值的渐近性质进行了研究, 试图证明类似于外尔得出的上述渐近估计性质.

1910 年, 德国大数学家希尔伯特 (David Hilbert, 1862—1943) 邀请洛伦兹给当时的研究生讲课. 有趣的是, 支持洛伦兹作报告的经费来自希尔伯特申请的沃尔夫凯勒 (Wolfskehl) 奖 (十万马克) 的利息. 沃尔夫凯勒奖本用来奖励证明费马大定理的第一人, 但希尔伯特认为短时间内很难有人证明这个定理, 因此, 申请将这笔巨额奖金的利息用于资助国际知名科学家在哥廷根大学讲学. 十万马克的沃尔夫凯勒奖金最终在近一百年后由英国数学家怀尔斯 (Andrew Wiles, 1953—) 得到, 他于 1994 年证明了数论中历史悠久的 "费马大定理".

让我们回到一百多年前洛伦兹的报告. 洛伦兹以物理学中的新旧为题讲了五次课, 其中在第四次演讲中, 洛伦兹提到英国物理学家金斯 (James Jeans, 1877—1946) 在研究黑体电磁散射实验时观察到的一个现象: "在一个具有完美反射曲面的空腔内, 电磁波的散射如同管风琴的音调. 特别, 任一固定长度的高频区间内, 电磁波的频率数目与空腔的形状 Γ 无关而只与空腔的体积 $|\Omega|$ 成正比." 洛伦兹当时希望在座的研究生和数学家可以给出一个严格的证明.

但是, 这个问题看似太难了, 以至于希尔伯特本人提醒大家, 不要轻易去碰这样难的数学问题. 一个杜撰的传说, 希尔伯特甚至还断言: "在其有生之年, 洛伦兹所提的数学问题不可能被数学家证明." 不过, 希尔伯特的这个断言很快就被证明是错了, 而且是错了 32 年, 因为他 1943 年去世.

当时还是希尔伯特的博士生而且只有 25 岁的外尔就在洛伦兹报告的听众中. 他被洛伦兹所提问题吸引, 在第二年, 即 1911 年, 就对洛伦兹所提的问题给出严格的数学证明, 即证明了如果两个鼓发出的声音一样, 则它们的面积是一样的.

实际上, 外尔证明了上述更一般的特征值的渐近结果 (10). 有意思的是, 外尔的证明过程非常巧妙地用到了积分方程的理论, 而这恰恰是他的导师希尔伯特几年前刚刚发展起来的理论. 直到近半个世纪后, 即 1954 年, 瑞典数学家 A. Pleijel 才利用不同的方法推导出更精细的渐近估计, 并由此导出鼓的边长也可以听出来.

卡茨基于 Pleijel 的结果预测了下列渐近表示:

$$\sum_{n=1}^{\infty} e^{-\lambda_n t} \sim \frac{|\Omega|}{2\pi t} - \frac{|\partial \Omega|}{4\sqrt{2\pi t}} + \frac{1-r}{6}, \quad t \to 0, \qquad (11)$$

其中 $|\Omega|$, $|\partial \Omega|$ 和 r 分别表示鼓的面积、周长以及鼓中洞的个数, $e^{-\lambda_n t}$ 是以自然数 e 为基底的指数函数, 而 $\sim$ 表示随着 t 的增大式 (11) 的两边越来越接近. 由此可知, **我们甚至可以听出鼓的连通性**, 即鼓中洞的**个数**.

1967 年, 美国数学家麦基恩 (Henry P. McKean) 和辛格 (Isadore M. Singer, 1924—2021) 证明了卡茨的这一猜测.

1966 年, 美籍波兰裔数学家卡茨 (Mark Kac, 1914—1984) 在美国数学月刊上发表了一篇题为 "人们可以听出鼓的形状吗? "("Can one hear the shape of a drum?") 的著名综述文章, 对 1966 年以前这方面的研究工作给出了详细综述, 并提出了著名的 "听音辨鼓" 问题. 对于这个问题, 数学家们努力了几十年, 直到 1991 年才由三位美国数学家 G. Gordon, D. L. Webb 和 S. Wolpert 给出了否定的答案. 三位数学家构造了稀奇古怪的两个鼓面 (图 3) 并证明它们发出声音的频率是一样的.

尽管三位数学家在 1991 年对卡茨问题举出反例, 但如果假定鼓是凸的或者假设鼓的边界是光滑的, 相应的卡茨问题的答案是对的吗? 对于三角形的鼓, 美国麻省理工学院的博士生 C. Durso 在她 1990 年的博士学位论文中就首先证明了卡茨问题的答案是对的, 也就是说, 在所有的三角形鼓中, 人们可以听出其中一个的形状 (见 D. Grieser 和 S. Maronna 的综述文章). 但是, 对于更一般的情形, 即凸的或者边界光滑的鼓, 卡茨问题的答案仍然未知. 目前, 数学家们依然在为此不懈努力中.

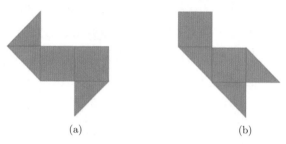

(a)   (b)

图 3   两个可以发出同样声音的鼓面

在经典的卡茨听音辨鼓问题中, 我们已知一个微分算子 (拉普拉斯算子), 需要通过该算子的特征值, 寻找曲面的相关信息.

推而广之, 如果给定一定区域, 那么是否可以通过该区域上某个微分算子的特征值来反演微分算子的信息.

1946 年, Goeran Borg 首次从这个角度探讨了一维的薛定谔方程, 即 Sturm-Liouville 方程

$$-\psi_{xx} + q(x)\psi = \lambda\psi, \quad x \in (0,1),$$

边界条件为

$$\psi_x(0) - h\psi(0) = 0, \quad \psi_x(1) - H\psi(1) = 0.$$

函数 q 在量子力学中代表了位势, 在波场散射中代表了介质.

Borg 提出了如下问题: 通过特征值 λ, 是否可唯一确定 q?

Borg 自己否定了这个问题, 并证明当有两组不同边界条件的特征值时, q 的唯一性是可以保证的.

1951 年, Gelfand 与 Levitan 创造性地证明了谱和谱函数可确定函数 q, 而且他们还给出了 q 的计算方式.

Gelfand 与 Levitan 通过转化为线性积分方程求解反谱问题的方法, 1967 年被 C. S. Gardner, J. M. Greene, M. D. Kruskal 和 R. M. Miura 用来求解孤立子方程的初值问题, 在孤立子方程求解方法的发展中起到奠基性的作用.

在数学上, 这种方法进一步由美籍匈牙利裔数学家拉克斯 (Peter D. Lax, 1926—) 等发展为求解非线性微分方程初值问题的系统方法——反散射方法. 这些方法在量子力学的位势重构、波场散射的速度反演、自控系统最优控制和孤立子理论等众多领域得到应用.

数学家们在理论上证明如果耳朵足够灵敏, 可以听出一面鼓 Ω 所发出来所有频率 λ_n, 那么就可以推出鼓的面积 $|\Omega|$ 和周长, 甚至听出鼓面是否有洞以及洞的个数, 见式 (11).

值得注意的是, 通过 "听" 得出鼓的面积或者周长并不是传统意义上直接测量得到的.

当我们研究一个对象 (比如鼓) 时, 并不能直接观察或者测量到它, 而且通过其他一些与之相关的数据 (比如鼓发出的声音), 基于这些数据与研究对象的精确关系, 反推出研究对象的一些拓扑或几何性质 (比如鼓的面积、周长或者连通性).

实际上, 早在两千年前, 亚里士多德通过月食现象反推出地球是个球体, 阿基米德在不破坏皇冠的情况下, 通过同质量但密度不同的物体有不同的体积这一事实反推出皇冠的真假.

这实际上是科学研究中的一个重要方向——**反问题**. 所谓的反问题就是基于观测或者期望的数据反推出导致这些数据的原因. 我们经常需要通过间接观测来研究位于不可达或者不可触之处的目标的演化规律, 也经常需要根据特定功能需求对产品进行设计或者为达到某种目的对流程进行控制, 这些都属于反问题的研究范畴.

美籍南非裔物理学家科马克 (Alan MacLeod Cormack, 1924—1998) 和英国工程师豪斯菲尔德爵士 (Sir Godfrey N. Housfield, 1919—2004) 因为在计算机层析成像 (Computerized Tomography, CT) 领域的贡献获

得了 1979 年诺贝尔生理学或医学奖, 其理论基础就是奥地利数学家拉东 (Johann Radon, 1887—1956) 于 1917 年就已建立的拉东变换.

　　除了对人体内部结构进行成像, 如同听音辨鼓一样, 人们通过人造地震来测量地表回声来反推地下结构, 特别是石油的储量. 反问题的数学原理现已被广泛应用于医学成像、无损探测、石油勘探、雷达与声呐等众多科技生活领域.

致谢

　　感谢席南华院士的邀请并对初稿认真细致的修改以及具有启发性的讨论与建议. 感谢华东师范大学刘攀教授通读初稿并提出修改意见.

 参 考 文 献

[1] Gordon C, Webb D L, Wolpert S. One cannot hear the shape of a drum. Bull. Amer. Math. Soc, 1992, 27(1): 134-138.

[2] Gordon C, Webb D L, Wolpert S. Isospectral plane domains and surfaces via Riemannian orbifolds. Invent. Math., 1992, 110(1): 1-22.

[3] Gordon C, Webb D L. You can't hear the shape of a drum. American Scientist, 1996, 84: 46-55.

[4] Grieser D, Maronna S. Hearing the shape of a triangle. Notices of the AMS, 2013, 60(11): 1440-1447.

[5] Kac M. Can one hear the shape of a drum? Part II, Amer. Math. Monthly, 1966, 73(4): 1-23.

[6] McKean H P, Singer I M, Jr. Curvature and the eigenvalues of the Laplacian. J. Differential Geometry, 1967, 1(1): 43-69.

[7] Pleijel A. A study of certain Green's functions with applications in the theory of vibrating membranes. Ark. Math., 1954, 2: 553-569.

[8] Protter M H. Can one hear the shape of a drum? Revisited. SIAM Review, 1987, 29(2): 185-197.

[9] Weyl H. Das asymptotische Verteilungsgesetz der Eigenwerte linearer partieller differentialgleichungen (mit einer Anwendung auf die Theorie der Hohlraumstrahlung). Math. Ann., 1912, 71(4): 441-479.

4 三体问题——天体运行的数学一瞥

张建路

 4.1 引言

天上的星球的运行轨道自古以来就吸引着人们无限的好奇心, 也与我们的生活密切相关, 日落日出, 月亮的亏盈就是例子. 我国春秋时代的《诗经·国风·豳风》云 "七月流火、九月授衣", 这是根据星象来转换农事、应对气候的变化;《诗经·小雅·大东》中 "东有启明, 西有长庚" 的说法, 这是总结金星先日而出、后日而落的规律. 在那个时代能够认识到这是同一颗星运行到不同的位置, 这是很不平凡的.

一般可能认为, 有了万有引力定律, 计算星球的运行轨道似乎是一件容易的事情. 但事实远非如此. 在两个星体的系统里, 这个问题相对容易, 答案也是很早就知道了. 然而, 哪怕是在三个星体的系统, 轨道的复杂度也是远超人们的想象而至今没有彻底解决. 虽然如此, 针对三体问题的研究极大地推动了数学的整体发展, 并诞生了极富活力的数学分支——动力系统. 在过去的 70 年里, 多位杰出的数学家因在动力系统分支的研究工作 (或部分因为这方面的研究工作) 获得菲尔兹奖以及沃尔夫奖, 例如 Smale, Mcmullen, Yoccoz, Avila, Mirzakhani (菲尔兹奖) 以及 Kolmogorov, Arnold, Moser (沃尔夫奖).

本文我们将聚焦三体问题的若干历史节点及其影响.

 4.2 自然法则的数学语言

1618 年, 开普勒 (Kepler) 完成了他的《哥白尼天文学概要》[19](图 1) 三卷本的首卷. 结合他在 1609 年《新天文学》[18] 一书的发现, 他最终阐释了行星围绕恒星运行的三条规律 (见图 2):

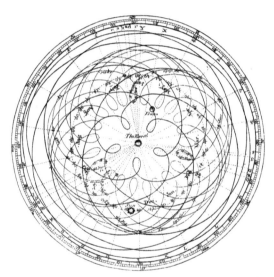

图 1 以地球为中心, 太阳系的主要星体呈现出复杂的进动轨迹; 图中的五角星
为金星的近地包络, 这些运行的复杂度最终导致更为优美简洁的
日心说模型占据了主流观点

(1) 行星相对恒星的运行轨迹是一个以恒星为焦点的椭圆;

(2) 相同时间内, 行星与恒星连线扫过的面积相同;

(3) 行星运行周期的平方与椭圆长半轴立方的比值是一个常数.

这三条定律的问世得益于丹麦天文学家第谷 (Tycho) 20 年准确的观测数据. 作为第谷的助手, 开普勒得以掌握这些数据并进行大量的计算, 从而修正此前的人们关于行星圆周运转以及恒定速率的错误认识.

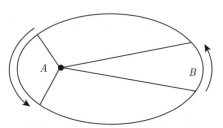

图 2　围绕恒星运行的行星轨迹是一个椭圆, 距离行星最近 (最远) 的位置称为
近日点 (远日点), 此处的运动角速度达到最大值 (最小值),
但运动在恒定时间内扫过的面积是相同的

同一时代稍晚, 伽利略 (Galileo) 与惠更斯 (Huygens) 在研究向心型物体运动规律中提出了离心力与向心力的概念. 对于伽利略, "两个铁球同时着地" 的实验已经为他争取到了相当的名声, 使其成为阐述了重力与加速度概念的第一人. 他同时是天文望远镜的发明者, 并用其得到了一系列近地星球的观测成果, 诸如月球环形山、太阳黑子、木星四颗卫星的存在等等. 惠更斯则因为提出光的波动学说以及钟摆的时长研究而为人熟知. 这些研究对于揭示力学的一般规律已经具有相当的深度, 但尚欠缺严格的数学证明.

1685 年, 在近 20 年的不懈探索之后, 沿着 "离心力 ⟶ 重力 ⟶ 万有引力" 的线索, 牛顿 (Newton) 用一条准则揭示了这一切的数学本质:

任何两个质点① 均存在着引力 , 通过其连线指向对方. 该引力的大小与质量乘积成正比 , 与距离的平方成反比.

基于这一准则, 牛顿给出了开普勒三定律的严格数学证明, 并在这一基础之上完成了体系化的理论巨著《自然科学的数学原理》[21], 一举奠定了经典力学发展的基本框架. 建立在牛顿力学三定律之上的力学, 在一种叫做 "微积分" 的数学方法的支持下展现了强大的生命力, 而牛顿正是这一数学方法的首创者 (比另一首创者莱布尼茨早大约 7 年). 自

---

① 忽略体积而保留质量的理想化运动物体.

此, 力学将类似于欧几里得的《几何原本》一样, 仅通过几条基本准则以及严密的数学推导就可以自行繁衍成一株参天大树. 至今牛顿在《原理》中所用的符号体系与定义仍广泛沿用在物理学家以及微分方程数学家的群体中 (见图 3).

为了理解牛顿的语言, 我们需要一点关于笛卡儿坐标以及导数运算的基本知识; 如今这些已是理工科大学新生甚至高中生广泛熟知的东西了. 假定 x 是一个运动质点的位置坐标 (无论是在平面 $\mathbb{R}^2$ 还是空间 $\mathbb{R}^3$), 则依赖于时间 $t \in \mathbb{R}$ 的变化自动定义了一个函数 $x(t)$. 这一函数关于变量 t 的一阶导数 $\dot{x}(t)$ 是对应时刻的速度 (也记为 $v(t)$), 而关于 t 的二阶导数 $\ddot{x}(t)$ 是加速度.

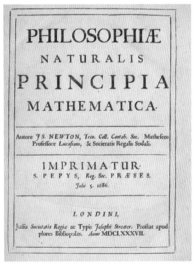

图 3 牛顿与《原理》首版封面

如果质点的质量是 m, 则根据牛顿第二定律

$$F = m\ddot{x}(t)$$

给出了质点受力的总量. 如果此时质点有 n 个, 两两之间受万有引力牵引, 则上述等式诱导出如下的方程: 对于整数 $i = 1, 2, \cdots, n,$

$$
\begin{cases}
\dot{x}_i = v_i, \\
\dot{v}_i = \displaystyle\sum_{j \neq i} G \frac{m_j(x_j - x_i)}{|x_j - x_i|^3},
\end{cases}
\tag{1}
$$

其中 $G \approx 6.67 \times 10^{-11} \mathrm{N \cdot m^2/kg^2}$ 是万有引力常量, x_i 是第 i 个质点的位置, v_i 是对应质点的速度以及 $\dot{v}_i$ 是对应的加速度. 上述方程的形式求解

$$
x(t) := (x_1(t), \cdots, x_n(t)),
$$

将给出这样一个 n 体系统的运动演化, 对应的运动图像称为一条轨道.

平面上 $n = 2$ 的情形是一个二体系统, 也称为一个开普勒系统, 此时我们可以经由严格的数学计算验证开普勒三定律对于这种情形的正确性. 然而, 直接地从(1)得出这样的结论仍然是相当不显然的, 需要利用到坐标变换以及若干守恒量. 所谓的守恒量, 就是在遵循(1)的运动过程中保持恒定的那些函数. 如下几个都是在天体力学中常规的守恒量:

$$
H(x, v) := \frac{1}{2} \sum_{i=1}^{n} m_i |v_i|^2 - \sum_{i<j} G \frac{m_i m_j}{|x_i - x_j|} \qquad \text{(能量)},
$$

$$
M(x, v) := \sum_{i=1}^{n} m_i v_i \qquad \text{(线动量)},
$$

$$
A(x, v) := \sum_{i=1}^{n} m_i (x_i \times v_i) \qquad \text{(角动量)},
$$

借助于这些守恒关系, (1) 在 $n = 2$ 时将转化成一个 2 维的哈密顿方程[1], 而这类方程是完全可解的. 更进一步, 二体问题所有的轨道都是某种圆锥曲线 (椭圆、抛物、双曲), 这一结论最终于 1710 年由伯努利严格证明.

牛顿《原理》的问世深远地影响了其后 200 年的天体研究进程. 由于我们所处的太阳系的主要行星的运行轨迹都是近似椭圆的 (也仅有

---

① 保持某种结构 (数学上称为辛结构) 不变性的一类方程.

椭圆运动是有界且周期的, 抛物以及双曲运动都将对应星体逃逸到无穷远), 因此对于椭圆轨道的误差估计成为之后诸多数学家孜孜以求的目标. 以致当代的数学家阿诺德 (Arnold) 在 1961 年发表的文章《经典扰动理论与太阳系稳定性》[2] 中不无偏激地说 "从惠更斯和牛顿到黎曼和庞加莱的 200 年间只充满着计算的荒漠", 尽管期间也有类似于哈雷彗星的周期性预测与证实①、海王星的发现这样纯粹数学计算的成果②. 这样的处境是因为 $n = 3$ 以及以上的引力方程呈现出了截然不同于二体问题的复杂性以致今天也没有彻底解决. 技术上的巨大障碍迫使数学家们由分析方法转向几何、拓扑的观点来审视这一问题. 时间走到了 19 世纪末, 一个革新的时代即将到来.

4.3 三体问题——瑞典国王奥斯卡二世的一个悬赏问题

注意到方程(1)中一旦存在 $i \neq j$ 使得 $x_i(t) = x_j(t)$, 则说明相应质点 x_i 与 x_j 产生了碰撞. 相应地,

$$\dot{v}_i = \sum_{l \neq i} G \frac{m_j(x_l - x_i)}{|x_l - x_i|^3},$$

分母出现 0 而导致方程(1)失效. 碰撞是轨道演化的终结, 伯努利的工作表明, 对于二体问题所有的碰撞都将在有限时间发生, 因而不发生碰撞的轨道将在全时间 $(t \in \mathbb{R})$ 上存在. 由于这些无碰撞轨道都是圆锥曲线, 所以作为时间 t 的函数具有良好的解析性 (任意阶的导数都存在). 值得注意的是, 牛顿在微积分中另一项重要成就恰恰是对充分光滑的函数做局部级数展开. 换言之, 从时刻 $t = 0$ 出发的轨道 $x(t)$ 如果在这一时刻

---

① 1705 年哈雷 (Halley) 利用牛顿运动定律预测这是一颗周期彗星并计算得出周期为 75—76 年, 后在 1758 年 12 月 25 日被观测证实这一周期估计是准确的.

② 1846 年 9 月 23 日观测发现, 普遍认可法国的勒维耶 (Le Verrier) 与英国亚当斯 (Adams) 独立地以数学方法计算海王星的位置, 勒维耶的计算与观测更加接近.

的各阶导数 $x^{(i)}(0)$ 完全已知 $(i=1,2,\cdots)$, 则形式级数

$$\sum_{i=0}^{\infty}\frac{1}{i!}x^{(i)}(0)t^i \tag{2}$$

在其收敛区域内等同 $x(t)$. 依据这一原则, 18、19 世纪的数学家们一直试图对于三体问题无碰撞轨道给出类似的形式级数.

1885 年的 *Acta Mathematica* 杂志第七卷发布了一个公告, 为庆祝瑞典国王奥斯卡二世 (1829.1.21—1907.12.8) 的六十寿辰, 该刊物将由国王出资悬赏能够解决多体问题全局通解的人. 一个国际性的评审委员会①提出了具体的四个问题, 其中第一个问题的引述如下:

具有任意多个质点的系统(1), 其中任两点之间遵循牛顿引力, 在没有碰撞发生的前提下, 给出质点 $x_i(t)$ 坐标关于时间的有效级数表示 (形如(2)), 并证明对于任意时间 $t\in\mathbb{R}$, 此级数都是有限的.

提交论文的最后期限设在 1888 年 6 月 1 日, 即使逾期问题没有被完全解决, 奖金也将颁发给给出最完整的论证以及最接近问题真相的竞赛者. 奖金是并不丰厚的 2500 瑞典克朗, 然而由于其问题的难度在数学界引起的轰动并不亚于现今任何一项诺贝尔奖.

时年 31 岁的庞加莱 (Poincaré) 决定接受这一挑战. 大约 5 年前他开始研究三体问题并在一些特殊解方面做出了一些有意义的工作, 相对于形式通解的寻找, 这些并不能给他十足的信心. 不过他具有绝佳的直觉——利用微分方程的一些技巧将最终给出一个肯定的答案.

庞加莱考虑的是三体问题的一种特殊情形, 即限制性平面三体问题. 这种系统有效地降低了三体问题的方程维数, 使得直观的洞察揭示出深刻的动力学本质成为可能. 方向有了, 前进的道路却充满着荆棘与曲折. 在历时两年多的探索之后, 他获得了包括特征指数、周期解稳定性、轨

---

① 由魏尔斯特拉斯 (Weierstrass)、埃尔米特 (Hermite)、米塔-列夫勒 (Mittag-Leffler) 组成, 三人皆是欧洲当时顶尖的数学家.

道回复定理等一大堆崭新的概念以及结论①. 这些成果的深入研究将通向更加未知而广阔的境界, 而此刻, 他就是那个站在新世界门前的人. 面对门内的真理, 所谓的悬赏已是微不足道了, 向世人揭示他在这扇门前领悟到的一切才是最重要的, 尽管探索这扇门后的天地将会占据他的余生, 甚至几代人的生命. 基于这样的认识, 他决定尽快地提交一份自洽的手稿给悬赏的主办方, 这是传播这些思想的最快途径. 1888 年 5 月 17 日, 这份手稿终于完成, 其中解决了限制性 (圆周) 三体问题某些特殊解的稳定性问题. 这一结论看似与原始问题没有任何关联, 但组委会仍从其中看到了它的巨大价值. 组委会的魏尔斯特拉斯提交的评审报告中是这样评价的:

> 我可以毫无疑问地肯定这篇文章应该获此奖项. 尽管我们必须向国王汇报, 这一结论并没有给出最初问题的一个完备解答, 然而, 它是如此的重要, 以致它的出版必将在天体力学的发展史上开创一个新的纪元, 因此, 陛下举办这次竞赛的目的可以认为已达到了.

8 个月后, 庞加莱因其前瞻性的工作最终赢得此次悬赏. 然而, 在其后的论文刊印过程中, 一场风波又给这场开启了新纪元的发现带来了更加戏剧的色彩.

限制性三体问题 (平面)

限制性三体问题是常规三体问题的一个简化模型. 设想在三体问题中逐渐降低其中一个质点的质量到 0 (一般称为 asteroid), 则其相对另外两个质点 (称为 primaries) 的引力将逐渐消失, 使得两个主体质点之间形成一个开普勒二体系统. 然而主体质点对于 0 质点的引力却不会消失, 并最终趋向于如下的方程:

$$(x,v) \in \mathbb{R}^4 \begin{cases} \dot{x} = v, \\ \dot{v} = G\left(\dfrac{m_1(x_1(t) - x)}{|x_1(t) - x|^3} + \dfrac{m_2(x_2(t) - x)}{|x_2(t) - x|^3} \right). \end{cases} \tag{3}$$

① 后续章节中将详细阐述这些概念与结论.

作为主体质点的运动轨迹, $(x_1(t), x_2(t)) \in \mathbb{R}^4$ 可以选取任一二体问题的解. 进一步, 如果限定主体质点保持圆周 (或者椭圆) 互绕, 则称对应的(3)为限制性圆周 (椭圆) 三体问题 (见图 4). 这一个系统显著地降低了常规三体问题的维度, 但却良好地保存了三体问题的动力学复杂性. 因此是一个三体问题的理想简化模型.

质量比 1:0.275:0

图 4　人造卫星相对于地-月系统的运动近似于一个限制性 (圆周) 三体系统

庞加莱在他的手稿里考虑的正是平面的限制性圆周三体问题. 他在(3)的某一些特殊周期解附近考虑轨道的回复性与渐近性. 具体来说, 由于能量守恒, 方程(3)的任一周期轨都位于特定的 3 维能量面上. 选取一个 2 维的平面 Σ 使其被周期解贯穿 (见图 5(a)), 则在 Σ 上、周期解的贯穿点附近可以定义一个**回复映射** $P : \Sigma \to \Sigma$ 来表示轨道相邻两次与平面 Σ 的交点之间的对应. 可知回复映射是一个二维的微分同胚①, 而周期解是这一同胚映射的不动点, 即 $P(x_0) = x_0$. 如前述(3)是一个哈密顿系统, 因此, 对应的回复映射在 Σ 上同样保持某种结构, 即 2 维面积. 通过对这一保面积微分同胚 P 的研究, 他发现在不动点处的微分 $DP(x_0)$ 是一类具有**辛特性**的 2×2 矩阵, 即

---

① 一个可以若干阶求导的双射称为一个微分同胚.

$$DP^t(x_0) \cdot \begin{pmatrix} 0 & 1 \\ -1 & 0 \end{pmatrix} \cdot DP(x_0) = \begin{pmatrix} 0 & 1 \\ -1 & 0 \end{pmatrix}.$$

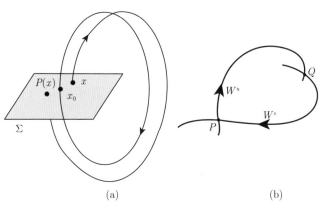

图 5   一个庞加莱映射的示意图. 周期轨道在截面上对应的不动点的稳定与不稳
　　　　定流形, 流形的相交点为一个同宿点, 随时间演化双向渐近到不动点上

$DP(x_0)$ 的特征值称为**特征指数**. 不动点 x_0 称为**稳定的**, 如果 P 的任一充分接近的扰动 P' 均在 x_0 附近具有唯一的不动点 x'_0. 庞加莱最先发现, 稳定的不动点对应的 $DP(x_0)$ 要么具有一对纯虚特征指数 (椭圆类); 要么具有一对实特征指数 (双曲类), 其绝对值一个大于 1, 一个小于 1. 对于双曲类的不动点, 庞加莱首次指出了渐近流形 $W^u(x_0)$ (及 $W^s(x_0)$) 的存在, 即随 $n \to -\infty$ (及 $n \to -\infty$) 在 P 的 n 次迭代下趋于不动点的集合. 可知, $W^u(x_0)$ 与 $W^s(x_0)$ 相交的部分除不动点 x_0 之外, 将包含一类称为同宿 (或异宿) 点的存在, 即**渐近解** (见图 5(b)). 为了研究这类特殊的渐近解, 他发展了一套带有参数变量的级数表示方法, 并阐述渐近流形之间的相交性与渐近解存在之间的关系, 这最终发展成今天动力系统的摄动理论. 在最初的手稿里他甚至克服了若干因为小分母障碍引起的级数发散性问题, 这些技巧在 20 世纪五六十年代直接启发了 KAM 理论的诞生. 然而, 他却忽略了渐近流形[1]的横截相交的可能性而

---

① 随时间无穷渐近到不动点的所有渐近点组成的集合称为一个渐近流形, 其在不动点附近的部分具有明确的维数以及光滑性.

导向了错误的结论. 尽管这一结论与他的主要结论之间是相对独立而不产生致命影响的, 但却使得他最终与这背后更加复杂的动力学现象失之交臂. 这一错误在其手稿的刊印过程中很快被他自己意识到了, 之后在巨大的世俗压力下开始了一段艰难的修正时期, 甚至自掏腰包来回收并销毁已刊印的错误版本. 在这个过程中, 他支付了比奖金数目高得多的数额[①].

庞加莱修改后的论文印刷工作于 1890 年 4—10 月进行, 最终的版本相对于 158 页的初稿增加至 270 页. 应杂志的主编米塔-列夫勒要求, 在引言里对于审稿的弗拉格门表示感谢, 但没有解释错误的根源. 鉴于魏尔斯特拉斯的健康状况, 魏氏向国王提交的评注 (见上文) 并没有在杂志上公布.

混沌: 系统的复杂度

1888 年 7 月, 在提交了他最初手稿之后, 庞加莱立即着手自己的《天体力学新方法》[22] 三卷本的撰写. 由于 "勘误风波" 的影响, 这部著作的最后一卷在首卷发行 7 年之后才最终问世. 在第三卷的最后一章, 他给出了形式级数不存在的论断并第一次阐述了同宿栅格的存在:

> 渐近流形横截相交的每一个交点都产生一个双向渐近解, 这些交点交织成无穷无尽的栅格结构, 其中每一条经线和纬线都不会与自身再度相交, 却以一种极度复杂的方式弯曲着回到自身的附近, 从而无穷多次穿过每一个网格 ……

这一论断最终揭示出三体问题不存在形式级数解的事实, 从而最终对于奥斯卡国王二世问题给出了否定的回答. 定量地计算三体问题的时代得以终结, 以拓扑工具对轨道形态的分类以及用几何方法描述动力学现象的新时代到来了. 基于庞加莱的巨大贡献, 美国本土数学研究的拓荒者——伯克霍夫 (Birkhoff) 将保面积微分同胚的研究发展成完善的低维动力系统理论以及遍历理论, 这是近代动力系统研究的开端; 其后, 菲

---

① 最终支付 3585 克朗 63 欧尔.

尔兹奖获得者斯梅尔 (Smale) 为代表的一众动力系统专家又在伯克霍夫的研究基础上, 将庞加莱的同宿栅格思想发展成一门独立的学科——**混沌**, 并对物理、生物、化学、气象、医学、经济以及社会学的各个领域产生了深远的影响①.

4.4 轨道的分类

瑞典与挪威联合王国的君主奥斯卡二世堪称一位卓越的统治者, 一位出色的政治辩手、诗人、剧作鉴赏家与无私的科学赞助者. 在 1895 年秋天的某一个下午, 曾经资助过庞加莱的奥斯卡二世莅临了瑞典皇家理工学院 (KTH) 的一场纯学术演讲. 演讲者是庞加莱的同乡, 32 岁的法国人潘勒韦 (Panlevé). 演讲围绕多体问题的奇性展开, 他从牛顿和莱布尼茨谈起, 讲述了二体问题到一般多体问题的方程推导, 并总结了伯努利、欧拉、达朗贝尔等人在微分方程求解方面的贡献, 最终, 给出了三体问题中所有奇性解都是碰撞解的论断. 一个至关重要的猜想应运而生: 是否在四体以及以上的多体问题中存在非碰撞的奇性解, 也即在有限时间内 ($0 \leqslant t \leqslant T$) 方程 (1) 轨道的某一分量 $x_i(t)$ 随时间 $t \to T$ 趋于无穷远?

这个猜想最终呈现在潘勒韦斯德哥尔摩演讲手稿的倒数第二页. 他同时给出了这样轨道存在的机制——剧烈振荡的质点在接近碰撞的时刻获得足够的动能使其走得更远, 然后在下一次更加接近碰撞的时候持续获得动能并走得更远. 这样的过程将在有限时间内重复无穷多次, 最终导致轨道的逃逸. 同时, 他坦率地附上庞加莱曾经提到过一种伪碰撞 (pseudocollision) 的轨道有类似的运动机理, 但没有给出具体的出处与语境. 因此, 这一猜想仍然以潘勒韦猜想的命名著称于世.

针对这一猜想的研究贯彻了此后一百年天体力学的研究道路, 最终

---

① 值得注意的是, 伯克霍夫解决了庞加莱最后定理, 斯梅尔解决了庞加莱猜想的 5 维及其以上情形; 他们分别以解决了与庞加莱有关的著名问题而著称于世.

于世纪之交得到了令人信服的回答[28, 29]——这样的解确实是存在的! 然而, 潘勒韦的余生将全部奉献于法兰西的民族事业 (两度当选为国家总理) 而奔劳于政坛, 在纵横捭阖之间再无机会触碰他所留下的伟大猜想. 1933 年, 他长眠于巴黎的先贤祠, 与一众伟大的民族先哲 (伏尔泰、卢梭等) 长伴.

让我们重新回到三体问题. 鉴于其形式级数解的不存在性, 因此我们必然转向对于解的长时间行为的描述. 虽然潘勒韦的结论说明三体的奇性解都是碰撞, 然而他并没有说明这样的奇性解在整体相空间中占多大的份额 (事实上这样的碰撞轨道整体是零测度但是又相当稠密的①). 因此, 我们必须排除所有奇性轨道, 考虑那些在全时间上存在的正则轨道.

根据三个质点两两之间的相对距离和相对速度随时间 $t \to \pm\infty$ 的演化状态, 我们可以将正则轨道分成椭圆、抛物、双曲以及两两之间的混合类 (见图 6). 此外, 三体问题还存在着一类最特殊的正则轨道, 它将无穷多次往返于有界区域与无穷远之间, 因此称为**振荡解**. 这样我们就分类了所有可能的正则轨道行为, 这一工作最早是由法国天文学家沙齐 (Chazy) 在 1922 年给出的如图 6 所示, 平面三体问题可以最终约化. 随着俄国数学家 Sitnikov 在 1961 年首次给出了振荡轨道存在的模型构造, 从而 Chazy 分类的每一种轨道的存在性都得到了验证. 然而, 对每一种类别轨道的测度以及稳定性更加细致的研究仍在此后占据了相当长的时间, 至今仍有若干著名的猜想悬而未决 ([1] 一文对这些猜想有详尽的罗列).

---

① 最早在 [24] 一文中给出了碰撞轨道全体是勒贝格零测度的论断; 然而 [25] 一书中又给出了这样的碰撞解局部是稠密的猜测, 即所谓的西格尔猜想. 这里的稠密, 是指轨道空间中的任意点的任意开邻域中, 均与碰撞轨道集合相交不空. 针对西格尔的猜想, 在 [15] 一文中, 率先给出了限制性平面圆周三体问题碰撞轨道在特定区域的密度估计, 给这一猜想以部分的正面回答.

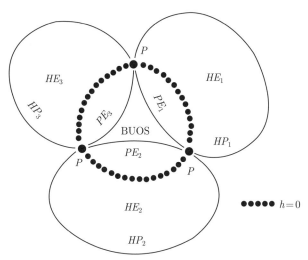

图 6　Chazy 的轨道分类示性图

实际上, 平面三体问题可以最终约化为一个 6 维的哈密顿方程. 图中虚线为零能
量面 (由于能量守恒, 这一能量面是 5 维的); 双曲/椭圆的混合型轨道根据三体的
排列组合, 对应占据了 3 块不同的 6 维空间区域; 这三类的边界对应着双曲/抛
物、椭圆/抛物以及抛物三种轨道情形, 它们占据的维数各自为 5 维、5 维以及
4 维. 尤其注意的是, 抛物型轨道仅能在零能量面发现, 而双曲/椭圆类型则
在正负能量面都能找到. 在抛物/椭圆的混合类形成的狭长三角区域里的
是有界 (椭圆) 与振荡类, 它们仅能在负能量面找到. 而上述集合的外面,
则充斥着双曲轨道 (因此是 6 维的).

4.5　KAM: 星系的稳定性

　　人类对于永恒的追逐是与生俱来的, 无论这一目标是多么荒谬. 古
人为了对抗天灾与饥馑, 虔信占卜与天空异象的预示, 然而, 相对于五谷
丰登与国泰民安的意愿, 战争和死亡才是整个历史的主调. 现代发达的
科技仍然没有能给予人终极的安宁, 徒然地让我们认识到地球在广袤的
宇宙中的脆弱与渺小; 越发异常的全球气候与来自天外的陨星时时提醒
我们没有永恒不变的规律. 一只蝴蝶扇动翅膀可以引起的一场台风, 对
于太阳系的微小改变, 是否也会结构性地改变它的运行状态?

星系的**稳定性**是指其中的任何星体都不发生碰撞以及逃逸的运动行为；反之，则称之为是**不稳定的**。在牛顿《原理》一书出版一百年后，针对星体稳定性的首批结论才被人们得到。这些稳定性的研究旨在牛顿力学的框架下，对于太阳系这样的中心大质量系统进行轨道修正。因为行星之间的相互引力相对于太阳引力是微小的，但却不可忽略。因此，在椭圆的理想轨道附近利用级数方法计算离心率相对于扰动的变化是当时的数学家们热衷的。他们试图给出级数更精确的估计，以揭示行星是稳定的还是不稳定的。拉普拉斯 (Laplace)、拉格朗日 (Lagrange)、泊松 (Poisson) 等的部分成果均是在这样思路的指引下完成的，我们不难从这些工作看到那个时代的倾向性，它们无一例外地指向了稳定性 (也是内心希望的那个情形)。然而，一个名叫哈列德 (Haret) 的罗马尼亚数学家在 1877 年给出了一个更高精度的逼近，似乎说明不稳定性是有可能发生的[16]。

随着庞加莱与李雅普诺夫 (Lyapunov) 等工作的问世，主流的研究方向转向定性的李雅普诺夫稳定性或者结构稳定性的探索 (所谓的李雅普诺夫稳定性，是指空间中某一特定轨道 C 存在一个管状邻域，使得其中任意点出发的轨道都将永恒地保留在这一管状邻域内；结构稳定性，则是指系统在小扰动之下，保持一致的拓扑结构)。在测度意义下以及通有 (generic) 意义下[①]找寻典型的动力学形态成为更有希望的稳定性描述。

这一切在 20 世纪 50—60 年代发生了质的飞跃。以柯尔莫哥洛夫 (Kolmogorov)、阿诺德 (Arnold)、莫泽 (Moser) 为代表的数学家最终发展出了一套系统地处理局部稳定性的迭代方法——KAM 理论。这套理论的初衷在于对可积系统[②]的微小扰动系统，阐述大测度意义下所有具有丢番图频率运动的不变环面的残留 (见图 7)。在天体力学的语境下，则揭示了类似于太阳系这样中心大质点系统在各小质量行星运动周期

---

① 如果稳定轨道在整个空间中占据了相当大的测度，则说明运动的稳定性是大概率发生的；同样地，如果系统典型的小扰动都将导致运动的稳定性，则我们称之为通有的。这两种观点分别从概率以及方程的普适性角度给出了更加宽松的稳定性观点。

② 轨道完全可解，动力学上类似于匀速直线运动的方程系统。

满足特定比例 (丢番图频率) 的情况下保持稳定性的结论. 一个实数向量 $\omega = (\omega_1, \cdots, \omega_n) \in \mathbb{R}^n$ 称为**丢番图**的, 如果能够找到 $\alpha > 0$ 以及 $\tau \in \mathbb{Z}_+$ 使得

$$\left| \sum_{i=1}^n \omega_i l_i \right| \geqslant \frac{\alpha}{\left(\sum_{i=1}^n l_i^2 \right)^{\tau/2}} \tag{4}$$

对于任意的非退化整数向量 $l = (l_1, \cdots, l_n) \in \mathbb{Z}^n \backslash \{\mathbf{0}\}$ 成立. 对于可积系统的微小扰动, 所有具有丢番图频率的运动类型被验证是结构稳定的, 也即相应的不变环面发生某种微小形变但是保留了下来. 对应在太阳系的运动上, 由于每一行星的运动可以近似看作是二体问题的某种小扰动, 因此, 只要它们相对的周期比例之间符合丢番图条件, 则运动将保持稳定性.

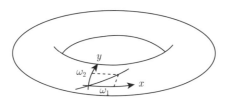

图 7　在环面上取定的坐标系下质点以指定的频率 $(\omega_1, \omega_2) \in \mathbb{R}^2$ 做直线运动, 当 ω_1/ω_2 为无理数时, 轨道将稠密地铺满整个环面而永不闭合; 反之, 如果是有理数, 则在有限时间轨道闭合成为一个周期轨道

这一结论的伟大意义在于, 验证了拟周期运动才是太阳系行星的典型运动方式而并非周期. 因此我们应该验证拟周期轨道的稳定性, 而并非对于周期轨道 (见图 8). 由于行星质量只要求有可量化的上界, 且拟周期的频率只需要是丢番图的 (测度意义下占多数), 因此在各种学科的绝大多数扰动问题都适用这一方法. 另外, 这一方法因其快速收敛的特性同样发展成一套优质的计算方法. 所以这一方法的成功可以说是全方位的, 它遗留下的巨大矿藏至今仍在被科学家们不断挖掘.

附言　柯尔莫哥洛夫的主要贡献是在 1954 年首次给出了近可积系统典则化的整体思路 (给出了一个牛顿迭代的方法), 其中关于迭代收

敛性的部分细节后续由其学生阿诺德在 1961 年发表的 "经典扰动理论与太阳系稳定性" 论文中给出了严格的证明, 并在其中解决了限制性圆周三体问题的稳定性问题. 不同于这两人的解析性假设条件, 1962 年莫泽独立地发表了题为 "保面积环域映射的不变环面" 的论文, 在其中对于具有有限光滑的近可积系统给出了类似的结论. 后续经 Rüssman、Herman、Zehnder、Lochak、Pöschel 等不断完善, 这一方法最终呈现出它最优的全貌.

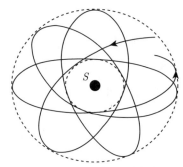

图 8   行星围绕太阳的运动是一种带有进动的拟周期轨道, 而不是周期的;
KAM 理论表明拟周期才是稳定的运动方式

另外, 虽然阿诺德在他的论文中陈述了对于一般多体问题 KAM 方法的适用性, 但没有给出具体的证明细节. 后续由 Chenciner, Chierchia, Fejoz 等不断完善, 多体问题中的稳定性才终于尘埃落定[4, 8, 13]. 尤其是近年来, KAM 方法已经超越动力系统研究本身, 成为在偏微分方程、泛函分析以及其他数学领域内成熟的一套理论研究工具, 并被 Villani, Bourgain, Avila 等一众菲尔兹奖获得者运用到各自的研究领域中.

4.6 变分法与对称轨道

早在 18 世纪的时代, 若干三体问题的特殊形状解就已经被解出了. 这类特殊的解不限定质量的大小, 但是在运动中保持相似的构型. 这就是所谓的**中心构型**. 1767 年, 欧拉首次揭示了三种共线中心构型的存在.

不久之后, 拉格朗日在 1772 年找到了另外两种保持等边三角构型的特殊解. 对于三体问题, 有且仅有这 5 类中心构型 (见图 9).

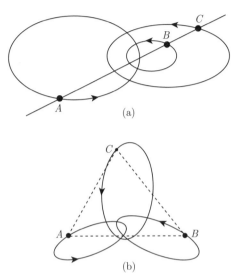

图 9　三体问题的欧拉解与拉格朗日解, 源自《天遇: 混沌与稳定性的起源》

对于四体问题, 其中心构型的有限性于 2005 年已被证明[17]; 而对于四体以上的情形, 至今仍不清楚这样的中心构型是否种类有限. 尽管如此, 中心构型的存在启发我们继续寻找其他具有构型对称性的解 (choreography), 而这种特殊解的寻找依赖于一种称为 "变分法" 的古老方法.

1788 年, 拉格朗日完成了巨著《分析力学》, 将力学完全纳入了纯粹分析的框架之中. 与牛顿的几何方法不同的是, 该书中没有一幅图形是阐述了研究多体问题的许多深刻的结论. 其中包含了一些关于如何得到最小值的观点, 这最终发展成了轨道变分法的完整理论.

如何理解变分法的本质? 我们列举一个简单的例子: 向一只碗中丢入一枚绿豆, 运动停止的地方一定是碗的高度最低的地方.

在多体问题中, 选取所有可行的演化路径组成我们的 "碗", 然后对于每一路径定义一个类似于 "高度" 的作用量, 通过比较作用量来找到最小值并验证这样的路径一定符合方程 (1), 这就是拉格朗日轨道变分的基本思路. 形式上假设 $\gamma : s \in [0,t] \subset \mathbb{R} \to \mathbb{R}^{2n} \, (\mathbb{R}^{3n})$ 是连接某两个构型状态 $X = \gamma(0)$ 与 $Y = \gamma(t)$ 的任一路径, 对应的作用量我们定义为

$$I(\gamma) := \int_0^t \frac{1}{2} \sum_{i=1}^n m_i |\dot{\gamma}_i(s)|^2 + \sum_{i<j} G \frac{m_i m_j}{|\gamma_i(s) - \gamma_j(s)|} ds. \tag{5}$$

通过变动所有可能的路径, 我们希望取到上述泛函 $I(\cdot)$ 的有效最小值.

然而, 这样的 "碗" 似乎太不规则了, 其中充斥着碰撞轨道对应的 "孔洞", 以及沿着碰撞演化的 "裂纹". 这给我们试图找到正则的最小轨道带来了巨大障碍. 因此, 我们必须适当缩小 "碗" 的规格, 也就是对于路径空间加上额外的限制以保留那些好的形态的部分.

2000 年, Chenciner 与 Montgomery 发表了一篇题为 "等质量三体问题的特殊周期解" [6] 的论文, 首次利用附加对称限制的变分法得到了一种 "8 字型" 的特殊三体解 (图 10), 引起了天体力学界乃至社会领域的巨大轰动. 甚至在刘慈欣的科幻小说《三体》中的前言里都着重提出了这一文章对于小说的世界架构的意义. 在学术界, 这篇文章的思路很快被推广, 并用来找到一大类具有特殊形状的多体问题对称解[7, 11, 14, 20, 30].

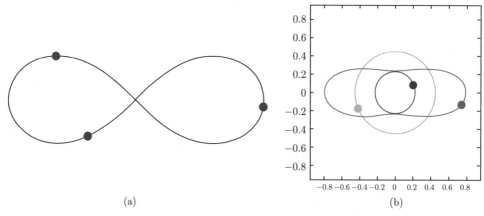

(a)   (b)

图 10   8 字型解与一种非等质量三体的对称解

源自: http://www.scholarpedia.org/article/N-body_choreographies#Simo

尤为重要的是, 三体的对称解在非等质量的情况下仍旧可以利用变分法找到[10]. 鉴于这方面的研究仍处在活跃期, 我们仍将持续地关注这方面的成果而暂不做定论的评判. 但毫无疑问地, 这些研究与扰动理论有着截然不同的风格.

 ## 4.7 回溯: 时代的伟大与新挑战

我们对于三体问题理解了多少? 我们可以期待怎样的前景? 也许每一个当下的参与者都无法预知自己的贡献将对未来的探索产生多么深远的影响, 无论是牛顿、庞加莱还是今天的人们.

在 1998 年柏林的世界数学家大会 (ICM) 上, Herman 给出了一个题为 "动力系统若干开放问题" 的报告, 其中提到了来自牛顿《原理》一书的, 被称为 "动力系统最古老问题" 的一个猜测:

对于三体以及以上的系统, 典型的轨道行为是不稳定的.

在 Herman 的语境里, 表述为任意能量面上的碰撞轨道以及无序的游荡轨道是通有的, 而类似于 KAM 稳定性的轨道行为仅仅占据了相当稀疏的部分! 这一阐述在热动力学中有一个 "拟遍历猜想" 的版本, 而无论在哪种语境, 我们对于这一猜测仍旧没有明确的答案.

1964 年, 阿诺德构造了一个六维的近可积系统, 在 KAM 环面之外的区域内找到了动量发生显著迁移的轨道, 即所谓的阿诺德扩散[3]. 这一现象让他猜测在三体问题中也存在着类似的轨道行为并且是典型的, 尽管他的原始例子具有某些技术上的特殊性. 后续的 40 年里, 证明阿诺德扩散在典型的近可积系统中的存在性成了一个持续的话题, 直到 21 世纪初才有了一些显著的成果[12]. 另一方面, 在三体问题中寻找类似的扩散现象还言之尚早, 甚至连振荡轨道的构造都没有做到 (一般意义上, 振荡轨道是扩散轨道存在的技术条件). 由计算机的模拟实验显示, 在几十亿年的时间尺度下, 水星的轨道漂移就会导致与金星碰撞或是抛离太阳系的危险，然而，考虑到相对论的效应，这一因为轨道共振造成失控的风险将大大降低，从而获得长得多的稳定时间．这在很大程度上说明，类似于阿诺德扩散的现象在物理世界仍然是无法识别与测量的．

另外，在无数先哲们践行的探索之路上，几乎每一项重要的突破问世的同时，怀疑与新的问题就随之产生了，这几乎成了一条规律——新思路没有使得麻烦减少，反而更多了．1891 年，经历了那次"风波"之后的庞加莱在一篇三体的通俗文章中写道：

> 研究者们最关注的问题之一是太阳系的稳定性，与其说是一个物理问题，还不如说是数学问题．因为，即使在数学上给出了精确的证明，人类仍无法断定太阳系是永恒的．实际上，它可能受牛顿万有引力之外的力量的影响．

我们不知是否那次"风波"让他变得如此谨小慎微，但确实他不再过分强调数学对于实际应用的重要性了，在他看来，那只是对于一般意义上科学界以及自我的麻醉 (参见 [23] 一文)．他的新方法的成功没有解决以往的问题，反而产生了更多他无法解释的东西．就在这之后的 10 年，爱因斯坦的狭义相对论就诞生了．天体的运行法则再一次被修改了．

我们最后想阐述的是，自第一台计算机问世到现在的 70 年间，技术的革新一次次在关键的时刻拯救了数学家们．这些成功的经验并非数学本身的，而是在非数学的范围内、物理学家以及天文学家所获得的．他们更习惯与误差为伴，并有一套独到的办法从中得到深刻的本质．我们称之为直觉或者观察的胜利，而这些对于数学工作也是同样重要的．1971 年，计算机的模拟首次给出了近似碰撞的星体可以导致某一天体逃逸的"弹弓效应"[27]，这直接启发了 McGehee 与 Mather 在直线四体有限时间逃逸解的方面的工作①．另外，在"8 字型"轨道的最初证明中计算机的辅助计算起到了关键作用[9, 26]．更有甚者，Simo 在 20 世纪 90 年代的一系列计算机绘图至今仍被热衷于对称构型解的研究者一一论证

---

① 这是针对潘勒韦猜想的第一个正面回答．

(参考链接: http://www.maia.ub.es/dsg/nbody). 最近剑桥大学的一项研究表明, 利用 AI 技术进行的数值计算可以将三体问题的常规插值运算速度提高 1 亿倍[5]. 可以预想, 这些新的思潮将再度为古老的三体问题灌注活力与希望, 就像曾经的动力系统以及混沌理论一样. 在一代代心怀热忱的数学工作者那里, 三体的故事得以延续, 不断深化着我们对于宇宙的认识.

致谢

本文中插图源自《天遇: 混沌与稳定性的起源》, 在此声明并感谢.

 参 考 文 献

[1] Alekseev V M. Final motions in the three-body problem and symbolic dynamics. Uspekhi Mat. Nauk., 1981, 36(4): 161-176.

[2] Arnold V I. The classical theory of perturbations and the problem of stability of planetary solar systems. Soviet Mathematics Doklady, 1962, 3: 1008-1012.

[3] Arnold V I. Instability of dynamical systems with several degrees of freedom. Soviet Mathematics Doklady, 1962, 5: 342-355.

[4] Biasco I, Chierchia L, Valdinoci F. N-dimensional invariant tori for the planar $(N+1)$-body problem. SIAM J. Math. Anal., 2004, 375: 1560-1588.

[5] Breen P G, Foley C N, Boekholt T, Zwart S P. Newton vs The Machine: Solving. The Chaotic Three-Body Problem Using Deep Neural Networks, 2021.

[6] Chenciner A, Montgomery R. A remarkable periodic solution of the three body problem in the case of equal masses. Annals of Math., 2000, 152: 881-901.

[7] Chenciner A, Gerver J, Montgomery R, Simó C. Simple Choreographic Motions of N bodies: A preliminary study in Geometry, Mechanics, and Dynamics, volume in honor of the 60th birthday of J. E. Marsden. New York: Springer-Verlag, 2002.

[8]   Chenciner A. A note on the existence of invariant punctured tori in the planar circular restricted three-body problem. Ergod. Th. & Dynam. Sys., 1988, 8: 63-72.

[9]   Chenciner A, Venturelli A. Minima de l' intégrale d' action du probléme newtonien de 4 corps de masseségales dans $\mathbb{R}^3$: orbites "hip-hop", Celestial Mechanics, 2000, 77: 139-152.

[10]   Chen K C. Existence and minimizing properties of retrograde orbits to the three-body problem with various choices of masses. Annals of Math., 2008, 167: 325-348.

[11]   Chen K C. On Chenciner-Montgomery's orbit in the three-body problem. Discrete and Continuous Dynamical Systems, 2001, 7(1): 85-90.

[12]   Cheng C Q, Yan J. Existence of diffusion orbits in a priori unstable Hamiltonian systems. J. Differential Geometry, 2004, 67: 457-517.

[13]   Fejoz J. Quasiperiodic motions in the planar three body problem. Journal of Differential Equations, 2002, 183, 2: 303-341.

[14]   Ferrario D, Terracini S. On the existence of collisionless equivariant minimizers for the classical n-body problem. Invent. Math., 2004, 155(2): 305-362.

[15]   Guardia M, Kaloshin V, Zhang J. Asymptotic density of collision orbits in the restricted circular planar 3 body problem. Arch. Rational Mech. Anal., 2019, 233(2): 799-836.

[16]   Haretu S. Mécanique Sociale. Paris: Gauthier-Villars, 1910.

[17]   Hampton M, Mockel R. Finiteness of relative equilibria of the four-body problem. Inventiones Mathematicae. 2006, 163: 289-312.

[18]   Kepler J. Astronomia nova. 1609.

[19]   Kepler J. Epitome astronomiae Copernicanae. 1-3, De Doctrina Sphaerica (in Latin). 44199. Linz: Johann Planck, 1618.

[20]   Marchal C. The family P_{12} of the three-body problem. The simplest family of periodic orbits with twelve symmetries per period. Celestial Mechanics and Dynamical Astronomy, 2000, 78: 279-298.

[21]   Newton I. Philosophiae Naturalis Principia Mathematica, 1687.

[22] Poincaré H. New Methods of Celestial Mechanics, 3 vols. Original Version (1892—1899) in French, English Trans, 1967.

[23] Poincaré H. Sur la stabilité de systéme solaire. In Annuaire pour l'an 1898 par le Bureau des Longitudes: Gauthier-Villars, Paris, 1898: B. 1-2.

[24] Saari D G. Improbability of collisions in Newtonian gravitational systems. II. Trans. Amer. Math. Soc., 1973, 181: 351-368.

[25] Siegel C L. Vorlesungen iiber Himmelsmechanik. Berlin-Gottingen-Heidelberg: Springer-Verlag, 1956: 18-178.

[26] Simo C. Dynamical properties of the figure eight solution of the three-body problem. Proceedings of the Celestial Mechanics Conference dedicated to D. Saari for his 60th birthday. Contemporary Mathematics, 2000, 292: 209-228.

[27] Waldvogel J. The close triple approach. Celestial Mechanics, 1975, 11: 429-432.

[28] Xia J. The existence of noncollision singularities in the N-body problem. Annals of Mathematics, 1992, 135: 411-468.

[29] Xue J. Non-collision singularities in a planar 4-body problem. Acta Mathematica Volume, 2020, 224(2): 253-388.

[30] Zhang S Q, Zhou Q. Variational methods for the choreography solution to the three-body problem. Science in China, 2002, 45: 594-597.

5 图论就在我们身边

陈旭瑾

图论是数学的一个很有趣的分支. 我们日常生活中的很多问题都是图论问题. 比如, 6 个人参加的聚会, 是否其中一定有 3 个人, 他们之前相互认识或相互不认识? 在旅游景点游玩, 总是想多看风景, 少走重复的路. 邮递员怎样设计路线使得效率最高等. 我们用一些例子带领你到图论的世界走马观花式地游览一番, 感受图论的魅力, 以及它深刻而广泛的应用.

 ## 5.1 哥尼斯堡七桥问题: 能找到理想的游历路线吗?

18 世纪, 哥尼斯堡 (Königsberg) 市是东普鲁士的首都, 坐落在普雷格尔河两岸. 除了两岸陆地外, 城市还包括河中两个岛——克尼福夫岛和洛姆塞岛. 河上建有七座桥, 将两个岛以及城市的河岸部分连接起来 (如图 1 所示).

人们闲暇时经常在城里散步. 有人提出一个有趣的问题: 能不能找出一条散步的路线, 使得正好只经过每座桥一次, 最后又回到出发原地? 这和游客在陌生城市设计理想观光路线经常有的想法十分相似.

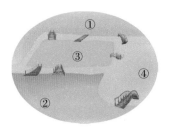

图 1 哥尼斯堡七桥

这个问题看上去很简单, 然而人们尝试了各种各样的走法, 都没有成功. 为什么找不到这样一条路线呢? 这让人困惑. 1736 年, 有人请教了瑞士数学家莱昂哈德·欧拉 (Leonhard Euler). 欧拉认识到陆地的大小和形状是无关紧要的, 在陆地上行走的路线也是无关紧要的. 于是, 他把四块陆地分别看作四个点, 把桥看作是连接点的线, 从而图 1 就简化为图 2.

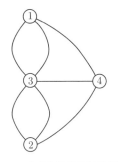

图 2 七桥问题的图模型

问题变为: **在这个图上, 从一个端点出发, 不重复不遗漏地历经所有的连线, 并最终回到起点.**

虽然这个图很简单, 但你会发现尝试所有可能的走法依然是很烦琐的事情, 尽管这是可能的. 欧拉是这样思考的: 如果有这样的走法, 那么对于任何一个端点, 每次走进该点的连线和走出该点的连线是不同的, 从而进去的连线和出来的连线是成对出现的, 这意味着和每个端点连接的线 (即连接每块陆地的桥) 的数量都是偶数. 在图 2 中, 我们一眼就可以看出, 连接每个端点的线的数量都是奇数: 端点①, ②, ④ 的连线数都是 3, 端点 ③ 的连线数是 5. 现在我们知道哥尼斯堡的市民找不到那样的一条路线是不奇怪的, 它不存在!

欧拉 (图 3) 关于哥尼斯堡七桥问题的工作是图论这个数学分支的起点, 欧拉则被誉为图论之父.

图 3　莱昂哈德·欧拉

我们可以把欧拉关于哥尼斯堡七桥问题的思考和结论总结为两个定理. 为此我们先引入一些术语. 对于像图 2 那种图, 端点以后被称为顶点, 端点之间的连线被称为边. 在图论中: 每一个图都是由若干顶点和若干连接顶点的边组成的, 两个顶点之间的边可能有多条, 1 条或 0 条. 我们今后考虑的图都默认是这样的.

给了一个图, 在图中连接一个顶点的边的数量被称为这个顶点的度 (degree), 比如图 2 中顶点③的度是 5.

哥尼斯堡七桥问题更一般的形式是: **给了一个图, 能否从某个顶点出发, 连续地不重复不遗漏地历经所有的边, 并最终回到起点.** 这就是著名的欧拉环游问题. 这样的遍历所有边路线称为欧拉环游 (Euler tour). 欧拉关于哥尼斯堡七桥问题的思考实际上导出了如下定理.

欧拉-希尔霍尔泽定理 (1736, 1873)　一个图具有欧拉环游当且仅当它是连通的 (即任意图中两个顶点都可通过一系列首尾相接的边连接起来) 且每个顶点的度是偶数.

具有欧拉环游的图, 即连通且顶点的度均是偶数的图, 被称为欧拉图 (Euler graph). 任给欧拉图, 德国数学家卡尔·希尔霍尔泽 (Carl Hierholzer) 告诉我们如何快速找出它的一个欧拉环游 [10], 也即理想的游历路线. 和欧拉环游问题密切相关的一个问题是一笔画问题: **给了一**

个图, 能否从某个顶点出发, 连续地不重复不遗漏地历经所有的边, 也即将这个图一笔画出来. 一笔画问题和欧拉环游问题的差别在于一笔画问题不要求最后回到起点.

略微多思考一会儿, 就会发现欧拉的工作还解决了一笔画问题:

"一笔画" 定理　如果一个图是连通的, 而且度为奇数的顶点至多有两个, 那么这个图可以一笔画出来, 并且当有两个度为奇数的顶点时, 它们一定分别是一笔画路线的起点和终点. 反过来的结论也是对的: 如果一个图可以一笔画出来, 那么它是连通的, 而且度为奇数的顶点至多有两个.

图 2 是无法一笔画出的, 因为它的 4 个顶点的度都是奇数. 你不妨试一试, 如果将这个图中的任意一条边去掉以后, 那么它就只剩下 2 个奇度顶点了, 这时非常容易把图一笔画出来.

对一个图, 一笔画出来的轨迹是欧拉环游的推广, 称为欧拉迹 (Eulerian trail). 欧拉迹有很多实际应用. 例如, 在生物信息学中, 用它来从 DNA 的片段中重建 DNA 序列; CMOS 电路设计用它寻找最佳的逻辑门排序; 不少网络优化算法依赖欧拉迹作基础.

欧拉关于七桥问题的思考不仅是图论的起点, 也蕴含了拓扑学的思想: 七桥问题的关键是桥的数量及其所连接的陆地标号, 而不是它们的确切位置、形状、大小等因素. 欧拉将他对七桥问题的研究作为位置几何 (geometria situs) 的示例 [1]. 而在 19 世纪下半叶, 拓扑学研究被称为位置分析. 所以七桥问题的研究也可以看作是拓扑学的一个起源.

5.2　拉姆齐数: 聚会中有多少人彼此 (不) 相识?

1953 年, 在帕特南数学竞赛 (Putnam Competition, 为美国和加拿大本科生举办的著名数学竞赛) 上出现了这样一道题目, 证明: 在任何有 6 个人参加的聚会中, 一定会有 3 个人, 他们之前相互认识或者之前相互不认识.

美国组合数学家乔尔・斯宾塞 (Joel Spencer) 碰到这个问题的时候

还是个高中学生. 他当时花了很长时间, 用了冗长的分情形讨论来完成证明.

这个问题如果用图论来建模和分析, 解答却是出人意料的简洁. 考虑一个有 6 个顶点的图, 顶点标号为 1, 2, 3, 4, 5, 6, 分别对应参加聚会的 6 个人, 图中任何两个顶点都有一条边连接 (图 4). 像这样, 任意两个顶点间都恰有一条边的图被称为完全图.

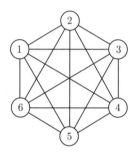

图 4　六个顶点的完全图

我们对图 4 按如下方式染色. 若两人相互认识, 那么他们对应顶点之间的边被染成红色, 否则被染成蓝色. 若 3 个人相互认识 (不认识), 那么他们对应的 3 个顶点和它们之间的连线形成的三角形的所有边都是红色 (蓝色), 反之亦然. 于是原来的问题就转化为证明: 无论如何给图 4 的边染色, 一定会出现全是红边的三角形或者全是蓝边三角形. 我们下面验证这一点.

检查从顶点 1 连出来的五条边, 其中必有至少三条是相同的颜色, 不妨设这三条边是连到顶点 2, 3, 4 的, 且都是红色, 如图 5 所示.

这时注意顶点 2, 3, 4 之间的连线形成的三角形 (图 5 中虚线形成的三角形). 如果它有一条红边, 那么这条红边, 以及它的两个端点与顶点 1 之间的两条红边, 就构成了一个全红边三角形. 如果这个虚线三角形没有红边, 那么它就是一个全蓝边三角形.

这个证明让少年斯宾塞拍案叫绝, 激发了他的好奇心. 通过进一步学习, 他知道了这道竞赛题的答案原来是一个被称作拉姆齐数的数字,从而对拉姆齐理论产生了浓厚兴趣. 后来他对拉姆齐理论的研究发展做出了杰出贡献. 拉姆齐理论源于下面的聚会问题.

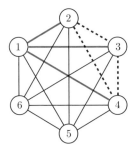

图 5　六人聚会

聚会问题　需要最少邀请多少客人参加聚会才能使得至少 k 人互相认识或至少 ℓ 人互不认识? 这里我们假设 $\ell \geqslant 2$ (因为 1 个人不认识自己不太符合常理).

从上面竞赛题的解答中, 我们看到: 若 $k = \ell = 3$, 则聚会问题中的最少客人数是存在的, 且不超过 6. 下面的图 6 (既没有全红边三角形也没有全蓝边三角形) 又说明, 在 5 人聚会中, 可以发生既没有 3 人互相认识, 也没有 3 人互相不认识的情形. 可见, 如果 $k = \ell = 3$, 聚会问题中的最少客人数就是 6.

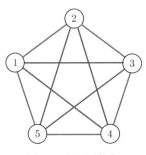

图 6　五人聚会

一般情况下, 聚会问题并非一个简单的问题. 首先, 会不会存在某些 k 和 ℓ, 使得无论邀请多少人, 都无法做到至少 k 人互相认识或至少 ℓ 人互不认识呢?

英国数学家、哲学家、经济学家弗兰克·拉姆齐 (Frank Ramsey) 消除了大家这个的疑虑. 他在不到 27 岁时证明: 只要邀请客人足够多, 则无论相识关系如何, 必定有 k 人互相认识或 ℓ 人互不认识 [17]. 这个结果被称为拉姆齐定理, 其开创了拉姆齐理论 (其主题是在大而无序的结构中寻找**必然出现**的有秩序的子结构).

拉姆齐定理说明聚会问题中询问的最少客人数是存在的, 这个数被称为拉姆齐数 (Ramsey number), 记作 $R(k, \ell)$.

下面我们来看一看拉姆齐数是多少.

先看简单的情形: $k = 1$. 此时问题的叙述是: 邀请多少人才能确保聚会中至少 1 人互相认识或至少 ℓ 人互相不认识. 这个表述显得有些怪异, 不过一个人总是和自己认识的, 所以答案也就清楚了: 对任何的 $\ell \geqslant 2$, 拉姆齐数 $R(1, \ell) = 1$.

接下来考虑 $k = 2$ 或 $\ell = 2$. 很容易看出, 邀请 ℓ 个人就能确保聚会中至少 2 人互相认识或至少 ℓ 人互相不认识, 但如果邀请的人数少于 ℓ 个, 那么有可能这些人都互不相识, 从而不能确保聚会中至少 2 人互相认识或至少 ℓ 人互相不认识. 同样容易看出, 邀请 k 个人就能确保聚会中至少 k 人互相认识或至少 2 人互相不认识, 但如果邀请的人数少于 k 个, 那么这些人可能都互相认识, 从而不能确保聚会中至少 k 人互相认识或至少 2 人互相不认识. 所以 $R(2, \ell) = \ell$, $R(k, 2) = k$.

到目前为止, 似乎拉姆齐数并不难得到. 不过, 这是一个错觉. 上面的几种情况其实都是平凡的, 换句话说, 就是不需要费力气就可以知道的. 如果 k 和 ℓ 都是大于 2 的数, 确定拉姆齐数就是很不容易的事情, 虽然拉姆齐在九十多年前就证明了它们存在. 事实上, 经过几代数学家和计算机的努力, 只成功地找到了九个非平凡拉姆齐数的精确值: $R(3, 3) = 6$ (这是刚才那道竞赛题的答案), $R(3, 4) = 9$, $R(3, 5) = 14$, $R(3, 6) = 18$, $R(3, 7) = 23$, $R(3, 8) = 28$, $R(3, 9) = 36$, $R(4, 4) = 18$, $R(4, 5) = 25$.

对于 $R(5, 5)$ 和 $R(6, 6)$, 人们只得到它们的取值范围: $43 \leqslant R(5, 5) \leqslant$

48, 102 $\leqslant R(6,6) \leqslant 165$. 在一般的情况, 不要说确定拉姆齐数, 就是给出它们的一个好的估值范围都是极其困难的. 要看出这个问题的困难性, 让我们探讨一下 $R(5,5)$ 这个拉姆齐数. 我们已经知道它介于 43 和 48 之间. 我们看一看是否能确定 $R(5,5)$ 大于 43.

考虑一个图, 记作 K_{43}; 它有 43 个顶点 (代表 43 个聚会参加者), 并且任意两个顶点之间都有一条边. 还是像那道竞赛题一样对这个图染色: 两人相识, 则对应顶点间的边被染成红色, 两人不相识, 则对应顶点间的边被染成蓝色. 想证明 $R(5,5)$ 大于 43, 就必须给出这个图的一种染色, 使得图中的任意 5 个顶点之间的连边 (共 $5 \times 4/2 = 10$ 条, 参见图 6) 都没被染成同一种颜色.

通过直接检查每一种染色来试图证明 $R(5,5)$ 大于 43 是不现实的: 图 K_{43} 有 $43 \times 42/2 = 903$ 条边. 每条边有两种可能的染色, 从而这个图有 2^{903} 种可能的染色, 即使我们能够每秒检查一万亿种染色, 仍然需要 10^{242} 年才能把 2^{903} 种可能的染色检查完, 看看其中有没有我们想要的染色.

可见能确定 $R(5,5)$ 介于 43 和 48 之间已经是很不容易了. 我们现在还无法知道 $R(5,5)$ 是否大于 43.

著名匈牙利数学家保罗·埃尔德什 (Paul Erdös) 曾开玩笑说: "假设外星人入侵地球, 并威胁说除非人类能给出 $R(5,5)$ 的精确值, 否则将在一年后毁灭地球. 我们可以调集世界上最聪明的人和最快的计算机, 在一年内我们可能有希望计算出这个值. 然而, 如果外星人要求得到 $R(6,6)$, 那我们将别无选择, 只能先发制人, 和外星人决一死战了."

在聚会问题中, 因为一个人不大可能不认识自己, 所有我们要求 $\ell \geqslant 2$. 这样显得拉姆齐数 $R(k,\ell)$ 不那么对称, 多少有点美中不足. 现在让我们从另一个比较对称角度来看看拉姆齐数.

在任一图中, 如果顶点之间有边相连, 则称它们是相邻的. 如果顶点有自己到自己的连边 (即环边), 那么它与自己相邻, 否则它和自己不相邻. 对于任意正整数 k, 如果一个图具有 k 个顶点, 没有环边, 而且任意两个顶点间正好有一条边, 那么我们称它为完全图 (complete graph), 并且用 K_k 表示. (这样的图在前面那道普特南竞赛题的讨论中已经出现了.) 如图 7 所示, 最小的完全图, 即 K_1, 是个单点图, 它没有边.

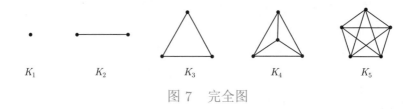

K_1 K_2 K_3 K_4 K_5

图 7 完全图

任意给一个图, 它没有环边, 并且任何两个顶点之间至多有一条边; 这样图的被称为简单图 (simple graph). 我们想问的问题是: 这个图的顶点数至少是多少的时候, 它要么包含 K_k, 要么包含 ℓ 个互不相邻的顶点.

当 $\ell \geqslant 2$ 时, 这个问题就相当于聚会问题——因为我们可以将两个顶点 (不) 相邻理解为它们对应的人 (不) 相互认识; 如此一来, 只要这个图有至少 $R(k, \ell)$ 个顶点, 那么在它所对应的聚会问题中, 或者 k 人相互认识或者 ℓ 人相互不认识, 也即这个图或者包含 K_k 或者包含 ℓ 个互不相邻的顶点. 当 $\ell = 1$ 时, 这是平凡的——任何简单图都包含至少一个顶点, 而且任何顶点都不和自己相邻. 因此我们可以认为 $R(k, 1) = 1$, 从而得到下面的定理.

拉姆齐定理 (1930) 对任意正整数 k 和 ℓ, 无论什么简单图, 只要它有至少 $R(k, \ell)$ 个顶点, 那么它必包含 k 个顶点的完全图或 ℓ 个互不相邻的顶点.

前面提到的埃尔德什是一位非常高产的数学家, 他一生发表论文高达 1525 篇 (和 511 人合写论文), 是至今为止发表论文数最多的数学家 (其次是欧拉). 1947 年, 埃尔德什创造性地利用概率方法, 非构造性地给出了一些拉姆齐数的下界. 比如他证明了 $R(34, 34) > 10^6$; 也就是说, 存在一个具有超过上百万个顶点上千亿条边的完全图, 以及这个图的一个红蓝边染色, 使得其中任意 34 个顶点之间的连边 (共 $34 \times 33/2 = 561$

条) 都没被染成同一种颜色. 为了体会概率方法的威力, 让我们来想象一下: 在这样庞大规模的完全图中, 如果使用构造性方法来给这上千亿条边进行红蓝染色, 一不小心就会将某个 K_{34} 的所有 561 条边染成同色 (因为这 561 和上千亿相比实在是太微乎其微了, 而我们只有两种颜色可用). 可见, 这种直接的构造性方法是不大可能证明 $R(34, 34) > 10^6$ 的. 实际上, 目前已知的各类构造性方法还远远无法处理具有上百万个顶点和上千亿条边的完全图.

后来, 概率方法成为图论研究的一个有力工具. 在 20 世纪 60 年代, 埃尔德什和另一位匈牙利数学家阿尔弗雷德·瑞利 (Alfred Renyi) 在图论研究中融入了组合数学和概率方法, 建立了一个新的学科分支——随机图论. 他们用 "Erdös-Renyi 随机图" (边依据一定概率生成的图) 来描述网络, 通过随机图论了揭示图类的阈值函数和巨大分支涌现的相变现象背后的数学机理. 从那时起, 随机图论逐渐发展成为图论中最活跃的领域之一, 并成为互联网建模的一个基础性工具.

5.3 平面图: 令人满意的土地划分方案存在吗?

哥尼斯堡七桥问题引出的图 2 有一个特点: 任何两条边都没有交叉, 也即边仅可能在其端点处相遇. 这样的图被称为平面图 (planar graph). 这类图的内涵十分丰富, 从前面的哥尼斯堡七桥问题我们已经初见端倪. 下面我们再来看两个小故事.

领土划分问题 从前, 有一个国王, 他有 n 个儿子 $(n \geqslant 2)$. 国王希望在他死后, 将王国 (一整块) 领土划分成 n 块区域, 每个儿子给一块, 使得每块区域与其他 $n-1$ 块区域都有共同边界 (便于兄弟之间相互照应). 这能做到吗?

显然, $n = 2, 3, 4$ 时, 这很容易办到; 例如图 8 给出了一些解决方案.

那 $n = 5, 6, \cdots$ 呢? 我们用一个图模型来表示这个问题. **如果国王能如其所愿地将王国划分为 n 块区域**, 那么可以按如下方法构造一个图. 在每块区域中放置一个顶点, 若两个顶点所在的区域有共同边界, 则用一条边连接这两个顶点 (参见图 9, 其中每个色块代表划分中的一个区域, 色块中同色的小圆点为图的顶点, 圆点间黑色的连线表示图的边). 这样我们得到了一个 n 个顶点的完全图 K_n. 注意我们这里把实际问题转化成了图论模型: 区域转化成了图的顶点; "两个区域有公共边界" 这一事实转化成了相应顶点间有边相连.

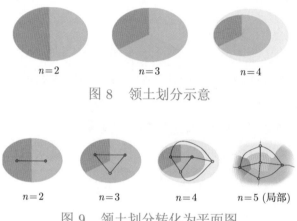

$n=2$　　　　$n=3$　　　　$n=4$

图 8　领土划分示意

$n=2$　　$n=3$　　$n=4$　　$n=5$ (局部)

图 9　领土划分转化为平面图

现在 K_n 的 n 个顶点放在平面上 (各自所代表的区域里), 我们怎么来画它的边呢? 如图 9 所示, 当给定了国王想要的领土划分, 我们在画每一条边时, 可以做到: 这条边仅经过它的两个端点所在的区域, 它从一个区域穿越到另一个区域仅一次 (当然穿越点在两个区域的公共边界上), 而且这条边不与其他边在非端点处相交. 这样, **我们就画出了一个平面图 K_n**.

在图 9 (以及前面的图 7) 中, 我们可以看到: 当 $n \leqslant 4$ 时, K_n 的确是平面图. 当 $n \geqslant 5$ 时, **这可能吗?** 你不妨试一试. 图 10 给出了 K_5 的两种画法, 你能给出边不交叉的画法吗?

第二个故事来自一个古老的数学谜题, 英国数学家亨利·杜德耐 (Henry Dudeney) 在 1913 年将其命名为水气电问题, 但是他说: "这个问题和山一样古老, 比电灯要早很多, 甚至比煤气还要早."

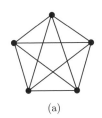
(a)

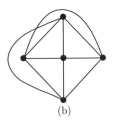
(b)

图 10 完全图 K_5 的两种画法

水气电问题 三栋居民楼正在建设中, 需要铺设管道线路从三个 (供应商的) 供应地分别输送水、天然气和电给每栋楼房. 出于安全、施工难度、用户满意度等原因考虑, 连接任意一对供应地点和居民楼的管道线路要求是直达通路 (不经过其他供应地或其他楼). 此外, 三个供应商都希望将他们的管道线路埋在地下相同的深度, 没有任何交叉. 这能做到吗？(图 11)

图 11 铺设输送水、天然气、电的管道线路

我们可以用一个有 6 个顶点的图来表示该场景, 其中奇数标号的顶点 1、3、5 分别代表三栋居民楼, 而偶数标号顶点 2、4、6 分别代表天然气、电和水的供应商. 居民楼和供应商之间的直达管道线路用对应顶点之间的边表示. 图 12 给出了这个图的两种画法.

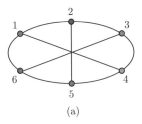
(a)

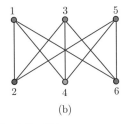
(b)

图 12 完全二部图 $K_{3,3}$ 的两种画法

从图 12(b), 我们看出一个明显的特征: 图的顶点被划分成两部分, 称为分部 (表示居民楼的奇数标号顶点组成一个分部, 表示供应地的偶数顶点组成另一个分部) 使得图的每条边都是连接属于不同分部的两个顶点——同一分部的顶点之间没有边. 具有这样特征的图被称为二部图 (bipartite graph).

另外这个图还包含很多被称为圈的结构. 在一个图中, 如果可以从顶点 u 通过穿越首尾相连的边回到顶点 u, 并且在回到 u 之前, 没有经过重复的顶点, 那么所穿越的边构成一个圈 (cycle). 例如从图 12 的左图, 我们可以清晰地看到: 有一个圈依次经过顶点 1, 2, 3, 4, 5, 6, 并最后回到顶点 1.

关于二部图有一个很有意思的性质: 如果二部图包含圈, 那么这个圈所含的边数必定是偶数 (称这样的圈为偶圈). 原因也很简单: 将二部图的两个分部顶点分别标号成奇数和偶数 (像图 12 那样) 圈中的顶点一定是奇偶标号相间的 (因为每条边的端点标号都是一奇一偶), 所以这个圈一定是偶圈. 我们已经证明了二部图不会含奇圈 (边数为奇数的圈). 更有意思的是匈牙利数学家德内什·科尼格 (Dénes König, 他写了图论历史上的第一本教科书) 证明: 不含奇圈的图一定是二部图.

二部图特征 (1916)　一个图是二部图当且仅当它不含奇圈.

我们在水气电问题中构造的二部图还有一个特点, 就是: 一个分部的每个顶点都和另一分部的所有顶点是邻居 (即它们之间有边相连). 这样的二部图被称为完全二部图 (complete bipartite graph). 通常用 $K_{p,q}$ 来表示两个分部各含 p 个顶点和 q 个顶点的完全二部图. 水气电问题的图模型就是完全二部图 $K_{3,3}$. 因为水、气、电的供应是最常见的公共服务, 所以 $K_{3,3}$ 还有另外一个名字: 公共服务图 (utility graph).

因为管道线路在同一平面上铺设且不能有交叉, 所以为了解决水气电问题, 我们需要知道: $K_{3,3}$ 是不是平面图?

经过一些尝试, 我们无法将 K_5 和 $K_{3,3}$ 画在平面上, 并做到边不交叉. 所以我们猜测 K_5 和 $K_{3,3}$ 都不是平面图. 如果真是这样的话, 那么在领土划分问题中, 只要国王有多于 4 个儿子, 那么想要的划分就不可能存在, 而在水气电问题中也不可能找到期望的铺设方案. 但是这两个图在平面上的画法不计其数, 会不会是我们的尝试没有找到合适的画法呢? (实际上曾有人宣称给出了水气电问题要求的铺设方案, 但仔细检查之后又发现了错误.) 要回答这个问题, 我们需要充分考虑平面图的特点.

给定任意平面图, 因为没有边交叉, 所以它的边将平面自然分成若干连通的小区域——每个小区域以一些边为边界, 且内部不包含边. 每个这样的小区域被称为该平面图的面 (face). 例如在图 13 所示的平面图中, 每个颜色表示一个面, 共有 7 个面: 黄色面、红色面、绿色面、粉色面、蓝色面、橙色面, 另外还有最外面的一个白色面. 白色面比较特殊, 它是平面图中唯一的一个无限大的面, 被称为外部面 (exterior face).

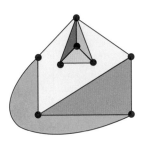

图 13 平面图

1813 年, 法国数学家奥古斯丁·柯西 (Augustin Cauchy) 将多面体欧拉公式应用于平面图, 得到如下重要结果.

平面图欧拉公式 (1750) 若连通平面图有 n 个顶点、m 条边和 f 个面, 则 $n-m+f=2$.

例如, 图 13 中的图共有 $n=8$ 个顶点、$m=13$ 条边和 $f=7$ 个面, 它的确满足欧拉公式: $8-13+7=2$.

有了欧拉公式, 我们就可以很容易地证明 K_5 和 $K_{3,3}$ 不是平面图了. 倘若 K_5 是平面图, 那么它的每个面的边界都由至少三条边组成, 而且它的每条边都正好在两个面的边界上. 所以 K_5 的边数 $10=m$ 至少是面数乘 3 除 2, 即 $10 \geqslant 3f/2$; 此时我们得到 $n - m + f \leqslant 5 - 10 + 20/3 < 2$. 这与欧拉公式矛盾, 说明 K_5 不是平面图.

类似地, 倘若 $K_{3,3}$ 是平面图, 那么它的每个面的边界是一个圈, 且由至少四条边组成 (因为 $K_{3,3}$ 是二部图, 前述二部图的特征告诉我们它不含奇圈, 所以它最短的圈也至少含四条边). 从而 $4f/2 \leqslant m = 9$ 给出 $n - m + f \leqslant 6 - 9 + 9/2 < 2$, 矛盾.

至此, 我们确证了 K_5 和 $K_{3,3}$ 不是平面图, 从而解决了领土划分问题和水气电问题: **国王想要的领土划分存在当且仅当他至多有 4 个儿子; 水气电供应商所希望的铺设方案无论如何都不存在.**

另外, 我们还能得到的一个直接推论是: 在 K_5 和 $K_{3,3}$ 的边中插入一些点形成的细分图 (subdivision) 也不是平面图 (见图 14, 其中空心点为插入的细分点).

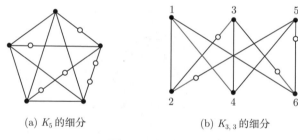

(a) K_5 的细分   (b) $K_{3,3}$ 的细分

图 14   细分图

更进一步, 如果一个图包含 K_5 或 $K_{3,3}$ 或它们的细分图, 那它自然也不可能是平面图. 例如, 图 15 不是平面图, 其原因是: 其中 (黑色和红色) 实线表示的边 (以及它们的端点) 构成的图实际上就是图 14(b) 中的那个 $K_{3,3}$ 的细分.

图 15 被称为彼得森图, 它是丹麦数学家朱利叶斯·彼得森 (Julius Petersen) 在 1892 年构造的, 彼得森图因为有许多非同寻常的数学性质, 而在图论学科中发挥着独特作用——它是众多猜想的稀有反例; 有许多著名结果的形式是 "除了彼得森图外, 所有其他图都如此这般"; 甚至有人声称, 任何在彼得森图中幸存下来的猜想都很可能是正确的.

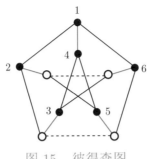

图 15　彼得森图

　　我们已经看到平面图不能包含 K_5, $K_{3,3}$ 以及它们任何的细分. 也就是说这些图是平面图的禁用子图. 除此之外, 还有没有其他禁用子图呢? 波兰数学家卡齐米日·库拉托夫斯基 (Kazimierz Kuratowski) 证明没有其他禁用子图了 [14].

　　库拉托夫斯基定理 (1930)　一个图是平面图当且仅当它不含 K_5, $K_{3,3}$ 以及它们的细分.

　　可见, K_5 是顶点数最少的非平面图, 而 $K_{3,3}$ 是边数最少的非平面图. 任给非平面图, 人们利用库拉托夫斯基定理能很快地找到其中的 K_5 或 $K_{3,3}$ 或它们的细分. 与库拉托夫斯基定理等价的另一个平面图特征刻画利用次图 (也称图子式) 的概念来表述. 在一个图中删掉一个顶点意味着把这个顶点和以它为端点的边从图中去掉, 而收缩一条边则指: 先把这条边删掉, 然后把它的端点粘合为一个顶点. 如果图 H 是图 G 或者图 H 可以通过在图 G 中删边、删顶点和 (或) 收缩边得到, 则称 H 为 G 的次图 (minor). 例如, 在 K_n 中删掉任意一个顶点就得到 K_{n-1}; 在图 15 的彼得森图中, 将红色边都收缩掉, 就得到 K_5. 所以, K_{n-1} 是 K_n 的次图; K_5 是彼得森图的次图.

　　德国数学家克劳斯·瓦格纳 (Klaus Wagner) 在他 27 岁时证明了 K_5 和 $K_{3,3}$ 是平面图仅有的禁用次图: **一个图是平面图当且仅当 K_5 和 $K_{3,3}$ 都不是它的次图.**

5.4 四色问题：地图染色用四种颜色够了吗？

平面图上的四色问题是最著名的数学问题之一. 它源于南非数学家弗南西斯 • 格思里 (Francis Guthrie) 在 170 年前提出的一个猜想. 1852 年毕业于伦敦大学的格斯里在绘制英格兰分郡地图时, 发现碰到的地图都只需要用四种颜色来给分区染色, 就能保证有相邻边界的分区颜色不同. 例如图 13 中的 "地图" (平面图除去外部面的部分) 可以像图 16 显示的那样用红黄蓝绿四种颜色来给它的面 (区域) 染色就够了.

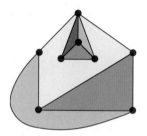

图 16　四色地图

于是格思里提出了**四色猜想**: 任意一个地图都可以用四种颜色来染色, 使得没有两个相邻区域染的颜色相同.

四色猜想和费马猜想、哥德巴赫猜想一起被称为世界近代三大数学难题. 历时 120 多年, 四色猜想在 1976 年得到证明 (虽然借助了一千多小时的计算机计算), 成为四色定理. 下面让我们跟随历史的脚步来看看四色猜想曲折而有趣的解决过程, 看看不完备的旧思想是如何与不同数学领域的新发现和新技术相结合, 从而最终解决难题的.

格斯里提出猜想后, 就和他的弟弟一起尝试证明这个猜想, 但没能成功. 于是, 弟弟就请教了他们的大学老师, 英国数学家、逻辑学家奥古斯塔斯•德摩根 (Augustus De Morgan). 德摩根对这个猜想很感兴趣, 但也没找到解决办法, 感叹道: 这个猜想描述如此简单, 却是如此难以证明.

1878 年, 英国数学家亚瑟·凯莱 (Arthur Cayley) 向伦敦数学会提出了四色问题, 于是四色猜想成了世界数学界关注的问题. 数学家们纷纷加入解决四色猜想的大会战中. 1879 年, 凯莱发表了一篇关于地图着色的短文, 解释了尝试证明四色猜想的一些困难, 并引导用数学归纳法来解决问题.

凯莱的文章使四色猜想进入更多数学家的视野中. 论文发表还不到一年, 一份 "可能是最有名的四色问题的错误证明" 出现了. 英国律师兼数学家阿尔弗雷德·肯普 (Alfred Kempe) 提出了一种名为 "肯普链" 的技术, 结合数学归纳法来尝试证明四色猜想. 1879 年, 他在 *American Journal of Mathematics* 上发表这个举世闻名的 "证明"[12]; 大家都以为猜想从此成为四色定理. 然而, 十一年后数学家彭西·希伍德 (Percy Heawood) 用一个包含 25 个国家 (分区) 的地图作为反例, 指出了肯普 "证明" 中的一个关键错误. 遗憾的是: 希伍德发现的这个漏洞是如此之大, 以至于无法修补, 因此 "四色定理" 又重新变回为猜想.

虽然肯普的 "证明" 无法补救, 但这是一个伟大的错误, 因为它提供了肯普链这样一个基础性的思想和工具, 在后续有关四色猜想的研究中一直起着重要作用. 首先, 希伍德利用肯普链, 将肯普的证明加以修改, 证明了**五色定理**: 所有地图都可以用五种颜色来染色 [8].

1905 年, 德国天才数学家赫尔曼·闵可夫斯基 (Hermann Minkowski) 挑战四色猜想, 留下了一段有趣的故事: 在一次拓扑课上, 闵可夫斯基说四色猜想是一个著名的数学难题. 它之所以一直没有得到解决, 仅仅是由于没有第一流的数学家花时间来研究它. 他自负地向学生声称要在那堂课上证明四色猜想. 然而不仅在那次课上他没有成功, 而且在接下来的数堂课上, 他的一再尝试都以失败而告终 …… 几个星期过去了, 一天早上, 闵可夫斯基走进教室时, 忽然雷声大作, 他自嘲道: "哎, 这是上帝在责备我狂妄自大呢, 我解决不了四色问题."

到了 20 世纪初, 数学家们发现从任何地图 (原平面图) 出发都可构建一个与它对偶的平面图, 称为对偶图 (dual graph). 原图的区域 (面)

由对偶图的顶点表示, 两个区域在原图中边界有公共边当且仅当它们在对偶图对应的两个顶点是邻居 (即有边相连). 所以原图中有几个面, 对偶图中就有几个顶点; 原图中有多少条边, 对偶图中就有多少条边. 例如, 图 17(a) 有 7 个面 (6 个被染色的有限区域和 1 个无限的外部区域) 和 13 条边. 它的对偶图即图 17(b), 有 7 个顶点和 13 条边, 其顶点的颜色与图 17(a) 地图上对应区域的颜色相同; 特别地, 图 17(b) 顶部的白色顶点对应图 17(a) 地图的无限外部区域.

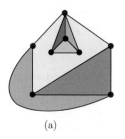
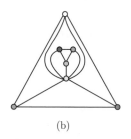

(a)　　　　　　　　　　　(b)

图 17　原图和对偶图

细心的读者也许会发现: 图 17(b) 的对偶图正好是图 17(a); 图 17(b) 有 8 个面正好对应到图 17(a) 的 8 个顶点. 图 18 展示了这一对应关系: 对应的面和顶点具有相同的颜色.

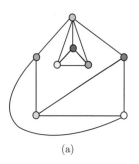
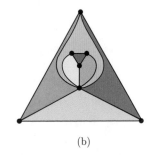

(a)　　　　　　　　　　　(b)

图 18　对称关系

这是巧合吗? 实际上, 对偶关系是对称的: 任何连通平面图都和它的对偶图互为对偶——对偶图的对偶就是原图. 有了对偶图这一关系, 我们可以将地图染色 (面染色) 转化为对它的对偶图进行顶点染色; 而有时研究后者更为方便. 对地图染色时, 我们自然不用考虑地图的外部面 (参见图 19(a) 的白色外部面) , 因为它不需要染色. 相应地, 在地图的对偶图中, 我们可以删掉与地图外部面对应的顶点 (参见图 19(b) 的白色顶点) 以及与这个点相连的边, 那么在剩下的平面图 (参见图 19(b) 实线所绘部分) 中对顶点染色等价于在地图中进行面染色.

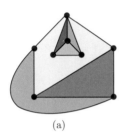
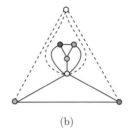

(a)　　　　　　　　(b)

图 19　地图染色和平面图顶点染色

因此, "四色猜想" 可以等价地表述为: 能够用至多 4 种颜色对任意平面图的顶点染色, 使得相邻顶点都被染不同颜色.

20 世纪上半叶, 数学家们将肯普的方法的进行了拓展深化, 提出如下反证法——"最小反例" 思想: 反设存在至少需要五种颜色才能染色的地图, 那么其中必然存在国家数最小的必须使用五种颜色的 "五色地图". 因为是最小的, 所以这个地图必然是 "不可约的". 而只要找到一组地图构型, 使任意最小的五色地图中都不可避免地会出现其中的至少一种构型, 并且每个构型都是可约的, 那么就能够通过约化, 将地图的国家数减少, 得到更小的 "五色地图". 从而导致矛盾.

于是人们专注于将复杂的地图简化为可以识别、分类的特殊构型, 它们组成不可避免构型集, 通过检测不可避免构型集中所有构型的可约性来证明四色猜想——如果能验证不可避免构型集中的所有构型都是可约的, 那么就证实了四色猜想.

刚开始, 这个集合包含近 9000 个构型, 要验证它们的可约性是非人力可为的. 大家想方设法地寻找包含更少更小构型的不可避免构型集. 但是人工寻找不可避免构型集以及验证构型可约性都实在过于缓慢, 数学家开始使用当时新出现的计算机作为辅助, 以提高验证的效率. 他们基于肯普链的思想, 联合其他技术编写计算机算法来寻找更好的不可避免构型集并检测其中构型的可约性.

1976 年, 美国数学家肯尼思·阿佩尔 (Kenneth Appel) 和沃尔夫冈·哈肯 (Wolfgang Haken) 将问题归约到对一个包含 1936 个构型的不可避免构型集进行检测. 他们在伊利诺伊大学的两台电子计算机上, 用不同的程序对这些构型的可约性逐一进行反复检查, 用了 1200 个小时, 作了 100 亿次判断, 终于解决了四色猜想, 将其变成了四色定理. 为了纪念这一历史性的时刻, 伊利诺伊大学在当时的邮戳上加上了 "四种颜色就够了" ("Four Colors Suffice") 一句话.

四色定理 (1976)   任意一个地图都只要用至多 4 种颜色就可以使得任何两个有共同边界的区域染上不同颜色. 等价地, 任意平面图的顶点可以用至多 4 种颜色来染色, 使得相邻顶点都被染上不同颜色.

四色定理是第一个计算机参与证明的数学定理; 其证明轰动了世界, 它不仅解决了一个历时 120 多年的难题, 而且成为数学史上一系列新思维的起点. 阿佩尔和哈肯因此项工作获得首届福克森奖.

自四色定理首次被证明以来, 人们发现了更有效的技术和算法, 到 1994 年, 不可避免构型的数量已经减少到 633 个. 1997 年罗伯逊、桑德斯、西摩和托马斯将阿佩尔和哈肯的证明大大简化, 但是证明仍需借助于计算机. 尽管绝大多数数学家对四色定理的证明已经不再有疑问, 但是找到一个完全 "人工" 的简洁证明仍然是很多人的梦想.

5.5 握手引理：与奇数个人握过手的人数一定是偶数吗？

回顾第一节中欧拉对一笔画问题的解答. 能够被一笔画出来的图似乎有三种可能: 没有奇度顶点、正好有一个奇度顶点或者正好有两个奇度顶点. 而实际上只有第一种和第三种情况是可能的, 因为第二种情形的图根本不存在. 要说明其原因不得不说到著名的握手引理 (handshaking lemma). 它告诉我们: 在聚会中, 与奇数个其他人握过手的人数必定是偶数. 换成图论的语言: 用顶点表示参加聚会的人, 若两个人握过手, 就在他们对应顶点之间连一条边; 那么从握手引理可知: 任意图中的奇度顶点的个数一定是偶数. 欧拉证明了该引理如下更一般的形式.

握手引理 (1736)   任意图的顶点度之和等于其边数的两倍.

为了说明这个引理的正确性, 只要注意到: 每一条边有两个端点, 它对每个端点的度都贡献 1 (因为顶点度就是和它相连的边的条数). 于是每一条边对于度和的贡献是 2, 从而边数的两倍等于度和.

握手引理还告诉我们**任意图的顶点度和是偶数**. 因为偶度顶点的度加起来显然是偶数, 所以奇度点的度加起来也是偶数, 如此一来, **奇度顶点的个数就必须是偶数**了 (否则奇度点的度和只能是奇数). 这也就说明了为什么在一笔画问题中, 我们不用担心那些仅有一个奇度点的图了——它们根本不存在.

握手引理还有很多有趣的应用. 例如: 在求解旅行商问题的克里斯托菲德斯算法中, 奇度顶点数目是偶数这一事实起到关键作用, 这使得该算法能够将奇度顶点配对, 而不至于有谁落单. 握手引理还可以给出斯佩纳引理 (Sperner lemma)[19] 的快捷证明. 将一个大三角形划分成若干小三角形 (例如, 图 20 中最外面粗线显示大三角形, 它被划分成十个小三角形, 分别标号 1, 2, ···, 10).

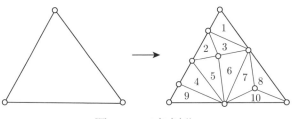

图 20   三角划分

然后用红绿蓝三种颜色来给所有这些三角形的顶点染色, 使得①大三角形的三个顶点分别被染上不同颜色, ②大三角形的每条边上仅出现两种颜色, 也即它端点所染的那两个颜色. 例如, 图 21 给出了图 20 所示三角划分的一种染色. 斯佩纳引理告诉我们: 无论如何划分、如何染色, 只要染色方式满足上述 (1) 和 (2) 两个条件, 那么至少有一个小三角形, 其顶点分别被染成红绿蓝三色. 例如, 图 21 中标号为 1 的小三角形就是如此.

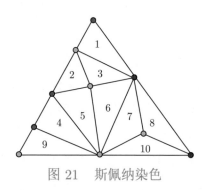

图 21　斯佩纳染色

斯佩纳引理在不动点定理、求根、公平划分、计算竞争均衡等很多方面有重要应用. 引理的证明看似要处理无穷多种划分和染色方式, 想来会相当复杂. 但是有了握手引理的帮助, 证明存在顶点染不同色的小三角形 (称其为三色的), 一下子变得简单了.

如果大三角形的边界包含某个小三角形的两条边, 那么这个小三角形一定会覆盖大三角形的某个角; 例如图 21 中的小三角形 1 和 9 就是如此. 更进一步, 如果这两条边端点的颜色不同 (称这样的边为异色边), 那么这个小三角形的顶点一定和大三角形的顶点一样, 染了红绿蓝三色, 即这是因为一条异色边的两个端点出现在大三角形的同一条边上, 这两个异色端点的颜色就只能和大三角形这条边端点的颜色一样了. 比如, 图 21 中的小三角形 1 就是这种情况, 它就是我们想找的三色小三角形.

所以接下来只需要考虑如图 22(a) 所示的情况: 大三角形的边界不包含同一个小三角形的两条异色边. 我们构造下面的图来帮助寻找三色小三角形: 图的顶点 0 对应于大三角形, 图的其他顶点对应小三角形,两个顶点之间有边相连当且仅当对应三角形边界经过同一条异色边 (称这两个三角形共享该异色边). 例如, 图 22(b) 的顶点 0 对应大三角形, 图 22(b) 的顶点 1 至 10 分别对应图 22(a) 中具有相同标号的小三角形. 因为大三角形和小三角形 1 共享具有红绿端点的异色边, 所以顶点 0 和顶点 1 之间有一条边相连; 因为小三角形 1 和小三角形 2 没有共享异色边, 所以顶点 1 与顶点 2 之间没有边 ……

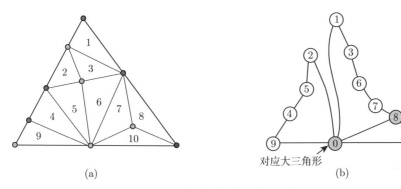

图 22　斯佩纳引理的证明

因为大三角形的三个顶点分别被染上不同颜色, 而且大三角形的每条边上仅出现两种颜色, 所以不难发现大三角形正好与奇数个小三角形共享异色边, 从而, 在我们构造的图中, 顶点 0 的度必然是奇数. 根据握手引理, 这个图中必定还有奇数个 (所以至少有一个) 其他的奇度顶点 (例如图 22(b) 中的顶点 8). 这个顶点 (因为不是顶点 0 所以) 对应一个小三角形. 因为该顶点的度是奇数, 所以由图的构造方式知道这个小三角形与奇数个其他三角形共享异色边. 不难发现这样的小三角形的顶点一定是被染了三种颜色 (参见图 22(a) 中的三色小三角形 8), 从而斯佩纳引理得到证明.

握手引理与欧拉公式相结合可以轻松得到下面的五邻国性质, 它是解决四色问题 (见 5.4 节) 和其他众多平面图问题的一个基本出发点.

五邻国性质　地图上至少有一个国家与 5 个或更少国家相邻 (有公共边界).

将地图视为一个连通平面图. 设它有 n 个顶点、m 条边和 f 个面. 由于地图的外部面不代表国家, 所以地图共有 $f-1$ 个国家. 对于地图中的 2 度顶点, 我们可以将它和它所连的两条边删掉, 并加一条边连接它的两个邻居; 这样对问题没有任何影响. 因此, 我们可以假设每个顶点的度至少是 3. 根据握手引理, 我们有 $3n \leqslant 2m$.

反证假设五邻国性质不成立, 那么每个国家都有至少 6 个邻国. 所以每个国家的边界至少有 6 条边. 因为每条边至多可以在两个国家的边界上, 所以我们得到 $6(f-1)/2 \leqslant m$. 现在欧拉公式 (见 5.3 节) 的左边 $n+f-m \leqslant 2m/3 + m/3 + 1 - m = 1$, 严格小于公式的右边 2, 得到矛盾, 说明我们的反证假设是错误的, 从而证明了五邻国性质成立.

运用 5.4 节提到的对偶图理论, 五邻国性质等价于如下命题:

任意平面图中, 必定存在一个顶点, 它至多和 5 个顶点相邻 (有边相连).

5.6 树图: 有效连通 (访问) 网络的方式有哪些?

在一个边远地区有几处村庄, 政府决定在这些村庄之间修建一些道路, 使得这些村庄的物资可以通过道路运输互通有无. 因为地理条件的限制, 不一定每一对村庄间都可以修建直通道路. 示例图 23(a) 中用灰色线条标出所有可能铺设的道路. 将村庄视为顶点, 村庄之间可能的道路视为相应顶点之间的边, 这样就得到了图 23(b) 所示的图 G.

为了得到修路的方案, 我们需要在图中选择一些边 (它们代表需要修建的道路), 将所有顶点 (它们代表村庄) 连通起来. 两个顶点 u 和 v 被连通指的是: 可以从顶点 u 通过穿越首尾相连的边到顶点 v, 并且其间没有经过重复的顶点. 我们称所穿越的边构成一条从 u 到 v 的路径 (path).

为了节约修路费用, 如果两个顶点之间的边 e 还没有被选择, 但是这两个顶点已被我们已经选择的边连通起来了 (即它们之间已经有了一

条路径 P), 那么我们就不必再选择边 e (修建 e 所代表的道路) 了. 参见图 23(b), 其中 P 以粗线显示. 若选择 e, 则 P 和 e 构成一个圈——路径和路径外连接路径端点的边构成的结构称为圈 (cycle). 而这个圈所连通的所有点实际上已经被路径 P 连通了; 可见 e 是多余的. 因此, 我们选择的边以及它们的端点构成一个不含圈的连通图. 这样的图称为树 (tree), 见图 24. 注意到图 24 中的树是图 G 的子图 (即它的顶点和边都含在 G 中), 而且它包含图 G 的所有顶点. 称满足这两个条件的树为图 G 的生成树 (spanning tree). 可见, 确定连通村庄的修路方案就是要找到对应图的一棵生成树.

(a) 可能修建的道路示意

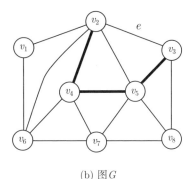

(b) 图 G

图 23　修路问题

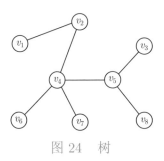

图 24　树

树因为不含圈, 所以既是二部图也是平面图 (参见 5.3 节的二部图特征和库拉托夫斯基定理). 尽管树是最简单的一类图, 但它具有独特的层次结构和一系列优越性质. 例如, 图 24 中的树有 5 个度为 1 的顶点;

这样的顶点被称为叶子 (leaf). 是不是所有的树都有叶子呢?

根据定义单点无边图是一棵树, 它仅有的顶点 (其度为 0) 不是叶子. 考虑有至少两个顶点的树 T, 以及其中一条最长 (即所含边数最多) 的路径 P. 显然路径 P 至少有一条边, 所以 P 恰好有两个端点, 参见图 25 (a) 中的绿色顶点. **这两个端点必然都是树 T 的叶子.** 假设任一端点不是叶子, 那它至少有两个邻居. 若两个邻居都在 P 上, 则图中有圈, 这与树的定义矛盾: 参见图 25 (b), 其中边 e, f, g 构成圈. 若至少有一个邻居在 P 外, 则树 T 中有比 P 更长的路, 矛盾: 参见图 25(c), 其中路径 P 和边 e 构成更长的路. 所以树 T 至少有两个叶子.

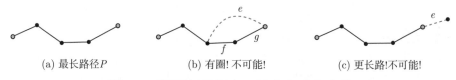

(a) 最长路径P (b) 有圈! 不可能!   (c) 更长路!不可能!

图 25 反证法证明树 T 至少有两个叶子

将树 T 的任意一个叶子删掉以后剩下的图 (记为 T') 显然还是连通无圈的, 也就是说 T' 仍然是一棵树. 这一事实使得我们可以利用数学归纳法来证明树的一系列性质 (在假设性质对树 T' 成立的前提下, 证明该性质对比 T' 仅多一个顶点的树 T 也成立), 并设计树上的很多算法.

树的性质 设 T 是一棵顶点数为 $n \geqslant 2$、边数为 m 的树. 那么

(1) T 有至少两个叶子;

(2) $m = n-1$;

(3) 在 T 中, 任意两个顶点间仅有一条路径;

(4) 在 T 中, 如果去掉任意一条边, 图就不再连通.

任给连通图 G. 若它含圈, 则可以删掉圈中的任意一条边, 图仍然是连通的; 若图中仍然有圈, 则再去掉圈中的一条边; 依次下去 $\cdots\cdots$, 我们始终保持图的连通性, 但是图中的圈越来越少, 最终我们得到无圈的连通图——一棵树 T. 因为在此过程中, 不曾删过顶点, 所以 T 包含 G 的所有顶点, 它是 G 的一棵生成树. 这个破圈的过程不仅说明**任意连**

通图都具有生成树, 而且给出寻找生成树的一种办法. 但是对于规模巨大的图而言, 探测圈的存在也是得遵循一定章法才能快速做到的. 对于构造生成树, 虽然破圈法叙述起来比较简单, 但它在算法效率上低于下面将介绍的深度优先搜索和广度优先搜索.

深度优先搜索 (depth-first search) 的思想是从一个顶点开始, 沿着一条路径一直走到底, 如果图中还有未经过的点, 那就返回到上一个顶点, 然后沿另一条路径开始走到底, 依次下去 ⋯⋯ 直到遍历了图的所有顶点. 具体而言, 任取图的一个顶点, 记为 s (称其为搜索的根); 访问 s, 设 s 为当前点. 若当前点还有未被访问过的邻居, 则从当前点穿越连接该邻居的边去访问该邻居, 并重设该邻居为当前点. 重复这一步骤直到当前点没有未被访问过的邻居. 此时会有两种情况: ① 当前点不是 s, 则沿着穿越到当前点的那一条边回退到上一个点, 并重设上一个点为当前点, 然后重复上面的步骤; ② 当前点是 s, 那么所有穿越过的边 (也即所有回退过的边) 以及它们的端点构成图的一棵生成树 (s 是树根), 称其为深度优先搜索 (生成) 树.

以图 23(b) 中的图 G 为例, 取顶点 v_1 作为根 s, 图 26 展示了 G 的一棵深度优先生成树, 其中顶点的标号为其被访问的先后顺序——标号越小的越先被访问.

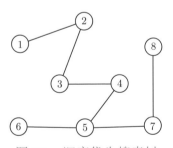

图 26   深度优先搜索树

利用深度优先搜索 (生成) 树可以检测图的连通性 (寻找连通分支)、平面性, 产生目标图的拓扑排序 (通过拓扑排序可以快捷地解决很多相关的图论问题). 不仅如此, 深度优先搜索还被用来为人工智能在网络爬行中搜索解决方案. 因在深度优先搜索等算法和数据结构方面的杰出贡献, 约翰 • 霍普克洛夫特 (John Hopcroft) 与罗伯特·塔扬 (Robert Tarjan) 在 1986 年共同获得计算机科学领域的最高奖——图灵奖.

广度优先搜索 (breadth-first search) 的思想是从一个顶点开始, 辐射状地优先访问 "近" 的顶点. 具体而言, 任取图的一个顶点, 记为搜索的根 s, 访问 s. 若图中存在未被访问过的顶点, 则令当前点为最早被访问的且还有邻居未被访问过的顶点, 从当前点依次穿越连边访问其所有还未被访问过的邻居. 重复这一步骤直到图中的所有顶点都被访问过为止, 此时, 所有穿越过的边以及它们的端点构成图的一棵生成树 (s 是树根), 被称为**广度优先搜索 (生成) 树**.

以图 23(b) 中的图 G 为例, 取顶点 v_1 作为根 s, 图 27 是 G 的一棵广度优先搜索树; 在搜索中, 标号为 $1, 2, \cdots$ 的顶点被依次访问.

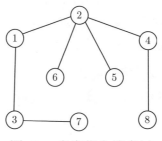

图 27　广度优先搜索树

除了被用来完成检测图的连通性、二部图性质, 计算图的传递闭包等任务外, 广度优先搜索的一大特点是可以**快速地找到两个顶点间的边数最少的路径**. 例如, 上述图 27 所示的广度优先搜索树中, 根顶点 s (标号为 1 的顶点) 与任一顶点 v 间的唯一路径就是图 23(b) 的一条连接 s (顶点 v_1) 和 v 的最短路径.

树的重要应用还远不止上面所提到的那些. 从简单的谱系树, 到表示逻辑结构的棋步树, 再到复杂的计算机科学数据结构中的搜索树、二叉查找树、霍夫曼树等等, 在我们的生活中随处可见树的身影.

5.7 哈密顿圈：环游世界的路线存在吗?

1859 年爱尔兰数学家威廉·哈密顿 (William Hamilton) 提出一个 "环游世界" 游戏: 把一个正十二面体的二十个顶点看作世界上著名的二十个城市 (图 28), 要求游戏者找出一条路线, 沿着正十二面体的棱边访问每个城市恰好一次后回到出发点, 即环游世界. 这个游戏在欧洲风靡一时, 哈密顿还以 25 个金币的高价把这个游戏的版权卖给了一个玩具商.

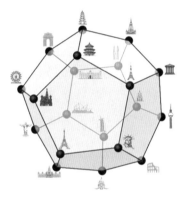

图 28   环游世界

环游世界游戏相当于要求寻找图 29 所示平面图中一个经过所有顶

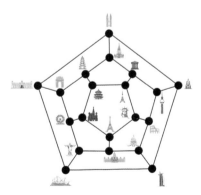

图 29   正十二面体的平面表示

点的圈. 这样的圈被称为哈密顿圈 (Hamilton cycle). 图 29 是否有哈密顿圈呢? 你不妨也和 19 世纪的人们一起来尝试回答一下这个问题.

哈密顿给出的答案如图 30 所示, 蓝色的粗线条给出了图 29 的一个哈密顿圈, 展示了如何在哈密顿所设计的游戏中环游世界.

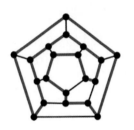

图 30   哈密顿圈

像图 29 这样具有哈密顿圈的图被称为哈密顿图. 显然不是所有的图都有哈密顿圈. 树不含圈, 所以它显然不是哈密顿图. 但对于有的图, 就不是那么明显地能够看出它一定没有哈密顿图了. 比如, 彼得森图 (图 15), 你能证明它不是哈密顿图吗?

从正十二面体图和彼得森图我们可以看到, 无论是要找到哈密顿图的哈密顿圈, 还是要证明非哈密顿图一定没有哈密顿圈, 都得费一些周章. 这引发了下述的哈密顿问题.

哈密顿问题 (Hamilton problem)   判断给定图是不是哈密顿图.

运筹学、计算机科学和编码理论中的很多问题都可化归为哈密顿问题, 因而它引起国际上广泛的关注和研究.

哈密顿问题属于一个被记作 NP 的问题类. 在 20 世纪 70 年代, 哈密顿问题被证明是 NP 完全的; 也就是说: 如果能找到判定哈密顿圈是否存在的快速算法, 那么就证明了 NP 这一问题类等同于它的一个被称为 P 的子类, 从而解决了 "NP 是否等于 P" 这一千禧年大奖难题 (Millennium Prize Problems, 指的是由美国的克雷数学研究所于 2000 年公布的当今最具挑战性的七个数学难题, 每解破一题可获奖金 100 万美元. 迄今为止, 在七个问题中, 庞加莱猜想是唯一被解决的).

然而, 目前绝大多数科学家相信 NP 不等于 P, 只是还没有找到办法证明. 实际上对于顶点数不到 100 的图, 即使利用当今最快的算法和最先进的计算机也可能需要几百年才能确定这个图里是否存在哈密顿圈. 除非 NP = P, 否则对于一般图, 不可能会有判定哈密顿圈是否存在的简洁通用的充分必要条件. 于是数学家们寻求保证哈密顿圈存在的充分条件.

针对简单图 (没有环边, 并且任何两个顶点之间至多有一条边的图), 挪威数学家奥斯丁 • 欧尔 (Øystein Ore) 提出了著名的欧尔条件.

欧尔定理 (1960 年)　任给简单图, 如果它满足欧尔条件——每一对非相邻顶点的度和都大于等于图的顶点数, 那么该图是哈密顿图.

图 31 满足欧尔条件, 所以它有哈密顿圈 (蓝边显示). 欧尔不仅证明了上面的定理, 而且它的证明告诉我们如何在满足欧尔条件的图中找到一个哈密顿圈.

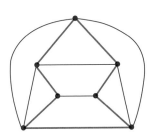

图 31　满足欧尔条件的哈密顿图

但是仍有很多哈密顿图不满足欧尔条件, 比如图 32, 它有 9 个顶点, 但是在最外层有不相邻的 3 度顶点. 实际上, 这个图的哈密顿圈 (蓝色粗边显示) 并不那么容易找. 但它离运用欧尔条件也仅一步之遥.

欧尔证明的关键步骤说明, 如果在度和至少是顶点数的非相邻顶点间加一条边使得新图有哈密顿圈的话, 那么原图也有哈密顿圈. 于是, 著名图论学家约翰•邦迪 (John Bondy) 和瓦茨拉夫•奇瓦塔尔 (Václav Chvátal) 提出闭包这一有力工具, 对欧尔定理进行了推广. 设 G 是具有 n 个顶点的简单图. 图 G 的哈密顿闭包 (Hamilton closure) 是从 G 开始, 迭代地加入边连接其中度和至少为 n 的非相邻顶点对 (直到不存在这样的对为止) 而获得的图.

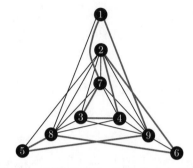

图 32   不满足欧尔条件的哈密顿图

邦迪–奇瓦塔尔定理 (1976)   一个简单图是哈密顿图当且仅当它的哈密顿闭包是哈密顿图.

对于图 32, 当依次加边连接它的非相邻点对 (1, 2), (1, 3), (1, 4), (1, 5), (1, 6), (3, 5), (3, 6), (4, 5), (4, 6), (5, 6), (5, 7), (6, 7) 时, 它们的度和在当时至少是顶点数 9. 所以这个加边过程产生的是图 32 的哈密顿闭包, 如图 33 所示. 这是完全图 K_9, 显然它有哈密顿圈. 所以根据邦迪–奇瓦塔尔定理, 图 32 是哈密顿图.

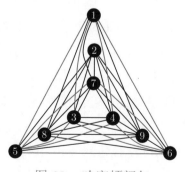

图 33   哈密顿闭包

5.8 **图论优化: 如何在图中快速寻优?**

图论中很多问题具有离散优化色彩. 例如: 哈密顿问题关心: 图中 "最" 长 (边数最多) 的圈有多长? 四色问题关心: 将平面图的顶点染色使得相邻顶点均不同色所用的 "最" 少颜色数是多少? 这里的 "最" 就意味着优化, 只不过经典图论大多只关心这个 "最" 所对应的数值 (最值), 而不像离散优化那样更关心如何快速找到达到最值的图结构, 比如: 寻找最长圈、寻找最小独立集划分——将图的顶点划分成最少数目的独立集 (每个独立集是一些互不相邻的顶点, 可以将它们染成同色). 经典图论因为不大关心快速计算, 所以通常将赋权图转化为非赋权图来研究. 离散优化鉴于计算复杂性的要求, 通常无法运用这种转化, 而是需要对赋权图进行专门研究以克服权值所增加的优化计算困难. 20 世纪 50 年代以来, 随着网络的迅猛发展, 图论和离散优化的交叉越来越紧密深入, 形成了图论优化 (graph-theoretic optimization) 这一共同的子领域.

1. 最短路问题

当你坐上出租车, 司机可能会问是否按导航走? 导航建议的一般都是它所计算得到的最快到达目的地的路线. 如果将路网画成一幅图 G, 顶点是各路段的端点 (包括你的出发地 s 和目的地 t), 边代表各路段, 边的权值是系统根据当前路况和历史数据估算出来的所需通行时间, 那么导航需要快速地 (在几秒或更短时间内) 解决如下路径优化的基础问题.

最短路问题 (shortest path problem) 给定边赋权图 G 以及其中的两个顶点 s 和 t, 寻找 G 中的一条从 s 到 t 的边权之和最小的路径, 称其为 s-t 最短路径.

在社会网络中, 人们 (用顶点表示) 往往倾向于通过网络 (图) 中最短路径来进行交流. 知道顶点之间的最短路径有助于了解网络中隐藏的强相互作用关系. 网络中最短路径穿过某个顶点的次数是该顶点介数中

心性 (betweenness centrality) 的重要表征, 它代表了该顶点与其他顶点之间的互动程度. 一个具有较高介数中心性的顶点 (人) 在网络中通常有较强的控制能力, 因为更多的信息会通过它来传递.

除了交通、社会网络中的应用, 最短路问题及其算法在生物、设施布局、大规模电路设计等许多方面都起着基础性的作用.

求最短路径最直接的想法就是运用 5.6 节介绍过的广度优先搜索. 首先不妨假设所有的边权都是整数 (否则, 可将所有边权都乘上同一个足够大的数将它们变为整数). 然后在每条边上插入其权值减 1 个细分点 (细分操作参见 5.3 节图 14), 将它变成一条具有其权值那么多条边的路径, 称其为这条边的 "代表路径". 这样就将最短路问题所考虑的图 G 变为一个非赋权图 G', 它的顶点集由原来图 G 的顶点和插入的细分点组成. 在图 G' 中以 s 为根, 开始作广度优先搜索, 一旦访问到 t, 就停止搜索. 此时, 所有穿越过的边以及它们的端点构成的一棵以 s 为根的树 (它不一定是 G' 的生成树, 但一定包含 s 和 t, 且 t 是它的叶子). 树上根顶点 s 与顶点 t 间的唯一路径 (记为 P') 就是图 G' 中的一条 s-t 最短路径 (注意: G' 是不带边权的, 这里的 "最短" 指边数最少). 将 P' 上每条 "代表路径" 替换为其所代表的图 G 中的边, 得到的路径即为图 G 中的一条 s-t 最短路径.

荷兰计算机科学家艾兹赫尔·戴克斯特拉 (Edsger Dijkstra) 将这个广度优先搜索的思想稍加改进——快速跳过那些连续访问细分点的步骤, 于 1956 年设计出戴克斯特拉算法快速找出 s-t 最短路 [3]. 该算法是这位图灵奖获得者、计算机科学先驱成名的基石之一.

2. 最小生成树问题

回顾 5.6 节图 23 中展示的修路问题, 不同道路的修建费用一般不同. 因此该问题的图模型被加强为图 34(a) 所示的边赋权图 G, 其中边权表示相应道路的修建费用 (以万元为单位). 为了连通 $v_1, \cdots, v_8$ 所代表的八个村庄, 最经济的方案是构建图 G 的一棵边权之和最小的生成树——最小权生成树.

最小生成树问题 (minimum spanning tree problem)　寻找边赋权连通图的一棵最小权生成树.

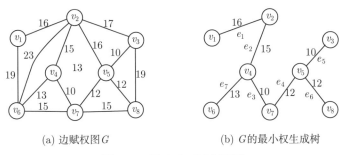

(a) 边赋权图 G　　　　(b) G的最小权生成树

图 34　最小生成树问题

捷克数学家沃伊捷赫·亚尔尼克 (Vojtěch Jarník) 和美国计算机科学家罗伯特·普里姆 (Robert Prim) 独立地分别于 1930 年和 1957 年用贪心的思想设计了如下逐步构造最小生成树的算法.

普里姆–亚尔尼克算法

(1) 任取图中一个顶点, 将它设为初始的树 T.

(2) 贪心地选择一条连接树 T 上一点和树外一点的权值最小的边, 将它及其树外的端点加到 T 中.

(3) 重复步骤 (2), 直到树 T 外没有顶点时 (此时的 T 是一棵最小权生成树).

将该算法运用到图 34(a) 中的赋权图 G 上: 从顶点 v_1 开始, 顺次加入的边是 $e_1, e_2, \cdots, e_7$; 它们构成了图 34(b) 所示的最小权生成树 (其权值为 88). 正如我们在修路问题中看到的, 当我们想以最低成本访问网络 (包括计算机网络、电信网络、交通网络、供水网络、电网等) 的所有顶点时, 最小权生成树及其求解算法是解决问题的基础工具. 除了这些网络设计的直接应用外, 最小权生成树算法在其他很多实际问题的求解中也起着重要作用, 例如, 聚类分析、图像配准和分割、曲线特征提取等.

3. 匹配问题

一个公司计划在新地区拓展业务, 有 7 个可能的地区备选. 公司的 7 位员工申请担任新地区的商业代表, 他们的申请意向可以用图 35(a) 中的二部图表示: 上方的顶点分别表示员工, 下方的顶点表示备选地区; 两个顶点间有边表示对应的员工申请担任对应地区的商业代表. 连接员工 (顶点) u_i 和地区 (顶点) v_j 的边具有权值 w_{ij}, 它表示该员工到该区域工作后为公司带来的收益. 为了最大化收益, 公司应该选定哪些地区拓展业务并安排合适的员工作他们商业代表?

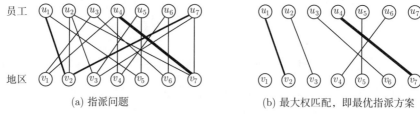

(a) 指派问题　　　　　　　　(b) 最大权匹配, 即最优指派方案

图 35　最大权匹配

每个选定的地区需要且仅需要一位商业代表, 每个员工仅能到他所申请的一个地区工作; 也即需要将员工和地区配对. 这相当于在图中寻找一组相互之间没有公共端点的边 (每条边代表公司指派相应员工到相应地区工作). 称这样的边所组成的集合为图的一个匹配 (matching); 该匹配的权值为它里面所有边的权值之和. 为了取得最大收益, 公司需要解决如下问题.

最大权匹配问题 (maximum weighted matching problem)　寻找边赋权图的一个最大权匹配.

销售代表指派问题涉及的是二部图上的最大权匹配问题. 这类问题被称为指派问题 (assignment problem). 美国数学家哈罗德·库恩 (Harold Kuhn) 于 1955 年提出匈牙利算法 (Hungarian algorithm) 快速解决指派问题 [13]. 此算法之所以被称作匈牙利算法, 是因为算法很大一部分是基于匈牙利数学家科尼格 (5.3 节所介绍的二部图特征就是他证明的) 和杰诺・埃格瓦瑞 (Jenö Egerváry) 的工作而设计出来的.

对于图 35(a) 的例子, 设最粗边的权值为 3, 次粗边的权值为 2, 其他边的权值为 1. 那么它的最大权匹配如图 35(b) 所示. 虽然该匹配的权值 9 是所有匹配中权值最大的, 但它仅有 6 条边, 不是边数最多的匹配——最大基数匹配 (maximum cardinality matching), 简称最大匹配.

图 36 中展示了该实例的两个最大匹配, 不仅如此, 它们还是该实例的完美匹配. 如果匹配的边覆盖了图的所有顶点, 则称其为完美匹配 (perfect matching). 显然, 完美匹配一定是最大匹配, 但反之不一定.

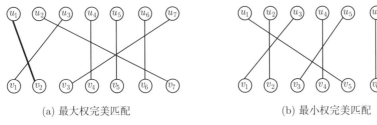

(a) 最大权完美匹配   (b) 最小权完美匹配

图 36 完美匹配

在上面的最大权匹配问题实例中, 公司仅考虑了其短期收益. 为了占领市场而获得长期收益, 公司可能希望在拓展所有 7 个区域的前提下, 最大化 (近期) 收益. 此时公司面临的就是寻找图 35(a) 中二部图的最大权完美匹配; 图 36(a) 展示了一个权值为 8 的最大权完美匹配. 边的权值不仅可以代表收益, 它还可以代表费用. 比如, 边权表示将对应员工指派到对应地区工作的培训费用 (因员工对各地区的了解程度不同, 培训费用有可能因人因地而异). 当权值为费用时, 公司的目标自然变成了寻找最小权完美匹配. 图 36(b) 展示了一个权值为 7 的最小权完美匹配.

最大权完美匹配、最小权完美匹配虽然在定义上与最大权匹配不同, 但是在算法层面求解三者的问题是等价的——通过简单的归约, 快速解决任何一个问题的算法都可以用来快速求解另外两个问题. 这种等价关系对所有图类都是成立的. 因此将求解这三种匹配的问题统称为匹配问题.

匈牙利算法仅能用来求解二部图上的匹配问题. 对于一般图上的匹配问题, 加拿大数学家、计算机科学家杰克·埃德蒙兹 (Jack Edmonds, 他被誉为组合优化之父) 在 20 世纪 60 年代初作出了解答. 他设计了著名的带花树算法 (blossom algorithm, 因算法处理的关键图结构形似盛开的花朵的树而得名)[4] 和基于线性规划对偶理论的组合算法 [5] 快速找到一般图中的最大匹配和最大权匹配. 埃德蒙兹的带花树算法工作 [4] 是建立高效组合优化算法数学理论的奠基性论文之一.

除了在各种各样指派问题 (工作分配、排程、肾交换等) 中的应用, 匹配问题还是很多优化问题子问题, 例如: 希区柯克传输问题 (Hitchcock transport problem)、中国邮路问题 (Chinese postman problem)、旅行商问题 (traveling salesman problem)、报文分组交换 (packet switching) 等等.

我们可以用匈牙利算法或带花树算法来判断完美匹配的存在性——找出一个最大匹配; 图存在完美匹配当且仅当该最大匹配是完美匹配. 在这些著名的优化算法工作出现之前, 英国数学家菲利浦·霍尔 (Philip Hall) 和威廉·塔特 (William Tutte) 分别给出了二部图和一般图中存在完美匹配的充要条件.

婚姻定理 (1935) 二部图 G 具有完美匹配当且仅当对于任意来自 G 的同一分部的一组顶点, 它们的个数不超过它们的邻居总数.

塔特定理 (1947) 图 G 具有完美匹配当且仅当对于 G 的任意顶点子集 S, 将 S 从 G 中删去后剩下的图的奇连通分支的个数至多是 S 的大小, 这里的奇连通分支指顶点数为奇数的极大连通子图.

4. 中国邮路问题

20 世纪 60 年代的中国, 一个邮递员负责一片街区的邮件收发业务. 他每天的工作是从邮局出发, 穿行街区的每条街道至少一次 (以收发该街道住户的邮件) 之后回到邮局. 他希望所走的路程尽可能短. 这片街区可以用一个边赋权连通图来表示: 每一条边代表一条街道, 边权为街道的长度. 邮递员走过的路程 (一系列首尾相连的街道) 对应到图中的一个闭合游走 (closed walk)——起点和终点重回地游走. 游走的长度等于路程的长度——它经过一条边几次, 这条边的长度就在游走的长度中算几次. 这个邮递员面临问题就是:

中国邮路问题　在边赋权连通图中寻找一条最短的经过每条边至少一次的闭合游走, 即一条最短的**中国邮递员环游** (Chinese postman tour).

若所给的边赋权连通图是欧拉图 (即所有顶点的度都是偶数), 它有一个欧拉环游, 该环游经过每条边正好一次, 它显然是最短中国邮递员环游. 否则, 问题等价于在图中加入总权值最小的边将图改变成欧拉图, 即每个顶点的度都变成偶数 (因为要求权值之和最小, 所以一条边最多被加入一次), 该欧拉图中的任意欧拉环游将给出原来图的最短中国邮递员环游——一条边被加入意味对应街道要被重复走一次. 以图 37 中的边赋权连通图为例来说明求解其最短中国邮递员环游的计算过程.

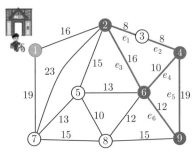

图 37　中国邮路问题实例

(1) 找出图中的奇度顶点 (根据握手引理, 必定有偶数个奇度顶点): 图 37 中的红色顶点 2、4、6、9.

(2) (用本节第 (一) 部分所介绍的戴克斯特拉算法) 求每一对奇度顶点之间的最短路径: 如图 37 红色粗边所示, 顶点 2、4 之间的最短路径为 e_1e_2, 路长 16; 顶点 2、6 之间的最短路径为 e_3, 路长 16; 顶点 2、9

间的最短路径为 e_3e_6, 路长 28; 顶点 4、6 之间的最短路径为 e_4, 路长 1; 顶点 4、9 之间的最短路径为 e_5, 路长 19; 顶点 6、9 之间的最短路径为 e_6, 路长 12.

(3) 构造一个奇数顶点上的边赋权完全图, 任意两个顶点间的边对应它们之间在原图中最短路径, 边权为该最短路径的长度: 如图 38 所示, 边 f_1 对应图 37 中的路径 e_1e_2, 边权 16; 边 f_2 对应路径 e_3, 边权 16; 边 f_3 对应路径 e_3e_6, 边权 28; 边 f_4 对应路径 e_4, 边权 10; 边 f_5 对应路径 e_5, 边权 19; 边 f_6 对应路径 e_6, 边权 12.

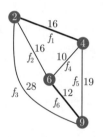

图 38　原图奇度顶点上的完全图

(4) 求上述边赋权完全图的最小权完美匹配 M: 如图 38 中粗边所示, $M = \{f_1, f_6\}$.

(5) 将 M 中的边对应的原图中的最短路径加到原图中, 得到欧拉图: 如图 39 所示, 将 f_1 对应的路径 e_1e_2 和 f_6 对应的路径 e_6 (红色边标识) 加到原图 37 中.

(6) (用 5.1 节提到的希尔霍尔泽算法) 求上述欧拉图的一个欧拉环游 (图 39 灰色方框中的数字为环游访问边的顺序), 该环游即为原图最短中国邮递员环游——访问加入的边相当于访问对应的原边: 例如, 图 37 的边 e_1 分别在环游的第 5 步和第 9 步被访问两次 (都是从顶点 2 到顶点 3), 边 e_2 分别在环游的第 6 步和第 10 步被访问两次 (都是从顶点 3 到顶点 10), 边 e_6 分别在环游的第 12 步和第 16 步被访问两次 (第 12 步是从顶点 9 到顶点 6, 而第 16 步是从顶点 6 到顶点 9).

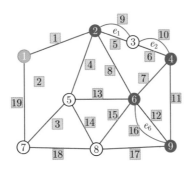

图 39　最短中国邮递员环游

中国邮路问题最早是由中国数学家管梅谷提出并研究的 [15]. 埃德蒙兹将其命名为 "中国邮路问题", 并给出了上述快速求解算法 [6]. 街道维护、网络算法检测、移动机器人搜查等众多实际问题都是中国邮路问题的直接应用, 而像寻找平面图中的最大割 (将平面图的顶点集划分成两部分使得它们之间的边的权值之和最大)、寻找最小平均长度圈等很多图论优化问题可以通过归约成中国邮路问题来解决 [18].

5. 旅行商问题

一个推销员要到一系列城市推销货物, 他希望找到一条访问每座城市正好一次并回到起始城市的最短路线. 可以用边赋权图来对该问题建模: 城市是图的顶点, 城市间道路是图的边, 道路长度就是该边权值. 通常, 该模型是一个完全图. 若两个城市之间不存在道路, 则可在它们对应的顶点间连一条非常长 (比所有道路距离之和还长) 的边, 这样并不改变最短路线. 所以, 可以用图论的语言将这个问题表述为:

旅行商问题 (travelling salesperson problem, TSP)　在给定边赋权完全图中寻找一个最短 (即边权之和最小) 的哈密顿圈. 如果完全图中的任意三角形均满足三角不等式, 即它的两边权值之和总大于等于第三边的权值, 那么称该问题为度量旅行商问题 (metric TSP).

旅行商问题由奥地利裔美国数学家卡尔・门格尔 (Karl Menger) 在 1930 年正式定义, 它在通信、制造业、遗传学、逻辑学、神经系统科学等许多领域都有广泛的应用, 如物流规划、芯片制造、DNA 测序等. 在这些应用中, "顶点" 代表客户、焊接点或 DNA 片段, 而 "边权" 代表通行时间、成本或 DNA 片段之间的相似度.

旅行商问题是一个 NP 困难问题, 也是离散优化中研究最深入的问题之一. 该问题最直接的解决办法是尝试所有顶点的排列组合, 看看哪个对应的哈密顿圈最短. 但是这种方法的运行时间正比于顶点数目的阶乘, 即使对于仅有 20 个顶点的图都是不现实的. 美国计算机科学家迈克尔·赫尔德 (Michael Held) 和理查德·卡普 (Richard Karp) 设计了动态规划算法, 通过 "聪明" 地枚举, 将运行时间缩短到顶点数的指数量级 [9], 但此算法对顶点数稍多的图仍然无能为力.

20 世纪 60 年代, 一种新的被称为 "近似算法" 的方法诞生, 它不是花大量的时间试图寻求最优解, 而是快速计算出一个次优解 (称为近似解), 其长度可以被证明不超过最优解 (最短哈密顿圈) 长度的某个倍数. 对于度量旅行商问题, 1976 年, 塞浦路斯数学家尼科斯·克里斯托菲德 (Nicos Christofides) 取得近似算法设计的重大进展 [2].

克里斯托菲德算法

(1) 构造给定完全图上的最小权生成树 T.

(2) 树 T 中度数为奇数的顶点 (根据握手引理, 这样的顶点有偶数个) 以及这些顶点之间的边构成一个完全图 K; 找到 K 上的一个最小权完美匹配 M.

(3) 将匹配 M 中的边加到树 T 上, 构成一个欧拉图; 在这个欧拉图中找一个欧拉环游.

(4) 根据该欧拉环游给出的顺序依次访问顶点, 在此过程中跳过之前已经访问过的顶点, 这样就得到一条经过给定完全图所有顶点的路径; 这条路径及其端点间的边构成一个哈密顿圈 H.

对于图 40 (a) 所示的给定完全图, 算法第 (1) 步利用本节第二部分所介绍的普里姆–亚尔尼克算法得到如图 40(b) 所示最小权生成树; 显然这棵树的奇度顶点为 1, 3, 4, 5, 6, 8 (即图中的六个红色顶点).

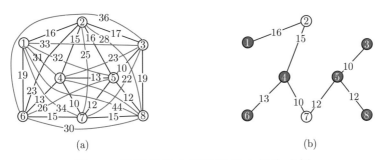

图 40　　边赋权完全图及其最小权生成树

算法第 (2) 步考虑给定完全图限制在这六个红色顶点上的子完全图, 即图 41 (a), 并在该图上利用本节第三部分介绍的带花树算法求得其最小权完美匹配, 即该图中的三条较粗的边. 算法第 (3) 步将这三条匹配边加到第 (1) 步所构造的最小生成树图 40(b) 中得到欧拉图, 即图 41(b), 以及它的一个欧拉环游——其依次访问顶点 1, 2, 4, 5, 3, 8, 5, 7, 4, 6, 1. 算法第 (4) 步得到如图 41(c) 所示的哈密顿圈, 其依次访问顶点 1, 2, 4, 5, 3, 8, 7, 6, 1.

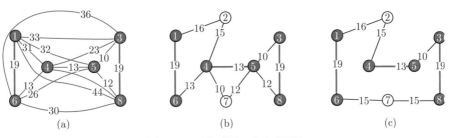

图 41　　近似最短哈密顿圈

克里斯托菲德算法找到的哈密顿圈 H, 其长度无论如何都不会超过最短哈密顿圈长度的 1.5 倍. 原因很简单: 首先, 注意到最短哈密顿圈去掉任意一边之后是问题给定完全图的一棵生成树. 因为 T 是最小权生成树, 所以它的权值不会超过最短哈密顿圈长. 其次, 将 T 中的奇度顶点按其在最短哈密顿圈上出现的次序, 顺次连接, 得到算法第 (2) 步所考虑完全图 K 的一个哈密顿圈 H'. 一方面, 由度量旅行商问题的三角不等式知道 H' 的长度 (边权之和) 不会超过最短哈密顿圈长; 另一方面, H' 由 K 的两个没有公共边的完美匹配构成, 其中一定有一个完美匹配的边权不超过 H' 长度的二分之一. 又由于 M 是最小权完美匹配, 所以 M 的权和必不会超过最短哈密顿圈长的二分之一. 这样, 算法第 (3) 步所构造的欧拉环游的长度 (即 T 和 M 的边权之和) 不超过最短哈密顿圈长的 1.5 倍. 最后, 再次由三角不等式知道, 算法求得的哈密顿圈 H 至多与欧拉环游等长, 所以它的长度至多是最短哈密顿圈长的 1.5 倍.

由于克里斯托菲德算法非常简单, 许多人觉得它能很快被改进. 然而, 直到三十多年以后的 2021 年, 计算机科学家安娜·卡林 (Anna Karlin) 等 [11] 才用一个复杂的算法将 1.5 这个倍数改进了非常微小的一点点 (大概 10^{-36}). 他们的方法遵循类似于克里斯托菲德算法的原理, 不同点在于: 用从精心设计的随机分布中随机选择的树来代替克里斯托菲德算法中构造的最小生成树 T.

度量旅行商问题有一种特殊情形叫欧氏旅行商问题 (Euclidean TSP), 其顶点位于欧氏空间中, 顶点间的距离即它们的欧氏距离. 虽然它仍然是 NP 困难问题, 但是计算机科学家、数学家桑吉夫·阿罗拉 (Sanjeev Arora) 和约瑟夫·米切尔 (Joseph Mitchell) 为它所设计的近似算法 (名为多项时间近似方案, polynomial time approximation scheme) 能够找到充分接近于最短哈密顿圈的近似解. 两位科学家因此而获得 2010 年的哥德尔奖 (Gödel prize, 理论计算机领域最负盛名的奖项, 颁发给该领域最杰出的学术论文).

6. 最大流与最小割

1954 年, 美国数学家泰德·哈里斯 (Ted Harris) 针对苏联铁路交通提出了如下最大流问题问题 (maximum flow problem): 两个城市 (记为 s 和 t) 由途经多个中间城市的铁路网络连接, 网络的每段铁路都有容量限制. 在流量不能超过流经路段容量的前提下, 可以通过铁路网络从城市 s 输送到城市 t 的最大流量是多少, 应该如何输送?

当所有容量都是整数时, 求最大流等价于求图中最多的边不交的 s-t 路径 (以 s, t 为端点的路径). 将城市看作图的顶点, 若两个城市间有一条容量为 k 的铁路, 则在它们 (对应的顶点) 之间连 k 条边; 这样我们得到一个非赋权图. 图中边互不相交的 (不能有公共边, 但允许有公共顶点) s-t 路径最多的条数等于可从城市 s 输送到城市 t 的最大流量——沿一条 s-t 路径输送一单位流量, 各单位流使用边不交的路径, 互不干扰, 从而满足容量限制. 如果将一组边从图中删掉以后, 剩下的图没有 s-t 路径, 那么称这组边组成的集合为图的 s-t 边割 (edge cut). 早在 20 世纪 20 年代, 25 岁的门格尔证明了如下的最大最小定理.

门格尔定理 (1927) 任给图以及其中的两个不同的顶点 s 和 t, 那么图中边不交 s-t 路径的最多条数等于它的最小 s-t 边割所含的边数.

门格尔定理揭示了一类非常重要的组合原始对偶关系 (图论优化中还有很多类似地基于不同图结构的最大最小关系), 它为最大流和最小割的判断提供了非常有用的工具——如果你找到的边不交的 s-t 路径的条数正好等于某个 s-t 边割的大小, 那么你找到的路已经是最多了. 但是门格尔的证明[16] 没有告诉我们如何快速找到这些边不交的路径. 直到美国数学家莱斯特·福特 (Lester Ford) 和德尔伯特·福克森 (Delbert Fulkerson) 定义网络流, 设计了著名福特-福克森算法, 计算出最大流[7], 才最终给出了找到图中最多的边不交 s-t 路径的高效算法; 这前前后后花了三十年时间.

多年来, 人们设计了各种最大流量问题的改进算法, 最著名的包括: 最短增广路径算法——分别由埃德蒙兹、卡普和以色列计算机科学家叶菲姆·迪尼茨 (Yefim Dinitz)、迪尼茨的阻塞流算法、美国计算机科学家安德鲁·戈德伯格 (Andrew Goldberg) 等的推–重标签算法、二进制阻塞流算法等等[18]. 这些算法能够解决任意赋权图上的最大流问题——边权即容量, 而不仅只是 (像门格尔定理那样) 只能处理整数权值的网络. 很多算法中, 最大流和最小权边割 (边权之和最小的边割) 的计算相辅相成, 缺一不可; 得到最大流的同时也得到最小权边割, 反之亦然. 算法运用的原理是下面由福特和福克森证明的门格尔定理的推广; 这是线性规划对偶理论体现在图论优化中最著名的范例之一.

最大流-最小割定理 (1954)　在任意赋权图中, 从源点 s 到汇点 t 点的最大的流量等于最小权 s-t 边割的权值.

作为众多离散和连续优化问题 (运输问题、网络闭包问题、调度问题、最密子图问题、影像分割、矩阵舍入等等) 的基础, 最大流问题、最小割问题、最大流与最小割的对偶关系在推动优化算法和理论的发展中起着举足轻重的作用.

5.9 结束语

图论研究开始于娱乐性数学问题, 所以它有令人愉快的基因. 经过 280 多年的发展, 图论已经成为重要的数学学科, 成果极其丰富, 广度和深度及趣味性都令人惊讶.

图的抽象结构使得它们在几乎任何环境中都具有应用性. 当我们思考在日常生活中应用图论的可能性有多少时, 我们就会意识到图是多么强大的工具. 例如: 在社交媒体等网络中寻找好友推荐, 通过接触关系推断新冠病毒在社区可能的传播, 在搜索引擎中对超链接进行排序, 利用高德地图找到最短路径, 估计化学分子相互作用、DNA 测序、保障计算机网络安全等, 图论都在发挥着重要的作用.

世界和我们的生活是由各种各样的对象和他们的联系构成的, 从而形成各种各样的网络, 从互联网到移动数据网络, 再到大脑神经元, 等等. 在数学上, 它们都可以用图来直观地表示, 进而模拟物理、生物、社会、信息等网络系统中各类关系和过程. 可以说, 我们的世界是一个网络的世界. 图论可以帮助我们理解身处的网络世界, 解决复杂的问题, 构建美好未来.

参考文献

[1] Euler L. Solutio problematis ad geometriam situs pertinentis. Commentarii Academiae Scientiarum Imperialis Petropolitanae, 1736, 8: 128-140.

[2] Christofides N. Worst-case analysis of a new heuristic for the travelling salesman problem. Management Sciences Research Report 388, Graduate School of Industrial Administration, Carnegie-Mellon University, Pittsburgh, Pennsylvania, 1976.

[3] Dijkstra E W. A note on two problems in connexion with graphs. Numerische Mathematik, 1959, 1: 269-271.

[4] Edmonds J. Paths, trees, and flowers. Canadian Journal of Mathematics, 1965, 17: 449-467.

[5] Edmonds J. Maximum matching and a polyhedron with 0,1-vertices. Journal of Research National Bureau of Standards Section B, 1965, 69: 125-130.

[6] Edmonds J. The Chinese postman's problem. Bulletin of Operations Research Society of America, 1965, 13: B-13.

[7] Ford L R, Fulkerson D R. Maximal flow through a network. Canadian Journal of Mathematics, 1956, 8: 399-404.

[8] Heawood P J. Map-colour theorem. The Quarterly Journal of Pure and Applied Mathematics, 1890, 24: 332-338.

[9] Held M, Karp R M. A dynamic programming approach to sequencing problems. Journal of the Society for Industrial and Applied Mathematics, 1962, 10: 196-210.

[10] Hierholzer C. Ueber die Möglichkeit, einen Linienzug ohne Wiederholung und ohne Unterbrechung zu umfahren. Mathematische Annalen, 1873, 6: 30-32.

[11] Karlin A R, Klein N, Gharan S O. A (slightly) improved approximation algorithm for metric TSP. Proceedings of the 53rd Annual ACM SIGACT Symposium on Theory of Computing, 2021: 32-45.

[12] Kempe A B. On the geographical problem of the four colours. American Journal of Mathematics —— Pure and Applied, 1879, 2: 193-200.

[13] Kuhn H W. The Hungarian method for the assignment problem. Naval Research Logistics Quarterly, 1955, 2: 83-97.

[14] Kuratowski K. Sur le problème des courbes gauches en topologie. Fundamenta Mathematicae, 1930, 15: 271-283.

[15] Kwan M G. Graphic programming using odd or even points. Acta Mathematica Sinica (in Chinese), 1960, 10: 263-266. Translated in Chinese Mathematics, 1962, 1: 273-277.

[16] Menger K. Zur allgemeinen Kurventheorie. Fundamenta Mathematicae, 1927,10: 96-115.

[17] Ramsey F P. On a problem of formal logic. Proceedings of the London Mathematical Society, 1930, s2-30(1): 264-286.

[18] Schrijver A. Combinatorial Optimization, Polyhedra and Efficiency. New York: Springer, 2002.

[19] Sperner E. Neuer Beweis für die Invarianz der Dimensionszahl und des Gebietes. Abhandlungen aus dem Mathematischen Seminar der Universität Hamburg. New York: Springer-Verlag, 1928, 6: 265-272.

6 孤立子背后的数学

常向科　　胡星标

6.1 Russell 与孤立波的故事

18 世纪下半叶至 19 世纪上半叶, 运河运输是英国大宗商品和原料的主要运输方式, 一条条整齐的运河连接着英国重要的新兴工业城市和港口, 为工业革命的飞速发展奠定了基石.

1834 年 8 月的一天, 26 岁的英国造船工程师 John Scott Russell (1808—1882) 在查看苏格兰爱丁堡的一条运河的运营能力和沿岸情况时, 注意到了一个奇特的现象 (图 1):

"我正在观察一条船的运动, 这条船沿着狭窄的运河由两匹马快速地曳进. 当船突然停下时, 运河中被推动的水团并未停止, 它聚集在船首周围, 剧烈翻腾. 突然, 水团中呈现出一个滚圆光滑、轮廓分明、巨大的、孤立耸起的水峰, 以很快的速度离开船首, 滚滚向前. 这个水峰沿着运河继续向前行进, 形态不变, 速度不减. 我策马追踪, 赶上了它. 它仍以每小时八九英里的速度向前滚动, 同时仍保持着长约三十英尺、高约一到一点五英尺的原始形状. 后来, 我追逐了一两英里后, 才发现它的高度渐渐下降. 最后, 在运河的拐弯处, 它消失了."

图 1　John Scott Russell (1808—1882)

　　这是 Russell 十年后也就是 1844 年在《英国科学促进会第 14 届会议报告》上发表的 "论波动" 一文中的描述. 这一奇特的水波令年轻的 Russell 非常着迷同时也惊讶不已, 他敏锐地意识到, 自己发现了一个新的物理现象, 并认为那是一种流体运动中特殊的具有稳定结构的水波, 而且他相信, 当时已有的波动理论无法解释这种奇特现象, 因此, 他给自己的发现取名为 "平移波", 后来被学界命名为 "孤立波", 或 "孤立子". 为了从理论上解释这一现象, Russell 花费了不少精力. 他在自家后院建造了一个宏大的实验水槽做了大量实验, 重现了他在运河中看到的特殊景象. 经过多次实验, 反复研究, 最终, 他总结出这些波的一些独特性质, 例如一个孤立波的速度与波峰高度有关, 它能够保持其速度和形状长时间地传播, 另外, Russell 经常在他的实验水槽里产生两个孤立子, 一个瘦高个, 一个矮胖子. 有趣的是, 瘦高个总是比矮胖子跑得更快, 每次都能追上矮胖子. 更神奇的是: 两波相遇后, 并不会混合乱套而失去它们各自原来的形状和速度, 相遇再分开之后, 高而瘦的波越过矮胖子, 继续快跑, 将矮胖子远远地甩在后面 (见图 2).

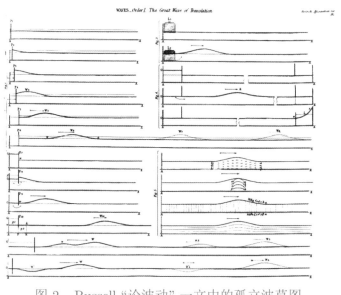

图 2 Russell "论波动" 一文中的孤立波草图

  尽管 Russell 在会议上做了很精彩的报告, 获得了一些学者的关注, 但是他的初步理论解释却未得到当时科学界权威的认可, 一些著名学者认为孤立波与主流流体力学理论是矛盾的, 甚至表示对他所见是否真实提出质疑. 无论如何, Russell 始终没有放弃, 他坚信孤立波应是流体力学方程的一个解, 往后余生一直为此努力. 在他生命的最后阶段, 他的孤波理论仍然受到科学界的质疑, 但幸运的是, Joseph Valentin Boussinesq (1842—1929, 法国数学家和力学家) 和 John William Strut Rayleigh (1842—1919, 英国物理学家, 诺贝尔奖得主) 两位科学家分别于 1871 年和 1876 年发表的学术文章支持 Russell 的发现.

  1882 年, Russell 在英国去世, 但故事并没有结束. 基于 Boussinesq 的工作, 荷兰数学家 Diederick Johannes Korteweg (1848—1941) 与他的博士研究生 Gustav de Vries (1866—1934) 在 1895 年从流体动力学数学模型中导出一个方程并得到了与 Russell 所描述现象类似的精确孤立波解, 从理论上证实了孤立波的存在. 终于, Russell 的观察、实验与数学理论完全得到学术界的认可.

毫不夸张地说, Russell 的一生都对追求科学充满热情. 当时许多人应该都看到过运河中孤立波的景象, 但没有人注意到不寻常, 而他以敏锐的观察眼光发现了孤立波并为之着迷, 余生都在不停地 "追逐", 即使他的理论受到了当时一些科学家的质疑嘲笑, 他仍坚持不懈地研究. 最终他的理论得到证实, 并被发扬光大, 于 20 世纪 60 年代后受到广泛重视, 对许多领域都产生了重要影响.

1982 年, 在 Russell 逝世一百周年之际, 人们在他策马追孤立波的运河边树起了一座纪念碑, 以纪念这位孤军奋战、有生之年未能 "成功" 的科学先驱. 此外, 人们还在英格兰斯尼布斯顿发现公园建造了一个装置, 如果你有机会去参观, 还可以在那里亲眼目睹 Russell 的孤立波.

6.2 Korteweg-de Vries 方程

想要解释一个客观现象, 一般来说, 学术界的做法是依据一些物理规律与原理 (例如牛顿力学定律), 建立相应的数学模型 (通常都是微分方程的形式), 通过对数学模型的理论研究, 再回到客观世界中去, 用理论研究结果去解释客观现象的本质甚至预测客观发展过程. 对于 Russell 所描述的现象, 要令科学家信服, 就需要建立合理的微分方程表示的数学模型来说明.

1895 年, Korteweg 和 de Vries 通过研究浅水波运动, 在一些近似的假设下, 推导出了如下单向运动的一维浅水波运动方程 (现今称为 KdV 方程)

$$\frac{\partial u}{\partial t} + 6u\frac{\partial u}{\partial x} + \frac{\partial^3 u}{\partial x^3} = 0,$$

其中, $u = u(x,t)$ 是空间变量 x 和时间变量 t 的函数, 表示波在空间 x 处时间 t 的高度, 这是一个偏微分方程, $\frac{\partial u}{\partial t}$ 或 u_t 表示 $u(x,t)$ 关于 t 的一阶偏导, $\frac{\partial u}{\partial x}$ 或 u_x 表示 $u(x,t)$ 关于 x 的一阶偏导, $\frac{\partial^3 u}{\partial x^3}$ 或 u_{xxx} 表示

$u(x, t)$ 关于 x 的三阶偏导.

对于 KdV 方程, 可以考虑所谓的行波解, 即形为 $u(x, t) = f(\xi) = f(x - vt)$ 的解, 其中 $f(\xi)$ 是一个单变量的函数, $\xi = x - vt$, v 是一个常数, 表示速度. 将此形式代入 KdV 方程, 可得到一个常微分方程

$$-v\frac{df}{d\xi} + 6f\frac{df}{d\xi} + \frac{d^3 f}{d\xi^3} = 0,$$

其中 $\dfrac{df}{d\xi}$ 表示 $f(\xi)$ 关于 ξ 的一阶导数, 也等价于 $f(x - vt)$ 关于 x 的一阶导数, $\dfrac{d^3 f}{d\xi^3}$ 表示相应的三阶导数. 将这个微分方程积分一次, 得

$$-vf + 3f^2 + \frac{d^2 f}{d\xi^2} - \frac{A}{2} = 0,$$

其中 A 是积分常数, 将这个式子乘以 $\dfrac{df}{d\xi}$, 再积分一次, 并引入积分常数 B, 得

$$\frac{1}{2}\left(\frac{df}{d\xi}\right)^2 = -f^3 + \frac{1}{2}vf^2 + \frac{1}{2}Af + B = -(f - a)(f - b)(f - c),$$

这里 a, b, c 是关于上述 f 的三次方程的三个根. 进一步对上式积分, 就需要考虑椭圆积分的问题, 在假定 a, b, c 都是实根而且 $a < b < c$ 的情况下, 可得到一个椭圆函数解:

$$u(x, t) = f(x - vt) = b + (c - b)\mathrm{cn}^2\left[\sqrt{\frac{c - a}{2}} \cdot (x - 2(a + b + c)t + d), m\right],$$

其中 d 是一个常参数, $m = \dfrac{c - b}{c - a}$. 这里我们不准备详述椭圆函数的概念与性质, 它是一种双周期函数, 特别地, 与双曲正割函数有对应关系 $\mathrm{cn}[w, 1] = \mathrm{sech}w = \dfrac{2}{e^w + e^{-w}}$.

对于 KdV 方程上述解, 令 $b \to a$, $m \to 1$, 即得到双曲正割函数表示的精确行波解:

$$u(x,t) = a + (c-a)\text{sech}^2\left[\sqrt{\frac{c-a}{2}} \cdot (x - 2(2a+c)t + d)\right],$$

取特殊参数 $a = 0$, $c = 2\alpha^2$, 则解改写为

$$u(x,t) = f(x - vt) = 2\alpha^2\text{sech}^2\left[\alpha(x - 4\alpha^2 t + d)\right],$$

这就是 Russell 所观察到的孤立波 (这个解通常称为 KdV 方程的 1 孤立波解).

由表达式可看出, 该孤立波以 $4\alpha^2$ 的速度向前传播, 振幅 $2\alpha^2$ 是速度 $4\alpha^2$ 的一半, 而宽度与 α 成反比, 由此看出, 波愈高, 速度愈快, 波形愈窄 (见图 3).

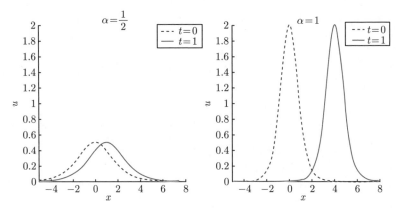

图 3 计算机模拟的 KdV 方程的 1 孤立波解在 $t = 0$ 和 1 时刻图像

注意到 KdV 方程包含非线性项 uu_x, 因此是一个非线性的偏微分方程. 从物理学的观点来看, 孤立子是色散效应和非线性畸变合成的一种特殊产物. 事实上, 如果方程中只有线性项 u_{xxx}, 会产生所谓的色散效应, 即不同频率的波以不同速度传播, 由于色散效应使得一个波峰很

快改变形状, 破碎成许多小小的涟漪弥散开来, 如果只有非线性项 uu_x, 会使波形坍塌, 产生畸变. KdV 方程既有可产生色散效应的项 u_{xxx}, 又有产生畸变的非线性项 uu_x, 所以, 在一定的条件下, 这两种作用达到平衡. 色散效应要使得不同频率的子波互相分离, 而非线性效应又将这些子波拉回来紧紧地拴在一起, 这样一来, 最后结果就使得原始的波峰既不弥散, 也不畸变, 而能够长时间地保持原状滚滚向前, **这就形成了 Russell 看到的孤立波**.

Korteweg 和 de Vries 以令人信服的数学论据说明了 KdV 方程可作为控制浅水槽里的水波模型, 成功从理论上阐明了 Russell 孤立波的存在性. 但由于当时人们在理论上对非线性问题缺乏认识, 对 KdV 方程的性质理解不够, 并且怀疑如果两个这样的孤立波叠加后, 波的形状和特性可能会被破坏, 即这种解可能是不稳定的, 因而, 有关 KdV 方程和孤立波的研究没有深入下去, 在之后的六十年里处在寂静时期, 没有明显的进展.

现今, 人们已经完全认识到, KdV 方程在流体力学中有着极其重要的作用, 而孤立波理论由于其重要意义已发展成一个重要研究领域, KdV 方程已成为这一研究领域中极具代表性的一个模型.

6.3 Fermi-Pasta-Ulam 问题与孤立子

Enrico Fermi (1901—1954) 是一位著名的物理学家和诺贝尔奖得主, 当他的身体每况愈下时, 他和他的同事做了一件影响深远的事情.

20 世纪 50 年代初, Fermi 与他的同事 John Pasta (1918—1984, 美国计算物理与计算机科学家)、Stan Ulam (1909—1984, 美国数学家, 美国科学院院士), 利用当时美国用来设计氢弹的大型计算机, 对由 N 个谐振子组成的非线性相互作用系统进行数值模拟, 企图证实经典统计力学中公认的 "能量均分定理".

他们考虑的模型是: 在初始时刻, 将 N 个振子等间距排列成一条直线, 并从左到右依次标号, 第 i 个振子 $(i = 1, 2, \cdots, N)$ 所处的位置称为平衡位置. 边界上的振子被固定住, 中间每个振子受到它来自左右邻居的力, 且方向相反, 第 i 个振子受到右边振子弹力大小为

$$F_i^+ = k[x_{i+1} - x_i + \alpha V(x_{i+1} - x_i)],$$

左边振子弹力大小为

$$F_i^- = k[x_i - x_{i-1} + \alpha V(x_i - x_{i-1})],$$

其中, k 为弹性系数, α 是一个常参数, $V(y)$ 是一个单变量函数, $x_i(t)$ 表示第 i 个振子在 t 时刻离开平衡位置的位移. 设每个振子质量均为 m, 则由牛顿定律可写出这 N 个振子的运动方程为

$$m\frac{d^2}{dt^2}x_i(t) = k(x_{i+1} + x_{i-1} - 2x_i) + k\alpha(V(x_{i+1} - x_i) - V(x_i - x_{i-1})),$$

$$i = 1, 2, \cdots, N,$$

并满足边界条件 $x_1(t) = x_N(t) = 0$, 另外, 他们考虑振子从静止状态开始振动, 即 $\frac{d}{dt}x_i(0) = 0, i = 1, 2, \cdots, N.$

Fermi 等具体计算了 $N = 64, \alpha \neq 0, V(y)$ 取成二次函数或三次函数的非线性情形, 模拟结果却与能量均分定理大相径庭. 如果初始时刻这些谐振子的所有能量都集中在某一振子上, 其他 63 个振子的初始能量为零, 按照能量均分定理, 系统最后应该过渡到能量均分于所有振动模式上的平衡态. 但实验结果却发现, 经过长时间的计算模拟演化后, 能量出现了 "复归" 现象, 即重新集中到初始具有能量的那个振子上. 对于这个现象, 他们当时无法很好地解释, 在 1955 年以 *Studies of Nonlinear Problems* 一文发表了这一重要发现, 相关的问题后来被称为 Fermi-Pasta-Ulam(FPU) 问题.

对于 FPU 问题, Fermi 本人起初以为这只是一个小发现, 但很快便意识到这个发现的重要性, 并打算在一年后的一个重要学术报告上演

讲. 但很遗憾, 由于重病在身, 他没有来得及报告这个发现就去世了, 甚至没看到他们学术论文的正式发表. 在许多文献中也将 FPU 问题称为 FPUT 问题, 最后一位是指 Mary Tsingou, 如果仔细看 Fermi 等三人发表的文章, 会注意到在脚注里感谢了 Mary Tsingou ("我们感谢 Mary Tsingou 女士对这个问题进行编写程序并在洛斯阿拉莫斯 MANIAC 计算机上运行程序"), 由于 Tsingou 是一位女程序员, 在当时不受重视, 所以正式发表的文章署名没有她, 近年来人们才给她正名.

FPU 问题提出后, 引起了人们的极大兴趣, 经过大量的探索和尝试, 十年后该问题取得重大进展. 1965 年, 美国数学物理学家 Martin Kruskal (1925—2006, 美国科学院院士) 和 Norman Zabusky (1929—2018) 在《物理评论快报》上发表了一篇论文, 他们指出, 对于 $V(y) = y^2$ 的 FPU 非线性系统可经过适当的变量变换后取连续极限得到 KdV 方程. 事实上, 考虑

$$x_j(t) = u(x, \tau), \quad x = jh, \quad \tau = \sqrt{\frac{k}{m}} ht,$$

注意到 Taylor 展开可有近似

$$x_{j\pm 1} = u \pm hu_x + \frac{h^2}{2} u_{xx} \pm \frac{h^3}{6} u_{xxx} + \frac{h^4}{24} u_{xxxx} + \mathcal{O}(h^5), \quad h \to 0,$$

这里, $\mathcal{O}(h^5)$ 代表 h^5 以及更高次项的总体, 当 h 接近 0 时, 这些项相对来说非常小, 可忽略不计, 因此相应 FPU 非线性系统变换到了

$$u_{\tau\tau} = u_{xx} + 2\alpha hu_x u_{xx} + \frac{h^2}{12} u_{xxxx} + \mathcal{O}(h^3),$$

再考虑变量变换

$$u(x, \tau) = 6U(X, T), \quad X = x + \tau, \quad T = -\frac{24h^2}{\delta}, \quad \delta = \frac{h}{24\alpha},$$

且令 $\dfrac{\alpha}{h}$ 趋于常数, 则得到

$$U_{XT} + 6U_X U_{XX} + \delta U_{XXXX} + \mathcal{O}(h) = 0,$$

因此 U_X 近似地满足 KdV 方程！于是他们通过用数值方法研究 KdV 方程的初值问题, 成功解释了 FPU 现象. 同时他们用 KdV 方程两个不同波速的孤立波解进行数值模拟, 发现两个孤立波碰撞后不改变波形和速度 (见图 4), 值得注意的是, Russell 在他家后院实验水槽中也观察过两个孤立波相互作用, 发现了类似的现象.

由于两个孤立波的碰撞类似于粒子的弹性碰撞, 他们把孤立波命名为 "孤立子"(soliton). 他们这一里程碑式的工作重新燃起了人们对孤立子的兴趣, 使对孤立子的研究又活跃了起来.

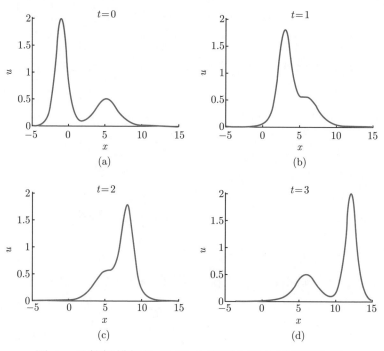

图 4 计算机模拟的 KdV 方程两个孤立子相互作用

在随后的研究中, 人们在凝聚态物理、等离子体物理、非线性光学、蛋白质和 DNA 作用机理等许多领域中都发现了孤立子现象, 并发现了许多具有孤立子解的微分方程, 把具有孤立子解的方程统称为孤立子方程. 随着研究的逐渐深入, 孤立子背后更深刻的数学也慢慢被揭示.

6.4 反散射方法

在与 Zabusky 发现孤立子后不久, Kruskal 与 Clifford Gardner (1924—2013)、John Greene (1928—2007)、Robert Miura (1938—2018) 合作深入研究了 KdV 方程的初值问题, 这不是一件容易的事情, 因为 KdV 方程是非线性的微分方程, 尽管对于线性微分方程人们已经发展了一些较成熟的求解方法, 但对于非线性微分方程, 大部分时候还是非常困难的. 他们四人于 1967 年发表一篇论文 "求解 KdV 方程的方法", 指出 KdV 方程的解 $u(x,t)$ 与一维的定态 Schrödinger 方程

$$\frac{\partial^2}{\partial x^2}\psi + u\psi = \lambda\psi$$

有密切联系. Schrödinger 方程是量子力学最基本的方程之一, 在量子力学的术语中, $\psi(x,t)$ 是描述微观粒子状态的波函数, $u(x,t)$ 是位势函数, 由于这个方程中不含对时间 t 的微分, 因此被称为定态 (或不含时) Schrödinger 方程.

如果不考虑时间 t, 上述 Schrödinger 方程其实就是一个常微分方程. 在不同条件下, Schrödinger 方程又称 Sturm-Liouville 方程或 Hill 方程, 它在常微分方程理论的发展过程中扮演了重要的角色, 在孤立子发现前数学家在这个方程上已得到了许多有价值的结果. 引入一个二阶微分算子

$$L = \frac{\partial^2}{\partial x^2} + u,$$

Schrödinger 方程可写作

$$L\psi = \lambda\psi,$$

λ 可看作算子 L 的谱参数. 在一定条件下, 给定位势函数 u, 分析算子的谱, 也就是使方程有非零解的所有 λ, 并确定所谓的 "散射数据"(包括穿透系数、反射系数等), 这一过程称为正散射问题; 反之, 给定一组散射数据, 去确定 L 中位势函数 u 的过程称为反散射问题.

Gardner、Greene、Kruskal 和 Miura 的工作告诉我们, 如果 $u = u(x,t)$ 是 KdV 方程的解, 则 Schrödinger 方程中的波函数 $\psi = \psi(x,t)$ 满足

$$\frac{\partial}{\partial t}\psi = B\psi, \qquad B = -4\frac{\partial^3}{\partial x^3} - 3u\frac{\partial}{\partial x} - 3\frac{\partial}{\partial x}u,$$

另外, 相应的散射数据满足一组线性的微分方程组, 特别地, 算子 L 的谱不依赖于时间 t. 因此可通过以下三步求解 KdV 方程:

(1) 给定初值 $u(x,0)$, 通过分析相应正散射问题, 求出 $t = 0$ 时刻的散射数据 $S(\lambda, 0)$;

(2) 对于 $S(\lambda, 0)$, 利用波函数时间演化, 求出任意时刻的散射数据 $S(\lambda, t)$;

(3) 从散射数据 $S(\lambda, t)$ 出发, 通过求解相应的反散射问题, 重构 $u(x,t)$ 得到 KdV 方程的解.

这个求解方法就叫做反散射方法. 更直观地, 我们可用图 5 来表示整个过程.

图 5 反散射方法示意图

通过反散射方法, 不但可求出 KdV 方程的 1 孤立子解、2 孤立子解, 去描述 Russell 观察到的现象, 还可以求出 KdV 方程的多孤立子解, 理论上严格地解释了 Kruskal 和 Zabusky 用数值方法注意到的孤立波的粒子性.

不久后, 美国匈裔数学家 Peter Lax (1926— , 沃尔夫奖、阿贝尔奖获得者) 推进了他们四人的工作, Lax 证明了 KdV 方程可由超定线性方

程组

$$L\psi = \lambda\psi, \quad \psi_t = B\psi$$

的相容性条件得到, 也就是说 KdV 方程可等价地写为

$$L_t = [B, L] \equiv BL - LB,$$

后来人们将这个超定线性方程组或者 $\{L, B\}$ 称为 KdV 方程的 Lax 对, 将方程的算子形式称作 KdV 方程的 Lax 表示. 并且他提出, 对于一个非线性微分方程, 如果能找到合适的 Lax 对, 那么就可以像求解 KdV 方程一样, 用反散射方法去求解, 这使得反散射方法后来成为这类非线性微分方程的一个非常有效的方法.

处理复杂问题时, 人们经常会用到 "分而治之" 的思想, 将一个复杂的问题转换为几个简单的小问题去处理, 反散射方法求解过程就是将一个非线性问题转化为几个线性问题去求解. Fourier 于 19 世纪在求解线性的热传导方程初值问题时提出的方法对数学乃至物理学发展影响深远, 由于反散射方法有点类似于 Fourier 分析方法, 因此反散射方法也被称为 "非线性 Fourier 分析".

20 世纪八九十年代, 人们发现求解孤立子方程的初值问题可转化为在复平面上寻找一个在给定曲线上且具有特定跳跃形式的解析函数的 Riemann-Hilbert 问题的求解, 这一方法统称为 Riemann-Hilbert 方法, 被作为比反散射方法更一般的分析工具用于研究孤立子方程的初值问题. 美国数学家 Percy Deift (1944— , 美国科学院院士) 与华人数学家 Xin Zhou(1955—) 在这方面做出了突破性工作, 他们提出的求解振荡 Riemann-Hilbert 问题的非线性速降法, 是分析孤立子方程初值问题长时间行为强有力的工具. Riemann-Hilbert 问题是 1900 年 Hilbert 在巴黎国际数学家大会上提出的 23 个著名问题之一, 原问题是关于具有指定单值群的线性微分方程解的存在性, 尽管在一般情形下这个问题已被给予否定回答, 但数学家们在解决这个问题过程中发展起来一些概念与方法, 留下了十分有价值的数学财富.

6.5 孤立子与可积系统及其应用

利用反散射方法成功求解 KdV 方程的孤立子解后, 人们又陆续成功求解了几个新的孤立子方程的孤立子解, 这使得人们又积极去研究非线性微分方程的求解方法, 提出并发展了一些重要的求解方法, 比如 Hirota 双线性方法、Darboux 变换方法等, 同时, 人们也发现许多孤立子方程背后还有一些更深刻的代数几何性质, 这重新燃起了人们对遗忘已久的可积系统的研究兴趣.

在 18 世纪到 19 世纪, 一大批数学家对经典力学问题感兴趣, 他们通过把这些经典力学系统建立的数学模型写成 Hamilton 运动方程来研究相关的数学理论和方法. 其中, Liouville 证明了, 在一定条件下, 如果 Hamilton 运动方程有足够多的守恒量, 则该系统一定是完全可积的, 即可以得到有显式表达的解. 但后来以 Poincaré 为代表的数学家发现多数 Hamilton 运动方程并不是完全可积的, 且完全可积的系统在小扰动下就不再可积了, 因此认为完全可积的系统是例外情形, 导致可积系统理论研究进入一个低潮. 自从 KdV 等方程的孤立子解被反散射方法求解以来, 人们逐步发现 KdV 等孤立子方程都可以表示成 Hamilton 运动方程的形式, 并且具有无穷多个守恒量, 随后揭示了这些方程的一些内在数学结构, 如对称性、辛几何结构等. 于是, 可积系统的研究再度兴起, 并且与孤立子理论紧密联系起来.

数学上严格地讲, 目前可积系统还没有统一的定义. 粗略地讲, 可积系统可看作在一定意义下能够精确求解的非线性微分或差分方程 (组) 全体, 这些解不一定是简单函数表示的解, 可以是更广义, 更抽象的解, 因此可积系统可以看作是比孤立子方程更广的一类群体. 一般来说, 一个可积系统通常指具有多孤立子解、Lax 对、足够多守恒量、双 Hamilton 结构等一个或几个性质或者可用某些求解方法求出非平凡有意义的解的非线性微分或差分方程 (组), 因此也引申出了 "Lax 可积""反散射可积""双线性可积" 等概念.

由于具有独特丰富的内在结构, 自 20 世纪 60 年代以来可积系统的相关研究对许多数学领域有着重要影响和推动作用.

对经典可积系统以及研究方法的 "量子化", 促进了量子可积系统、量子群研究的极大发展. 以著名物理学家杨振宁 (1922— , 诺贝尔物理学奖获得者) 和 Rodney Baxter (1940—) 命名的杨-Baxter 方程是研究统计力学和量子场论中可积模型的一个重要的且具有深刻数学内涵的方程, 苏联数学物理学家 Ludvig Faddeev (1934—2017, 国际数学联盟主席) 领导的苏联数学物理学派提出量子反散射方法, 深入研究了杨-Baxter 方程的解及其解在数学和物理里的应用. 受 Faddeev 等人工作的影响, 乌克兰数学家 Vladimir Drinfeld (1985— , 菲尔兹奖获得者) 和日本数学家 Michio Jimbo (1951—) 进一步研究求解杨-Baxter 方程, 在这个过程中, 他们各自独立构造了一类新的非交换代数, 这类非交换代数后来被称为量子群, 需要说明, 这是一个极有误导性的命名. 在 20 世纪 80 年代中后期世界掀起一股研究量子群的热潮[1], Drinfeld 于 1990 年获得菲尔兹奖, 其在量子群方面开创性的工作是获奖的主要原因之一, 有可能也是最主要的原因. Drinfeld 还和 Vladimir Sokolov 在 20 世纪 80 年代从任意仿射李代数出发构造了新的非线性可积方程簇, 对 KdV 方程进行了推广, 提出了一个极为重要的可积系统, 现今被称为 Drinfeld-Sokolov 方程.

在 1990 年菲尔兹奖四位得主中, 除了 Drinfeld, 还有一位叫做 Edward Witten (1951— , 菲尔兹奖得主) 的传奇人物, 他是学历史出身, 但是后来对物理感兴趣, 于是开始研究物理, 最终成为当代极具影响力的物理学家之一, 他是超弦理论的最重要奠基人之一, 在研究物理的过程当中做出了很多对数学的重要贡献, 是古往今来唯一一个获得数学最高荣誉菲尔兹奖的物理学家. 以他和数学家 Mikhael Gromov (1943— , 沃尔夫奖和阿贝尔奖获得者) 命名的 Gromov-Witten 理论与可积系统有

① 我国数学家席南华 (1963— , 中科院院士) 在量子群领域取得了一系列重要的成果. 本文的完成离不开席南华的指导建议, 特此感谢.

着深刻的联系, Gromov-Witten 理论来源于理论物理中的拓扑场论, 它在数学上对应曲线模空间上的相交理论, 20 世纪 90 年代初, Witten 提出了一个著名猜想, 即二维拓扑引力模空间上相交数的生成函数就是 KdV 方程簇的 tau-函数, 这个猜想后来被俄罗斯数学家 Maxim Kontsevich (1964— , 菲尔兹奖得主) 证明 (这是 Kontsevich 获得 1998 年菲尔兹奖的主要工作之一), 从而使得可积系统的 tau-函数在 Gromov-Witten 理论中扮演了一个十分重要的角色, 这方面的相关内容时至今日仍然是数学物理的前沿领域.

tau-函数是可积系统理论的重要概念, 它起源于 20 世纪日本数学家 Ryogo Hirota (1932—2015) 研究求解孤立子方程时提出的双线性方法. 例如, 对于 KdV 方程, 简单地讲, 就是通过变换

$$u(x,t) = \frac{\partial^2}{\partial x^2}\tau(x,t).$$

把原先研究 u 所满足的非线性的 KdV 方程转化为研究 τ 所满足的双线性方程, 这个 τ 就被称为 tau-函数. 利用 Hirota 双线性方法, 人们求出了大量非线性方程的多孤立子, 也成功求出了其他类型的精确解. 随后, 以 Mikio Sato (1928— , 沃尔夫奖获得者) 等为代表的日本京都学派揭示了 Hirota 双线性方程以及 tau-函数背后深刻的数学, 他们发现可积方程簇 tau-函数与仿射李代数最高权向量在相应的李群作用下的轨道之间的紧密联系, 由此也给出了从仿射李代数出发构造非线性可积方程簇的一个方法. tau-函数也与随机矩阵有着密切的联系, 随机矩阵配分函数可看作一个可积系统的 tau-函数, 例如, Kontsevich 在证明 Witten 猜想时的主要思想是引入了随机矩阵在模空间上的积分, 将二维拓扑引力模空间上相交数的生成函数转化为随机矩阵配分函数, 从而证明了与 KdV 方程簇的 tau-函数的联系. 另外, 在随机矩阵模型中, 特征值的渐近分布往往与某个可积系统的 tau-函数有关, 例如, 著名的 Tracy-Widom 分布是 Airy 核的 Fredholm 行列式, 这是 Painlevé II 可积系统的 tau-函数.

KdV 方程等可积系统, 除了具有物理背景很强的孤立子解之外, 还具有有理解、拟周期解 (或称有限间隙解) 等数学上非常有意义的解. 特别地, 拟周期解一般由 Riemann theta 函数表示, 从代数几何角度讲, 它可通过紧 Riemann 面上的某种积分构造. 苏联数学家 Sergei Novikov (1938—, 菲尔兹奖和沃尔夫奖获得者) 最重要的工作之一就是引入代数几何方法到可积系统中, 这包括, 系统地研究了二维可积系统的拟周期解, 给出了 Kadomtsev-Petviashvili (KP) 方程拟周期解与 Riemann 曲面共形分类的等价公式等, 其中, KP 方程是 KdV 方程在空间上的二维推广方程, 是一个重要的浅水波模型.

　　除 KdV 方程、KP 方程之外, 其他重要的可积系统还包括 Toda 格方程、Camassa-Holm 方程、非线性 Schrödinger 方程等. Toda 格方程是一个用来描述粒子相邻之间具有指数型相互作用的非线性微分–差分方程组, 它是一个类似于 FPU 模型的非线性系统, 也可取合适的连续极限后得到 KdV 方程, 但注意 FPU 平方和立方非线性系统是不可积的, 因此, Toda 格方程的内在数学结构更丰富. Camassa-Holm 方程是一类新型的可积浅水波方程, 与 KdV 方程相比, 它因具有非光滑的孤立子解且可模拟波破碎现象等新奇的显著特性而显得极为重要. 非线性 Schrödinger 方程是一个复值函数可积方程, 它在凝聚态物理、非线性光学、电磁学等中都有着广泛的应用.

6.6　结束语

　　从 Russell 策马追逐孤立波开始, 经过几代科学家的不懈努力, 孤立子与可积系统理论历经曲折不断向前发展, 对数学和物理许多领域产生了重要而深刻的影响. 但孤立子与可积系统的故事还没有结束, 近些年, 可积数值算法、可积组合、可积概率等新兴研究方向正吸引着不同领域学者们的广泛关注.

　　孤立子与可积系统理论及其应用的内容十分丰富多彩, 本文所述内容仅是其中一部分. 本文部分内容的叙述参考了著名数学家谷超豪主编的图书《别有洞天: 非线性科学》("攀登计划普及丛书") 中的第一章 "奇妙的水波" 以及科普作家张天蓉的作品《蝴蝶效应之谜: 走进分形与混沌》中的 6.3 节 "孤立子的故事", 谨致谢忱.

 参 考 文 献

[1] Russell J S. Report on Waves. 14th Meeting of the British Association for the Advancement of Science, John Murray, London, 1844: 311-390.

[2] Korteweg D J, de Vries G. On the change of form of long waves advancing in a rectangular canal, and on a new type of long stationary waves. Philos. Mag. Ser., 1895, 5(39): 422-443.

[3] Fermi E, Pasta J, Ulam S. Studies of the Nonlinear Problems. I, Los Alamos Report LA-1940, (1955); later published in Collected Papers of Enrico Fermi, edited by E. Segre, (University of Chicago Press, 1965), Vol. II, p. 978; also reprinted in Nonlinear Wave Motion, edited by A. C. Newell, Lecture Notes in Applied Mathematics (AMS, Providence, RI, 1974), Vol. 15; also in Many-Body Problems, edited by D. C. Mattis (Singapore: World Scientific, 1993).

[4] Zabusky N J, Kruskal M D. Interaction of solitons in a collisionless plasma and the recurrence of initial states. Phys. Rev. Lett., 1965, 15: 240-243.

[5] Toda M. Vibration of a chain with nonlinear interaction. J. Phys. Soc. Japan, 1967, 22: 431.

[6] Gardner C S, Greene J M, Kruskal M D, Miura R M. Method for solving the Korteweg-de Vries equation. Phys. Rev. Lett., 1967, 19: 1095-1097.

[7] Lax P D. Integrals of nonlinear equations of evolution and solitary waves. Comm. Pure. Appl. Math., 1968, 21: 467-490.

[8] Kadomtsev B B, Petviashvili V I. On the stability of solitary waves in weakly dispersive media. Sov. Phys. Dokl., 1970, 15: 539-541.

[9] Hirota R. Exact solution of the Korteweg-de Vries equation for multiple collisions of solitons. Phys. Rev. Lett., 1971, 27: 1192-1194.

[10] Ablowitz M J, Kaup D J, Newell A C, Segur H. The inverse scattering transform-Fourier analysis for nonlinear problems. Stud. Appl. Math., 1974, 53: 249-315.

[11] Dubrovin B A, Novikov S P. A periodic problem for the Korteweg-de Vries and Sturm-Liouville equations. Their connection with algebraic geometry. Dokl. Akad. Nauk SSSR, 1974, 219: 19-22.

[12] Drinfeld V G, Sokolov V V. Equations of Korteweg-de Vries type and simple Lie algebras. Dokl. Akad. Nauk SSSR, 1981, 258: 11-16; Trans. as Soviet Math. Dokl., 1981, 23: 457-462.

[13] Drinfeld V G. Hamiltonian structures on Lie groups, Lie bialgebras and the geometric meaning of classical Yang-Baxter equations. Dokl. Akad. Nauk SSSR, 1983, 268: 285-287; Trans. as Sov. Math. Doklady, 1983, 27: 68-71.

[14] Sato M. Soliton equations as dynamical systems on an infinite dimensional Grassmann manifold. RIMS Kokyuroku, 1981, 439: 30-46.

[15] Date E, Kashiwara M, Jimbo M, Miwa T. Transformation groups for soliton equations. Nonlinear integrable systems—classical theory and quantum theory (Kyoto, 1981), 39-119. Singapore: World Sci. Publishing, 1983.

[16] Jimbo M, Miwa T. Solitons and infinite-dimensional Lie algebras. Publ. Res. Inst. Math. Sci., 1983, 19: 943-1001.

[17] Kontsevich M. Intersection theory on the moduli space of curves and the matrix Airy function. Comm. Math. Phys., 1992, 147: 1-23.

[18] Deift P, Zhou X. A steepest descent method for oscillatory Riemann-Hilbert problems. Bull. Amer. Math. Soc. (N.S.), 1992, 26: 119-123.

[19] Deift P, Zhou X. A steepest descent method for oscillatory Riemann-Hilbert problems. Asymptotics for the MKdV equation. Ann. of Math., 1993, 137: 295-368.

[20] Camassa R, Holm D D. An integrable shallow water equation with peaked solitons. Phys. Rev. Lett., 1993, 71: 1661.

[21] Palais R S. The symmetries of solitons. Bull. Amer. Math. Soc., 1997, 34: 339-403.

[22] Hitchin N I, Segal G B, Ward R S. Integrable Systems: Twistors, Loop Groups and Riemann Surfaces. Oxford Graduate Texts in Mathematics, Oxford: Oxford University Press, 1999.

[23] Nakamura Y. Applied Integrable Systems. Tokyo: Shokabo, 2000 (in Japanese).

[24] Terng C L, Uhlenbeck K. Geometry of solitons. Notices Amer. Math. Soc., 2000, 47: 17-25.

[25] Deift P. Integrable systems and combinatorial theory. Notices Amer. Math. Soc., 2000, 47: 631-640.

[26] Borodin A. Integrable probability. Proceedings of the International Congress of Mathematicians—Seoul, 2014, 1: 199-216, Kyung Moon Sa, Seoul, 2014.

[27] Di Francesco P. Integrable combinatorics. Proceedings of the International Congress of Mathematicians—Rio de Janeiro 2018. Vol. III. Invited Lectures, 2581-2596, World Sci. Publ., Hackensack, NJ, 2018.

[28] 谷超豪, 郭柏灵, 李翊神, 等. 孤立子理论与应用. 杭州: 浙江科学技术出版社, 1990.

[29] 谷超豪. 别有洞天: 非线性科学. 长沙: 湖南科学技术出版社, 2001.

[30] 张天蓉. 蝴蝶效应之谜: 走近分形与混沌. 北京: 清华大学出版社, 2013.

7 真的吗？如何检验？

何　煦　李　辉

一位女士说她能品尝出一杯奶茶的调制过程是先加奶还是先加茶. 她说的是真的吗？如何检验？

在西方的占星学中, 天球中的黄道有 12 个区域, 就是人们常说的 12 星座. 根据太阳落入黄道的星座区域, 把一年分成 12 时段, 每个时段 (大约 30 天) 被赋予相应的星座①, 出生在每个星座对应时段的人都有相对应的性格和天赋. 迄今共有 118 位作家获得诺贝尔文学奖. 在获奖的作家中, 天秤座的人最多, 有 15 人; 摩羯座的人最少, 有 3 人. 这是否说明出生在天秤座期间 (9 月 23 日—10 月 23 日) 的作家更有可能获得诺贝尔文学奖, 而出生在摩羯座期间 (12 月 22 日—1 月 19 日) 的作家获得诺贝尔文学奖的机会较小？

---

① 各星座对应的时间如下. 白羊座: 3 月 21 日至 4 月 19 日; 金牛座: 4 月 20 日至 5 月 20 日; 双子座: 5 月 21 日至 6 月 21 日; 巨蟹座: 6 月 22 日至 7 月 22 日; 狮子座: 7 月 23 日至 8 月 22 日; 处女座: 8 月 23 日至 9 月 22 日; 天秤座: 9 月 23 日至 10 月 23 日; 天蝎座: 10 月 24 日至 11 月 22 日; 射手座: 11 月 23 日至 12 月 21 日; 摩羯座: 12 月 22 日至 1 月 19 日; 水瓶座: 1 月 20 日至 2 月 18 日; 双鱼座: 2 月 19 日至 3 月 20 日.

有人说他能预测足球比赛的结果, 或股市行情, 并且他发给你的五次预测都是正确的. 该相信他并购买他的预测服务吗?

这些问题表面上看起来各不相同. 可令人惊讶的是, 它们都可以通过数学的分支——数理统计中假设检验的理论和方法来分析清楚. 让我们接下来看一看这个理论和方法是怎样处理这些问题的.

 ## 7.1 从女士品茶引发的检验说起

在数理统计界有一个广为流传的女士品茶的故事 (参见 [1]). 这个故事给数理统计的发展史增加了很多的趣味.

那是 20 世纪 20 年代后期, 英国剑桥, 一个夏日的午后, 一些学者和他们的夫人们, 还有一些访问学者, 聚在户外, 享受着下午茶时光. 英国人喜欢在茶中加入牛奶, 自然, 这个下午的茶也多是加入牛奶的. 在饮茶的过程中, 一位女士说她能品尝出一杯奶茶的调制过程是先加奶还是先加茶.

不用说, 在场的学者们对女士的这个说法不以为然, 他们几乎所有的人都不相信仅仅因为加茶加奶的顺序不同, 茶和奶之间就会发生不同的化学反应. 不过, 在场的一位身材矮小、戴着厚眼镜、蓄着短尖胡须的先生却有不同寻常的敏锐. 他认为这里隐藏着十分有趣的问题.

他兴奋地提议: 让我们来检验这位女士的说法吧, 并设计了一个实验. 在这个实验中, 这位先生把女士的说法看作是需要检验的假设问题. 如果只是给女士一杯茶, 即便她没有辨识能力, 仍有 50% 的机会猜对. 如果是给两杯茶, 在没有辨识能力的情况下, 她仍有可能全猜对.

他提出了一种实验设计方案: 先秘密地调制八杯奶茶, 其中四杯先放奶后加入茶, 另外四杯先放茶后加入奶. 然后由女士品尝所有八杯奶茶, 并回答哪四杯先加入的是奶. 这位先生认为, 只有当女士完全判断正确时, 他才有理由相信女士不是瞎猜的.

理由如下: 从八杯中选出四杯共有

$$C_8^4 = \frac{8 \times 7 \times 6 \times 5}{4 \times 3 \times 2 \times 1} = 70$$

种选择方法. 假设女士是完全瞎猜的, 那么女士给出的答案会等可能地成为 70 种选择中的一种. 由于只有一种选择是完全正确的, 女士碰巧完全猜对的概率 (即几率, 就是可能性) 只有 70 分之 1, 也就是 1.4% 左右. 这个概率确实太小了! 虽然理论上这样小概率的事件也有发生的可能性.

这位先生认为, 如果在 "女士是完全瞎猜的" 这个假定下概率小于 5% 的事件发生了, 那么就有理由认为是假定出了问题. 此时, 我们应该舍弃原有的假设[①]. 也就是说, 女士至少具有一定程度地品鉴出奶茶添加顺序的能力, 而这说明两种添加顺序下的奶茶味道确有不同.

如果女士没有完全答对, 那么我们又能做出什么结论呢? 用 x 来表示女士判断正确的杯数. 由于女士总是将四杯奶茶鉴定为先加入的是奶, 每当她将一杯先加入的是奶的奶茶判断为先加入的是茶, 她会同时将一杯先加入的是茶的奶茶判断为先加入的是奶. 因此, x 只能取偶数值. 我们计算出了 x 的分布, 即 x 取各种值的概率, 见表 1.

表 1 x 的分布

x	0	2	4	6	8
概率	$\frac{1}{70}$	$\frac{16}{70}$	$\frac{36}{70}$	$\frac{16}{70}$	$\frac{1}{70}$

根据计算可知, 女士答对 6 杯以上的概率是 $16/70 + 1/70 \approx 24.3\%$. 这个概率远大于 5%, 也就是说, 不是个小概率. 此时, 我们无法舍弃 "女士是完全瞎猜的" 的假设, 只能保留它[②]. 因此, 如果女士答对 6 杯, 我们仍然有理由怀疑女士是瞎猜的. 换句话说, 只有 8 杯全部答对才能验证女士的能力.

---

① 在统计教科书中通常称作 "拒绝原假设", 这个表述在通常的语义下是令人困惑的.

② 在统计教科书中通常称作 "接受原假设".

大家可能好奇, 这位先生是谁? 他就是现代统计学的奠基人之一, 对假设检验理论做出重大贡献的费希尔 (R. A. Fisher).

费希尔为检验女士所说的真伪性进行的实验已经包含了假设检验的一些典型要素: ① 有一个待检验的原始假设 (说断言或命题也无妨). 在刚才的例子中原始假设为 "女士对奶茶中奶和茶的加入顺序的判断是瞎猜的". ② 设计一个实验. 刚才的例子中实验是让女士辨识八杯秘密调制好的奶茶中奶和茶的添加顺序. ③ 确定一个检验的标准. 在刚才的例子中, 标准为女士是否能正确回答 8 杯奶茶的奶和茶的添加顺序. 检验标准的确定是以概率论为依据的, 依据有三部分内容. 首先, 需要计算在原始假设成立时每种答案 (或称为事件) 发生的概率, 这个值称为该答案 (或事件) 的 p 值 (概率值, probability value). 如在刚才的例子中在女士完全靠瞎猜辨识的假设下, 能辨识出 8 杯奶茶中奶和茶的添加顺序的概率是 1.4%, 从而该事件的 p 值就是 1.4%. 其次, 需要设定一个标准值, 称为显著性水平. 在刚才的例子中显著性水平设为 5%; 这是一个常用的显著性水平值. 最后把答案 (或事件) 的 p 值与显著性水平比较, 如果 p 值低于显著性水平, 则可以合理地舍弃原始假设; 否则, 需要保留原始假设. 在刚才的例子中 p 值为 1.4%, 小于显著性水平 5%, 从而需要舍弃原始假设 "女士靠瞎猜辨识奶茶制作过程中奶和茶的添加顺序".

下面我们用一个更复杂一些的例子进一步说明假设检验方法.

7.2 能用星座预测诺贝尔文学奖吗?

十二生肖是我国民俗文化的重要组成部分, 是人们喜欢谈论的一个主题. 在西方文化中相类似的是十二星座, 每个人根据出生的时间都有一个星座, 不过十二星座的循环周期是一年, 这和生肖的循环周期十二年不同.

在西方的占星学中, 星座与性格和天赋是关联的. 一点都不奇怪, 人们会有闲趣把诺贝尔文学奖的获奖人通过他们的星座分类. 从 1901 年诺贝尔文学奖首次颁奖至今, 共有 118 人获此殊荣. 在这些获奖的作家中, 有 11 位白羊座、11 位金牛座、14 位双子座、13 位巨蟹座、12 位狮子座、4 位处女座、15 位天秤座、10 位天蝎座、10 位射手座、3 位摩羯座、10 位水瓶座和 5 位双鱼座. 表 2 展示了所有获奖作家中各星座的出现次数.

表 2 各星座获诺贝尔文学奖的人数

星座	白羊	金牛	双子	巨蟹	狮子	处女	天秤	天蝎	射手	摩羯	水瓶	双鱼
获奖人数	11	11	14	13	12	4	15	10	10	3	10	5

哇塞, 不看不知道, 一看才发现有些星座获诺贝尔文学奖的人很多, 有些星座获奖的人奇少. 这似乎可以说明有些星座的作家更有获得诺贝尔文学奖的潜力, 比如天秤座的作家获奖的潜力应该是摩羯座的作家个数的 5 倍. 这样的说法可信吗? 我们用假设检验的方法来分析这个问题.

为了进行假设检验, 我们需要先设立一个原始假设[1]. 由于从数据上来看各个星座获诺贝尔文学奖的人数有差异, 我们反其道而行之, 将其对立面设定为原始假设. 每当新一届的诺贝尔文学奖将要授予一位作家时, 第 i 个星座获奖的概率记为 μ_i. 我们设定的原始假设为各个星座获奖概率相等, 这也是符合直觉的, 即

原始假设 $\mu_1 = \mu_2 = \cdots = \mu_{12} = 1/12.$

而原始假设的对立面作为备选假设[2]:

备选假设 各星座的获奖概率有差别, 即 $\mu_1, \mu_2, \cdots, \mu_{12}$ 不全相等.

如果原始假设被否定, 那么我们就只能接受备选假设, 即作家所属星座与获诺贝尔文学奖之间具有确定性的关联.

---

[1] 在统计教科书中通常称作 "原假设".

[2] 在统计教科书中通常称作 "备择假设".

我们需要在原始假设和备选假设中分出一个胜负. 为此, 我们引入一套评判系统, 或者说引入一个裁判. 通常我们采用一个能对每个假设计算出数值的、有统计意义的函数作为裁判. 这个函数一般称为 (检验) 统计量.

在这个例子中, 我们可以采用统计量 (原因下一节细说)

$$S = 12n \sum_{i=1}^{k} \left(q_i - \frac{1}{12} \right)^2,$$

其中 k 是星座的数量 12, n 是迄今获得诺贝尔文学奖的总人数 118, q_i 代表第 i 个星座目前已经获得诺贝尔文学奖的人数所占的比例, 即该星座获奖人数除以 118. 把表 2 的诸 q_i 的值代入上面的统计量 S, 我们通过计算可以得到 $S = 16.847$.

我们采用 S 作检验统计量是因为它能够区分原始假设成立和不成立的两种情形. 显然, $\left(\frac{1}{12} - q_i \right)^2$ 的值越大, 就越说明原始假设中 $\mu_i = 1/12$ 的论断不合理. 由于 S 是 $\left(\frac{1}{12} - q_1 \right)^2, \cdots, \left(\frac{1}{12} - q_{12} \right)^2$ 的某种平均, S 越大, 我们就越有理由认为原始假设不合理.

但以 S 值的大小为依据做出判断和使用直观感觉差不多, 如果仅是这样, 我们没有必要使用统计量 S. 使用统计量 S 的价值在于我们能分析所算出的值的概率含义.

借助一些概率知识, 我们可以算出当原始假设成立时 S 大于等于 16.847 的概率是 0.1125. 也就是说, 我们进行假设检验后得到的 p 值是 0.1125. 检验假设的理论告诉我们, 要舍弃原始假设, 原始假设的 p 值不能超过 0.05. 由于这里原始假设的 p 值为 0.1125, 它大于 0.05, 我们不能舍弃原始假设, 即只能保留原始假设. 也就是说, 我们没有足够的证据说明诺贝尔文学奖的获得与星座有关, 现有的获奖数据有可能是一些偶然因素造成的, 而非一般的规律.

7.3 假设检验的基本思想和方法

假设检验是一种一般性的统计方法, 广泛地应用于各个科学学科. 在这一节中, 我们在回顾前面两个例子的基础上重新梳理一遍假设检验的基本思想和方法. 假设检验的基本过程如下:

(1) 根据实际问题, 建立原始假设和备选假设;

(2) 选取或构造合适的检验统计量;

(3) 根据有关数据计算 p 值 (即计算概率值), 并根据 p 值与检验值比较, 得出是否舍弃原始假设的结论.

7.3.1 建立原始假设和备选假设

进行假设检验的目的是验证一个命题的正确性. 按照假设检验的基本思想, 应当将从数据上看起来可以支撑的结论设定为备选假设, 而将其对立面设定为原始假设; 应当将我们希望得到验证的命题设定为备选假设, 而将我们希望得到验证的命题的对立面设定为原始假设. 这里的要点是将原始假设树立为一个靶子, 然后用数据对原始假设进行批判进而验证备选假设的正确性.

在星座与文学奖的例子中, 从数据上来看, 各星座获诺贝尔文学奖人数差异不小. 只是我们尚不清楚这个差异能否用偶然因素来解释. 因此应该将获诺贝尔文学奖与星座有关设定为备选假设, 而将获诺贝尔文学奖与星座无关设定为原始假设. 只有这样设定, 我们才有可能舍弃原始假设. 如果原始假设被舍弃, 就说明获诺贝尔文学奖的各星座人数不同不是偶然的. 相反, 如果原始假设被保留, 那么获诺贝尔文学奖的各星座人数的差异就有可能是由偶然因素导致的.

7.3.2 两类错误

由于样本是随机的, 根据样本提供的信息对原始假设做出判断时, 我们可能会做出正确的决策. 即, 当原始假设为真时, 保留原始假设; 或者当备选假设为真时, 舍弃原始假设.

但我们也有可能犯错. 即, 当原始假设为真时, 采取了舍弃原始假设的错误决策——我们称这种 "弃真" 的错误为第 I 类错误; 或者当原始假设为假时, 采取了保留原始假设的错误决策——我们称这种 "留伪" 的错误为第 II 类错误.

犯第 I 类错误的概率是

$$\alpha = P_\mu(\text{当原始假设为真时, 舍弃原始假设}),$$

犯第 II 类错误的概率是

$$\beta = P_\mu(\text{当原始假设为假时, 保留原始假设}).$$

这里 $P_\mu(X)$ 表示参数取值为 μ 时事件 X 发生的概率.

注意到原始假设为真时与原始假设为假时 μ 的值是不同的. 如星座与文学奖的例子中, 原始假设为真时 μ 的取值已经固定, 即 $\mu = (\mu_1, \cdots, \mu_k) = (1/12, \cdots, 1/12)$; 而原始假设为假时 μ 的取值不固定. 所以第 II 类错误的概率与 μ 的取值有关. 表 3 总结了做出正确决策和犯两类错误的概率.

表 3　假设检验中所有可能的结果及概率

真伪性	决策	作出决策的概率
原始假设为真	保留原始假设 (正确)	$1-\alpha$
	舍弃原始假设 (第 I 类错误)	α
原始假设为假	舍弃原始假设 (正确)	$1-\beta$
	保留原始假设 (第 II 类错误)	β

7.3.3　显著性水平

一般地, 人们希望能够找到一个检验, 使得犯这两类错误的概率都尽可能地小. 但在实际中, 当样本量固定时, 如果减小犯第 I 类错误的概率 α, 就会增大犯第 II 类错误的概率 β; 而减小犯第 II 类错误的概率 β 则会增大犯第 I 类错误的概率 α. 概率 α 和概率 β 间具有此消彼长的关系. 使它们同时减小的方法是增大样本量, 但在实际中这是比较难做到的.

由于不能同时控制在一个检验中犯两类错误的概率, 所以假设检验的基本理念是只控制犯第 I 类错误的概率 α. 允许犯第 I 类错误的概率值的上界称为显著性水平. 费希尔将显著性水平, 也就是允许犯第 I 类错误的概率值的上界定为 0.05. 现在人们普遍沿用这一标准, 不过有时候也会用 0.1 或 0.01 等作为显著性水平. 选定了显著性水平后, 我们就可以将计算出来的 p 值与显著性水平比较. 低于显著性水平, 就能决定舍弃原始假设; 高于显著性水平, 则保留原始假设. 这是显著性水平的意义所在.

7.3.4 选取或构造检验统计量

检验统计量是一个以数据为输入, 以实数为输出的函数. 检验统计量应该在原始假设成立和原始假设不成立的两种情形下产出尽量相异的输出值.

比如, 在星座与文学奖的例子中, 我们采用了统计量

$$S = n \sum_{i=1}^{k} \frac{(1/12 - q_i)^2}{1/12}.$$

该统计量描述了总体概率与实际频率间的偏差平方和.

如果原始假设成立, 1/12 与第 i 个星座作家已获诺贝尔文学奖的比例 q_i 会相对比较接近. 这里第 i 个星座的作家获诺贝尔文学奖的概率 μ_i 不包含偶然因素, 而第 i 个星座作家已获诺贝尔文学奖的比例 q_i 同时受 μ_i 和偶然因素影响, 因而有随机性, 或者说是一个随机变量.

根据大数定律, 随着样本量增大, q_i 会越来越趋近于 μ_i, 即 q_i 与 μ_i 的差总体来说会越来越接近于零. 更进一步地, K. 皮尔逊 (K. Pearson) 证明了原始假设成立时上述统计量服从 $\chi^2(k-1)$ 的概率分布, 即 $\chi^2(11)$ 分布. 图 1 显示了这个分布[1]. 其形状为中间高, 两边低, 类似于数学期

---

① 严格来说, 图中显示的是 $\chi^2(11)$ 分布的概率密度函数.

望为 11、方差为 22 的正态分布.

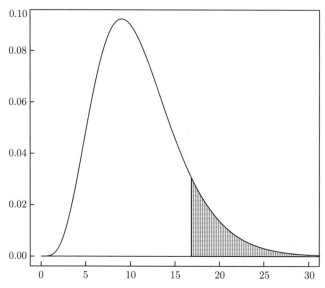

图 1　$\chi^2(11)$ 分布. 其中阴影部分表示了 $\chi^2(11) \geqslant 16.847$ 的情形

这是一个常见分布, 它是 11 个独立地服从标准正态分布的随机变量的平方和所服从的分布, 其数学期望为 11, 方差为 22. 概率学家们对这个分布已经进行了大量研究. 具体来说, 一个服从 $\chi^2(11)$ 分布的随机变量的取值一定是一个正数. 当 $x \geqslant 0$ 时, 一个服从 $\chi^2(11)$ 分布的随机变量取值大于等于 x 的概率为

$$\int_{x/2}^{+\infty} \left(0.0191 t^{9/2} e^{-t}\right) dt.$$

对于给定的 x, 通过计算机可以很容易地算出这个概率. 通过这个性质, 我们可以知晓当原始假设为真时 S 的大致的取值范围. 比如说, 我们可以计算出 S 以 95% 的概率在 0 到 19.7 之间取值.

将上面的概率求导数, 可以得出当 Δ 比较小的时候, 一个服从 $\chi^2(11)$ 分布的随机变量取值在 $x - \Delta/2$ 到 $x + \Delta/2$ 之间的概率接近于

$$0.00042 x^{9/2} e^{-x/2} \Delta,$$

其中 $0.00042x^{9/2}e^{-x/2}$ 称为该分布的概率密度函数. 其值越大, 则随机变量取该 x 值的可能性越大. 图 1 中的曲线描画的就是这个概率密度函数.

另一方面, 如果原始假设不成立, 比如 $\mu_1 = 0.1 > 1/12$, 那么由于 q_1 会趋近于 $0.1 > 1/12$, $(1/12 - q_1)^2/(1/12)$ 会趋近于 0.0033. 显然, 随着样本量 n 增大, S 统计量的取值会越来越大. 由于原始假设为真时 S 的分布为 $\chi^2(k-1)$ 且不随着 n 增大而改变, 原始假设为假时 S 的取值随着 n 增加会越来越偏离 $\chi^2(k-1)$ 的概率分布的正常取值范围, 进而越来越明显地说明原始假设不成立. 所以 S 统计量能很好地用于检验星座与诺贝尔文学奖是否有确定的关联.

注意到对于一组给定的数据及原始假设, 可以选用的检验统计量不是唯一的, 但有优劣之分. 选用不同的检验统计量, 只要能够得到原始假设下统计量的分布, 都可以控制犯第 I 类错误的概率; 此时采用越好的检验统计量, 越能够减小犯第 II 类错误的概率.

7.3.5　利用 p 值进行决策

p 值表示当原始假设为真时检验统计量取由数据计算得到的值及更偏离原始假设的值的概率. 比如, 在星座与文学奖的例子中, 我们使用了 S 统计量, 其值越大越说明原始假设不合理. 基于数据进行计算, 我们得到了 $S = 16.847$. 因此, 该检验的 p 值为原始假设成立时 $S \geqslant 16.847$ 的概率.

由于原始假设成立时 S 服从 $\chi^2(11)$ 的概率分布, p 值是图 1 中横坐标取 16.847 至正无穷这个范围内分布曲线围出的面积, 即阴影面积. 借助积分的方法可以计算出该面积为 0.1125. 因此, 该检验的 p 值为 0.1125.

如果 p 值较小, 小于给定的显著性水平, 则舍弃原始假设. 若 p 值大于或等于显著性水平, 就只能保留原始假设. 这里 **p 值越小, 舍弃原始假设的理由就越充分**. 因此, 在学术论文中, 一般在报告最终决策 (舍弃原始假设或者保留原始假设) 之前, 会先报告检验的 p 值.

在星座与文学奖的例子中, 由于选用的显著性水平为 0.05, 而针对原始假设计算得出的 p 值为 0.1125, 它大于 0.05, 我们的决策为保留原始假设. 这说明基于数据原始假设是合理的, 我们不能排除原始假设为真的可能性. p 值为 0.1125 意味着当显著性水平取大于 0.1125 的值的情形下原始假设才会被舍弃. 因此, 基于数据计算得到的 p 值也是舍弃原始假设的最小的显著性水平.

 ## 7.4 假设检验的小历史

假设检验的理论始于 K. 皮尔逊 (K. Pearson) (图 2(a)) 在 1900 年提出的拟合优度检验. 随后费希尔 (图 2(b)) 的显著性检验, 尼曼 (Neyman)(图 3(a)) 和 E. 皮尔逊 (E. Pearson)(图 3(b)) 的似然比检验与最大功效检验, 都极大地丰富和完善了假设检验的理论. 假设检验的经典论著包括 [2-5] 等.

(a) 皮尔逊 (1857–1936)　　(b) 费希尔 (1890–1962)

图 2

我国的许宝騄教授 (图 3(c)) 是中国统计学界的伟大先驱, 创中国数理统计之先河, 他最先发现线性假设下似然比检验的优良性, 也为假设检验理论的发展做出了其他杰出的贡献.

(a) Neyman (1894–1981)　　(b) E. Pearson (1895–1980)　　(c) 许宝騄 (1910–1970)

图 3

值得一提的是, 这五位统计学家之间有着密切的关系, K. 皮尔逊是 E. 皮尔逊的父亲, K. 皮尔逊和费希尔都毕业于剑桥大学. 尼曼和 E. 皮尔逊是一生挚友. 令人惊讶的是, 在他们共同完成那些流芳百世的工作的大多数时间里, 两人竟然完全是通过书信交流的. 而许宝騄教授是尼曼和 E. 皮尔逊的学生.

7.5 成也 p 值, 败也 p 值

如今, 假设检验已经成为各个科学领域不可或缺的数据分析工具. 每当一个新的假说被提出, 科学家们不仅要进行理论探讨, 还必须进行统计分析及假设检验. 只有当假设检验的结果与理论分析的结论吻合时, 假说才能得到认可, 研究成果才能被学术期刊接收发表. 因此, 5% 的显著性水平往往成为决定研究项目成败的分水岭.

但是, 在大量的科学实践中发挥出不可替代作用的同时, 假设检验与通过把 p 值与显著性水平的比较做判断也引发了许多混淆与误解. 随着争论愈演愈烈, 美国统计协会于 2016 年及 2019 年在 *The American Statistician* 上分别发表了声明及主编语, 讨论了 p 值的价值与使用中的误区, 并倡导科学家们转移到一个不只有 "$p < 0.05$" 的世界 (见 [6,7]). 而站在 p 值应用者的立场, *Nature* 杂志于 2019 年刊登了三位科学家撰

稿并得到了八百多位研究人员联署的公开信 (见 [8]), 其题目为 "科学家们起来反对统计学显著性", 在信中批判了许多 p 值的滥用.

确实, 科技新闻的作者、受众乃至学术圈中存在许多对 p 值错误的认知. 显然, 用公式或软件算出 p 值比准确理解 p 值的含义容易得多. 下面我们就简要介绍几种常见并相对浅显的 p 值混淆点.

7.5.1　舍弃原始假设的含义

在科技新闻及学术报告中, 经常能够听到这样的说法: "甲与乙有显著的差异". "显著" 此词, 对应英文中的 "significant", 一般是作为 "统计意义上显著"(statistically significant) 的简写. 其含义是指经过统计假设检验后, 甲与乙没有任何差别的原始假设被舍弃了, 一般是指有关的 p 值小于显著性水平 0.05.

当听到 "甲与乙有显著的差异" 的结论时, 对 p 值理解不深的学者, 常常下意识地认为甲与乙之间有实质性的差别. 如果 p 值比 0.05 小很多, 比如只有 0.00001, 那么甲与乙之间的差别常被认为是巨大的.

但其实, $p < 0.05$ 只表明甲与乙有差别, 对差别的大小则没有任何保证. 实际上, 在许多情形下, 即使甲与乙之间只有极其细微的差异, 如果数据量很大, 甲与乙没有差别的原始假设也能被正确地推翻. 而 p 值的大小, 与**样本的体量**有关, 其**本身并不能刻画甲与乙之间差异的大小**.

比如说, 在女士品茶的例子中, 假设检验被用来比较女士正确鉴别奶茶添加顺序的概率 (下面记作 μ) 与 0.5 的差别. 此时, 舍弃 $\mu = 0.5$ 的原始假设并不表明女士对奶茶有很强的鉴别能力. 她也许能够 100% 地分辨两种添加次序的奶茶 (即 $\mu = 1$), 也许只能答对 51% 的情形 (即 $\mu = 0.51$). p 值并不区分这两种情形.

如果想要评估女士鉴别能力的强弱, 只计算在 $\mu = 0.5$ 的原始假设下的 p 值是不够的. 构建置信区间是解决上述问题的常用方法. 但限于篇幅, 本文就不对其进行介绍了.

7.5.2 保留原始假设的含义

相比舍弃原始假设, 保留原始假设则带来了更多的误读.

既然不能舍弃原始假设, 就说明原始假设是对的, 这不是理所当然的吗? 让我们在这里澄清: 通过统计分析对一个命题得到的判断有三种: 有理由认为命题是正确的; 有理由认为命题是错误的, 以及无法认定命题正确与否.

舍弃原始假设的对立面不是认可原始假设, 而是既无法确认备选假设, 也无法确认原始假设. 我们进行假设检验的唯一目的是推翻原始假设. 如果原始假设没有被舍弃, 那么就进入了一个尴尬的境地: 我们得不出任何统计结论. **这绝不意味着原始假设得到了支持**.

让我们回到女士品茶的例子. 如果费希尔设计的实验中不是调制八杯奶茶, 而是调制六杯奶茶, 其中三杯先加奶, 三杯先加茶. 从六杯中选出三杯共有

$$C_6^3 = \frac{6 \times 5 \times 4}{3 \times 2 \times 1} = 20$$

种选择方法. 假设女士是完全瞎猜的, 那么女士给出的答案会等可能地成为 20 种选择中的一种. 由于只有一种选择是完全正确的, 女士碰巧完全猜对的概率为 20 分之 1. 也就是说, 即使女士全部答对, p 值也只是正好等于 0.05. 在这种擦边的情形下, 严格按照定义, $p < 0.05$ 不成立, 原始假设没有被舍弃. 但这能说明女士没有鉴别奶茶添加顺序的能力吗? 显然不能. 实际上, 女士完全有可能具有 100% 的鉴别能力, 但是无论她表现多么完美, 原始假设都无法被舍弃. **这是样本量太小导致的后果**.

这个例子说明, 甲与乙 "没有显著差别", 或者说 "没有统计意义下显著的差别", 既不说明甲与乙没有差别, 也不说明甲与乙的差别不大.

在国内, 即使是统计专业的毕业生, 也未必能够理解保留原始假设

的真正含义. 甚至有些统计学教科书上都出现了错误的表述. 毕竟, 非黑即白符合人类认知的潜意识, 既不接受又不拒绝是反直觉的.

"接受" 这个蹩脚的专业术语是罪魁祸首之一. 在绝大多数现有的中文统计学教科书中, 无法舍弃原始假设的情形被称作 "接受原假设". 其中 "接受" 对应的英文术语是 "retain", 该词可以翻译为 "保留" "容纳" "继续容纳". 无论是哪种翻译, 都比 "接受" 要贴切得多. 顾名思义, "保留" "容纳", 是无法拒绝下的无奈之举, 是怀疑但又没抓到把柄, 不是认可或幡然悔悟.

如果我们用刑事审判来类比, 发现甲与乙表面上的差别相当于调查完毕批准逮捕, 进行假设检验相当于发起公诉, $p < 0.05$ 相当于罪成, 而 $p \geqslant 0.05$ 相当于证据不足无罪释放; 未经审判我们不能定罪, 而经审判未能定罪也不能证明犯罪嫌疑人的清白.

我们只能说, 作为经过严格定义的专业术语, "接受" 在统计学中的含义与通常的语义不同. 因此, 为了避免误解, 我们提倡不使用 "接受原始假设" 的提法, 而是用 "无法拒绝原始假设" 或 "保留原始假设" 代替.

7.5.3 相关性与因果性

"睡得越多, 死得越快?" 类似标题的科技新闻最近十年在网络上反复出现. 那么, 这个说法是不是正确的呢?

与许多自媒体无中生有编造的新闻不同, "睡得越多, 死得越快" 是有出处的. 实际上, 相关的学术论文不止一篇. 比如, 文献 [9] 搜集了十三万余人类个体的日睡眠时长及死亡数据, 并发现 "睡眠时间过短 (每天 5 小时以下) 及睡眠时间过长 (每天 9 小时以上) 的个体, 相比睡眠时间不短也不长的个体, 具有更高的心血管疾病死亡风险; 但是他们的癌症死亡风险没有不同".

这个研究是怎么进行的呢? 第一步, 比较各种睡眠时间下的死亡风险并画图. 第二步, 观察到每天 5 小时以下组及每天 9 小时以上组死亡率的均值更高. 第三步, **以死亡风险相同为原始假设作假设检验**, 算出 p

值, 发现对心血管疾病死亡率得到的 p 值小于 0.05, 而对癌症死亡率得到的 p 值大于 0.05. 第四步, 形成上文所述的结论. 文章中还有一些关于性别、年龄、种族等因素的分析, 本文就不介绍了.

其实文章中 "睡眠时长不同的个体癌症死亡风险没有不同" 这个表述是有问题的: 保留原始假设并不代表对原始假设的认可. 这里应该改成 "未发现睡眠时长不同的个体具有显著不同的癌症死亡风险" 或者 "未发现睡眠时长与癌症死亡风险统计意义下的关联". 希望读者能够体会这两种表述与之前表述的不同之处. 为了科学上的严谨性, 使用拗口的语言有时是难以避免的.

那么我们可以放心地说过长或过短的睡眠时间导致了更高的死亡率吗? 进一步地, 平日睡眠超过 9 小时的人应该控制自己每天只睡 8 个小时吗? 让我们看看文章中的总结论: "在一个多种族总体中, 不足或过度的睡眠与更高的因心血管及其他疾病死亡的风险相关." 这个结论还是靠谱的. 它并没有说睡眠过短或过长导致了更高的因病死亡风险, 而只是说其中存在关联.

那么, "相关性" 与 "因果性" 到底有什么不同? 在统计中, 甲事件与乙事件相关指的是甲、乙共同发生的概率高于或低于甲发生的概率乘以乙发生的概率. 也就是说, 当我们不知道乙事件是否发生时, 甲事件是否发生这个信息对于我们预测乙事件是否发生有用. 而甲事件是乙事件的原因, 指的是甲事件发生会使得乙事件发生的概率变大或变小.

如果甲事件会导致乙事件, 那么甲事件与乙事件显然是相关的. 反过来却不成立. 在许多种情形下甲事件与乙事件都会具有相关性: 例如, 甲导致乙; 乙导致甲; 甲与乙相互促进, 互为因果; 另一个事件丙同时导致了甲和乙, 等等.

上例中个体的身体总体健康程度就是一个睡眠时长和因病死亡之外的因素. 我们可以这样猜测: 如果一个人身体极度衰弱, 那么这个人需要更长的睡眠时间, 同时也有更高的患心血管疾病并死亡的风险. 也就是说, 身体衰弱同时导致了睡眠过长及因病死亡. 在这个假说下, 睡眠时长与因病死亡之间有相关性, 但没有因果性; 这个假说如果正确, 一个身体衰弱的人强制自己少睡的后果可能是更高的因病死亡风险.

不幸的是, 假设检验与 p 值只反映相关性, 不体现因果性. 更糟的是, 多数情况下, 并没有什么统计方法可以判定因果性.

一般来说, 应该尽量把所有与甲和乙相关的因素都量化到数据中, 并进行更加复杂的统计分析. 这就是为什么文献 [9] 中还考虑了性别、年龄、种族等因素. 但是, 在实践中确保囊括所有的相关因素是很难做到的; 即使能够排除其他可能, 从统计上也无法区分是甲导致了乙, 还是乙导致了甲.

因此, 绝大多数情况下, 科学家们需要借助专业知识来分析比较可能的因果路径, 并将理论判定与假设检验的结果进行结合. 此种情况下所得出的因果关系结论, 并不完全是由数据独立支撑的, 因而具有一部分主观性. 可见, 即使数据正确、p 值正确, 也不能保证因果性结论的正确性.

尽管如此, 如果数据是由对照实验得到的, 那么因果性就可以得到保证.

以睡眠时长与因病死亡关联研究为例. 如果我们强制一部分人每天睡 5 个小时, 另一部分人每天睡 7 个小时, 最后一部分人每天睡 9 个小时, 并且这三组个体的划分是随机的, 这就叫做对照实验. 在这种情况下, 患病及身体健康程度等相关因素无法影响个体的睡眠时长, 潜在的因果链条被打破了. 如果睡眠时长与因病死亡间仍然具有相关性, 那么就只可能是睡眠时间过短或过长会导致因病死亡.

如果我们设法让个体本人不知道自己每天睡几个小时, 就是单盲实验. 如果我们设法让本人及所有生活中与其有交集的人 (特别是其医生与护士) 都不知道个体被分在了哪一组, 就是双盲实验. 单盲实验可以剔除掉本人知晓自己分组对因病死亡的影响; 双盲实验可以额外剔除因为别人知晓其分组而对其区别对待这个因素对因病死亡的影响. 无疑, 双盲对照实验假设检验分析得到的因果性具有最强的客观性.

但是, 对于很多研究问题, 进行对照实验乃至双盲对照实验是不可行的. 在我们的例子中, 由于睡眠时长与因病死亡间的关联较弱, 必须要很大样本量的实验才可能舍弃原始假设. 这样的实验成本很高. 其次, 强迫个人每天睡 9 个小时技术上未必能实现. 此外, 让个体参与有可能导致其死亡的实验违背了科学伦理, 代价不可接受.

综上所述, p 值通常不能反映因果性. 在生活中, 媒体出于制造新闻的目的, 常常对科学研究的结论进行不正确地外推, 并夸大科学研究的意义. 有时候, 研究者本人由于对 p 值的误解, 或为了显示自己对科学发展的贡献, 或出于商业利益, 也会作出不负责任的结论.

因此, 当我们读到 "睡得越多, 死得越快" 或者 "每天喝红酒有利健康" 等让人心惊或让人心动的新闻时, 不妨先想一想这个结论是否可能是由对照实验得出的. 如果不太可能为了得到这个科学结论进行足够的对照实验, 又缺乏足够靠谱的机理分析, 那么这些因果性的结论就很值得怀疑了.

7.5.4 多重检验陷阱

何书元 (2006)(见 [10]) 描述了下述故事: 乔治是一个球迷. 一天, 他收到一封电子邮件, 发件人声称他们已经掌握了以 95% 的概率预测足球比赛结果的方法. 发件人同时预测在晚上将要举办的比赛中, 考文垂队将会战胜菲尔德联队. 乔治没有在意. 结果晚上乔治发现考文垂队果真赢了. 接下来的几个星期内, 乔治又陆续收到了四封邮件, 每次都给出了一个足球赛果的预测. 出乎乔治的预料, 四次预测全部正确. 这时, 乔治终于相信了对方具有预测比赛的能力. 最终, 乔治支付了 200 英镑, 用以购买对方一个月的赛事预测结果.

如果我们将发件人正确预测比赛的概率为 $\mu = 0.5$ 设定为原始假设, 那么五次预测全部命中的概率为 $0.5^5 \approx 0.031$. 也就是说, p 值为 0.031. 虽然我们无法肯定发件人有 95% 以上的预测正确概率, 但是至少可以认可发件人具有比瞎猜强的命中率.

那么, 发件人是一个足球专家, 还是一个机器学习专家呢？事实上, 发件人不过是一个略懂些统计学知识的骗子.

他最初批量发出了 8000 封邮件, 其中一半预测考文垂队获胜, 另一半预测菲尔德联队获胜. 于是, 在 4000 封邮件中, 他的预测是正确的. 接下来, 他只给之前预测全部正确的收件人继续寄出比赛预测. 五次以后, 仍有 $8000/2^5 = 250$ 位收件人收到了连续五次的正确预测. 他于是发送广告, 诱使这 250 位收件人购买他的赛事预测服务. 只要有 50 个人付款, 他就能收获一万英镑. 而他的成本可以忽略不计.

我们发现, 在这个例子中, 这位发件人每次预测正确的概率是 50%. **这正是我们的原始假设. 而我们错误地舍弃了原始假设**, 犯了本应被严格控制的第 I 类错误.

为什么假设检验在这个例子中失效了呢？按照假设检验的基本机理, 针对每一个假说, 我们本来就有 5% 的概率犯第 I 类错误. 如果我们用假设检验来判断很多个假说, 那么我们就有不小的概率在其中至少一个判断中犯第 I 类错误. 如果我们将其中舍弃了原始假设 (包括因犯第 I 类错误而舍弃) 的那部分假说挑出来写成学术论文, 那么我们就很容易制造出充满错误的垃圾论文. 这就是多重检验陷阱.

解决多重检验陷阱的一个方法是使用邦费罗尼 (Bonferroni) 校正法. 根据该方法, 如果我们准备作 m 次假设检验, 而这 m 次检验之间是独立的, 也就是说在这 m 次检验中犯第 I 类错误的事件之间是独立的, 那么我们应该用 $0.05/m$ 作为每次检验的显著性水平. 这时候, 我们在这 m 次检验中至少犯一次第 I 类错误的概率为 $1 - (1 - 0.05/m)^m$. 这是一个会小于 0.05 的数. 在使用了更高的显著性水平后, 至少犯一次第 I 类错误的概率就被控制了.

在实际中, 有时很难确保 m 次检验之间的独立性. 此时, 也可以套用邦费罗尼校正法. 只要这 m 次检验的相关性较低, 至少犯一次第 I 类错误的概率仍然能够被控制在 0.05 左右.

我们例子中的发件人实际上针对五场比赛的赛果进行了 $2^5 = 32$ 组

预测. 因此, 如果使用邦费罗尼校正法, 显著性水平应该选为 $0.05/32 = 0.00156$. 依上文所述, 我们得到的 p 值为 0.031, 大于 0.00156. 可见, 当使用了邦费罗尼校正法后, 我们可以正确地保留原假设.

使用邦费罗尼校正法要求研究人员诚实地披露其进行假设检验的次数. 但是, 在实践中, 许多研究人员都不会在文章中详细交代那些不成功的假设检验. 一般来说, 谁会在文章中提出自己的假说, 论证其原理, 交代数据搜集整理的方式, 最后总结说该假说没有得到数据的支持? 这不是很傻吗? 这样的文章写出来后有谁会想看? 另一个原因是使用邦费罗尼校正法意味着很小的显著性水平取值. 在这样小的取值下, 原始假设还能被舍弃吗? 如果不能, 文章如何发表? 当然也有一些研究人员根本没有意识到多重检验的问题.

如果研究人员实际上进行了多次假设检验但并没有使用邦费罗尼校正法或其他处理方法, 那么其统计结论就有高得多的犯错概率, 而读者一般很难识破这一点. 可见, 未对多重检验进行合适处理对人类正确理解世界具有危害性.

7.5.5 结束语

虽然存在上述种种局限性, 假设检验与 p 值在科学研究中的基石作用不可动摇. 这是因为假设检验与 p 值能够对科学研究结论的正确性进行独立、客观的验证. 即使不能验证因果性, 对相关性进行验证也是好的.

如果没有假设检验, 除了能够通过数学证明就得出结论的极少数研究方向外, 科学家们将很容易就一个现象提出相反的假说, 找到支持他们假说的似是而非的例子, 并进行旷日持久又没有结果的争吵. p 值是一个试金石, 将大量经不起实践验证的假说关在了学术圈外, 推动了科学的发展. 近年的许多研究结果表明, 许多学科中多于一半的科研结果都无法得到复现并因此不值得相信. 可以合理地认为, 如果我们退回到没有假设检验与 p 值的年代, 错误的科学结论只会成倍增加.

另一方面, 利用 p 值进行决策的方法并不能解决所有问题, 对 p 值的误用是有害的. 科学研究中需要更合理的统计分析方法, 更准确地对统计概念的理解, 以及更诚实的数据收集及分析. 否则, 如同马克·吐温的名言 "世界上有三种谎言: 谎言、该死的谎言、统计数字" 所说, 统计分析结论会成为最有迷惑力的谎言.

 参 考 文 献

[1] David Salsburg. The Lady Tasting Tea: How Statistics Revolutionized Science in the Twentieth Century. New York: Holt Paperbacks, 2002. 女士品茶: 统计学如何变革了科学和生活, 刘清山译. 南昌: 江西人民出版社, 2016.

[2] Neyman J, Pearson E S. On the Problem of the Most Efficient Tests of Statistical Hypotheses//Kotz S, Johnson N L. Breakthroughs in Statistics. Springer Series in Statistics. New York: Springer, 1992.

[3] Fisher R A. The goodness of fit of regression formulae and the distribution of regression coefficients. Journal of the Royal Statistical Society, 1922, 85(4): 597-612.

[4] Fisher R A. On a distribution yielding the error functions of several well known statistics. Proceedings International Mathematical Congress, Toronto, 1924, 2: 805-813.

[5] Fisher R A. The Design of Experiments. Edinburgh and London: Oliver and Boyd, 1935.

[6] Wasserstein R L, Lazar N A. The ASA's statement on p-values: Context, process, and purpose. The American Statistician, 2016.

[7] Wasserstein R L, Schirm A L, Lazar N A. Moving to a world beyond "$p < 0.05$". The American Statistician, 2019, 73: 1-19.

[8] Amrhein V, Greenland S, McShane B. Scientists rise up against statistical significance. Nature, 2019, 567(7748): 305-307.

[9] Kim Y, Wilkens L R, Schembre S M, et al. Insufficient and excessive amounts of sleep increase the risk of premature death from cardiovascular and other diseases: The Multiethnic Cohort Study. Prev Med., 2013, 57(4): 377-385.

[10] 何书元. 概率论与数理统计. 北京: 高等教育出版社, 2006.

8 群体运动中的数学问题

陈 鸽

大规模的动物群体运动是自然界最壮观的景象之一. 例如, 在全球很多地方能见到规模庞大的椋鸟群, 它们在傍晚的天空一齐翩飞, 旋转又俯冲, 行动协调如一, 数量可高达数十万只; 在海洋中迁徙的沙丁鱼群, 浩浩荡荡组成数千米长的密集阵型, 它们分成许多层次、朝着各不相同的方向, 而行为却一致 (图 1).

(a)   (b)

图 1   图 (a) 为摄影师 Noah Strycker 于 2019 年在美国俄勒冈州莱恩拍摄的紫翅椋鸟群, 图 (b) 为摄影师 Chris Fallows 于 2017 年在南非海岸拍摄的沙丁鱼群

这种摄人心魄的景象一直引起人们的兴趣. 为什么它们要聚集成如

此庞大的群体呢? 为什么不会发生碰撞, 且动作具有如此高度的一致性?
古罗马人相信, 鸟群在飞行中被神引导, 才能万鸟如一, 随心飞行. 20 世
纪初的科学家们则提出了诸如 "自然心灵感应" 或 "群体灵魂" 这样神
秘甚至虚幻的概念. 20 世纪 60 年代, 苏联生物学家 Dmitrii Radakov 通
过对鱼群的观察, 提出鱼群利用局部协调方法来避开捕食者. 他描述道,
即使只有少数个体知道捕食者来自何方, 它们指挥它们的邻居和邻居的
邻居跟随转向, 从而引导一个庞大鱼群躲避捕食者. 到了 20 世纪 70 年
代, 英国进化生物学家 William Hamilton 则认为每一个群体成员的行
为都是出于简单的自我利益. 当捕食者接近一个群体时, 群体中的所有
个体都会移动到群体的中间, 以减少被捕获的机会. 他还认为是自然选
择决定了那些最不善于与群体共处的鸟最有可能被捕食者捕获. 同期,
美国罗德岛大学生物学家 Frank Heppner 提出了 "飞行聚集体" (fight
aggregation) 和 "飞行群" (flight flock) 等概念. 所谓的飞行聚集体指的
是鸟类为了某个共同的目的无组织地聚集在一起, 例如各种海鸥经常会
在渔船附近盘旋. 而飞行群指的是鸟群有组织地聚集在一起飞行, 比如
椋鸟、滨鹬和黑鸟, 它们能在非常密集的群体中高速同步飞行, 还能作
出惊人的急转弯. 但 Heppner 也提到, 他对椋鸟这种大规模集群行为的
目的不太清楚.

　　可以说, 20 世纪 80 年代之前对鱼群、鸟群的研究还停留在定性甚
至哲学层面, 定量研究和计算则从 80 年代开始突飞猛进. 这里的主要
原因有两个: 一是计算机等技术的普及, 使得大规模生物集群的测量和
计算成为可能; 二是动画电影、计算机游戏等产业的蓬勃发展, 使群体
运动的研究有了商业需求. 传统的动画制作中, 鸟群这样复杂的动画实
现起来有三大困难: 第一, 需要大量冗余的工作, 动画师必须精确绘制
出每只鸟儿的运动轨迹, 成本过高; 第二, 即使轨迹全部画好了, 还要大
量的人力来确保动画过程中不会出现不合理的画面, 比如两只鸟撞到一
起; 第三, 无法修改, 按照前两步的做法, 动画中一个小小的改动就会牵
一发而动全身, 鸟群的动画制作必须全部推倒重来. 具有天然美感的复

杂群体运动在动画中竟然不能见到, 实在是一大憾事. 因此, 计算机图形学家在想方设法让制作者用最简单的方法, 令动画中的一群鸟自然地飞起来.

成立于 1967 年的 SIGGRAPH (Special Interest Group for Computer GRAPHICS, 计算机图形图像特别兴趣小组) 一直致力于推广和发展计算机绘图和动画制作的软硬件技术. 从 1974 年开始, SIGGRAPH 每年都会举办一次年会, 而从 1981 年开始每年的年会还增加了 CG (Computer Graphics, 电脑绘图) 展览. 1985 年, 来自俄亥俄州立大学的 Susan Amakraut 等在 SIGGRAPH 上展示了一个名为 "Motion studies for a work in progress entitled 'Eurthmy'" 的动画. 在动画中, 一群鸟从尖塔中飞出, 然后穿过一些圆柱, 最后落在一片空地上. 所有的鸟在飞行过程中都能慢慢地扇动翅膀, 同时避免碰撞, 所有鸟的动作都是由电脑生成的, 并没有人工绘制. 制作者将他们的方法叫做 "力场动画系统". 力场用一个 3×3 的矩阵算子来定义, 它可以将一个点转换成一个加速度矢量. 动画师只需要设置力场以及每只鸟的初始位置和速度, 就可以完成动画. 然而, 这种方式生成的鸟群太过依赖力场和初始状态设置, 行为显得单调, 离千变万化的自然鸟群还有很大差距. 在 Susan Amakraut 等的工作的启发下, Craig Reynolds 于 1987 年提出了第一个具有普适性的鸟群计算模型, 命名为 Boid 模型. 接下来具体介绍该模型.

8.1 Boid 模型介绍

Craig Reynolds 于 1978 年硕士研究生毕业于美国麻省理工学院, 在 1982 年进入一家名为 Symbolics 的计算机公司工作. 这家公司在当时以 LISP 人工智能机闻名, 还注册了世界上第一个 .com 域名: Symbolics.com. Craig Reynolds 于 1987 年在 SIGGRAPH 上发表论文, 尝试用计算机模拟来还原鸟群兽群的运动[1]. 他将自己提出的模型命名为 Boid 模型, 其中 "Boid" 是 "bird-oid" 的简写. 在英语中以 oid 作为结尾的单词, 通常表示具有某种特征的物体. 比如安卓的英文 "Android" 就可以拆分成 "Andr" 和 "oid", 其中 "Andr" 来源于古希腊语中的人 "anthropos". 因此两者结合的直接意思就是 "具有人形特征的物体", 或者 "人形机器人". 因此, "boid" 这个缩写的直接意思应该是 "具有鸟类特征的物体" 或者 "类似鸟的对象". Reynolds 开创性地提出, 鸟群的整体运动并不需要统一的指挥, 只需要每只鸟都根据它周围的环境来调节自己的运动, 最终 "群鸟" 就能形成 "鸟群". 按照 Reynolds 的假设, 每只鸟都将自身周围一定距离内的鸟视为它的邻居, 通过观察邻居的运动, 按照如下三个原则来决定自己下一时刻该怎么做.

(1) 避免碰撞: 所有鸟的运动必须防止碰撞到邻居.

(2) 速度匹配: 鸟的下一时刻的速度, 尽可能符合邻居的平均速度.

(3) 聚集倾向: 每一只鸟会自发地向邻居的中心点进行靠拢.

Reynolds 继续解释道, 这三个原则要共同作用, 相互配合. 前两条原则避免碰撞和速度匹配决定的是每只鸟下一时刻的速度, 两者相辅相成: 如果一只鸟按照平均速度运动时预计到有碰撞发生, 那么它必须及时转向, 躲开邻居; 而当速度匹配原则不断生效之后, 一个鸟和它的邻居的速度将会趋于一致, 碰撞发生的可能性也就越来越小了, 最终鸟群中每只鸟的速度都会趋同, 形成一个整体. 第三个原则是对位置的描述, 如果一只鸟在鸟群的中间, 那么邻居的中心和鸟的位置区别很小, 这个原则的修正作用并不大; 如果一只鸟在鸟群的边缘, 当它从鸟群中分开时, 邻居的中心点会保持在鸟群范围内, 这个原则可以把离群的鸟拉回群体之中, 使鸟群不会随意地散开, 能够进行更复杂的整体运动, 比如转弯或者避障. 在三条原则的作用下, Reynolds 发现, 即使个体的初始速度和方向是随机的, 群体运动依然可以在没有领导者的情况下发生, Boid 模型揭示了群体运动产生的本质特征.

Reynolds 还进一步研究了如何引导群体来进行整体迁移, 他发现,只要在三条原则的基础上, 再添加一个可以影响全体的鸟作为 "领导者", 那么鸟群就可以按照我们想要的方式来进行运动. "领导者" 并非强制每只鸟都完全模仿自己, 它对群体的影响是通过层层传递的方式扩散的, 每只鸟接收到 "领导者" 的信息都有一定的滞后, 而这种滞后反而让 Boid 模型中的鸟群更符合实际、更加生动, 同时, 这表明 Boid 模型可以反映信息是如何在鸟群中传递的. 信息传递在鱼群躲避捕食者的现象中更为明显, 当鱼群遇到捕食者时, 实际上只有少数鱼可以在第一时间获得这个信息, 而在它们作出躲避的动作之后, 信息可以通过邻居的相互作用逐渐传递给整个群体, 让鱼群发生整体的移动, 仿佛整个鱼群具有生命一般.

Boid 模型虽然只是一个计算机模拟的模型, 没有严格的数学理论, 但是它具有非常好的启发性, 它用分布式的控制方式完美地还原了 "集群" 这一特性, 成功开启了对鸟群背后数学原理的探索. 此外, Boid 模型在商业上也得到了广泛应用. 例如, 迪士尼公司于 1994 年推出的《狮子王》为非常经典的 2D 动画片 (图 2). 除了剧情带来的戏剧张力, 该影片的一大亮点是具有无与伦比的史诗感, 许多不曾出现的大场面都被迪士尼用动画的形式搬上荧幕. 影片的第一个高潮是木法沙之死, 英勇的狮王木法沙冲入发狂的兽群救下小王子辛巴, 却被阴险的弟弟刀疤所害. 发狂的角马为这段戏增添极致的视听体验, 它们先是越过山谷, 接着沿着山坡冲下, 顺势分开, 速度越来越快, 像黑色的洪流一样将误入此地的辛巴围住, 逼得它只能紧紧抓住一个小树枝, 绝望地求救. 接着, 狮王不顾一切跳入兽群, 逆流而上, 从角马群中硬生生地挤开一条路, 终于救下了儿子. 而角马群仍旧势不可当, 数次将狮王顶飞, 最终在角马群散去后, 木法沙也力竭倒下. 角马群沿着山坡冲刺, 分叉的场景在以往的 2D 手绘作品中是前所未见的, 如果用传统手绘的方式来完成这个场景, 会遇到两个巨大的问题: 一是角马群数量巨大, 手绘每一只角马成本非常之高; 二是, 即使画出不同的角马, 也很难做到在每一帧都手动调整角马的位置, 把角马的群体运动刻画得如影片一般生动. 为了解决这两个 2D 动画的难题, 迪士尼通过电脑技术辅助来寻找解决方法. 迪士尼先绘制了一个 3D 角马的动画, 每一只角马的动作是通过这个 3D 建模的投影来绘制的, 而影片刻画兽群整体运动的方法, 则利用了 Boid 模型.

图 2　《狮子王》中的角马群冲下山崖

8.1.1　Boid 模型的数学研究

Boid 模型提出之后, 得到了广泛的应用. 对于该模型, 是否能有效避免碰撞, 并且能形成一个 "集群", 一直令学者们倍感兴趣, 但直到 2006 年才由 Reza Olfati-Saber 给出了第一个数学结果[2]. 他首先按照 Boid 模型的三个原则, 构造了一个严格的数学模型, 然后借助图论对 Boid 模型中的现象给出了数学定义. 图论中的 "图" 是一个由若干给定的点及连接两点的边所构成的图形, 其中的 "点" 可以引申为所研究的对象, "边" 则可以看作是两个对象之间具有某种关系. 在 Boid 模型中, 邻居概念是局部运动的关键, 因此, Saber 将鸟的个体作为 "点", 而把邻居关系作为 "边", 那么任意时刻鸟群的位置就可以形成一个图, "集群" 的现象就可以用图的性质来进行描述.

Saber 设鸟群中个体数量为 N, 将第 i 只鸟的位置记为 $X_i = X_i(t) \in \mathbb{R}^3$, 速度记为 $V_i = V_i(t) \in \mathbb{R}^3$, 加速度 (控制输入) 记为 $U_i = U_i(t) \in \mathbb{R}^3$. 根据牛顿力学方程, 鸟群的动力方程写成

$$\begin{cases} \dot{X}_i = V_i, \\ \dot{V}_i = U_i, \end{cases} \quad 1 \leqslant i \leqslant N.$$

算法的核心在于怎么设计 U_i. Saber 假设每只鸟将自己周围距离 r 以内的鸟视为邻居, 即 $\mathcal{N}_i = \mathcal{N}_i(t) = \{j : \|X_i - X_j\| \leqslant r\}$ 为第 i 只鸟的邻居集, 控制信息 U_i 则由如下方式给出

$$U_i = \sum_{j \in N_i} f(\|X_i - X_j\|)(X_j - X_i) + \sum_{j \in N_i} a_{ij}(V_j - V_i),$$

其中 $f(\cdot)$ 是一个远距离吸引近距离排斥的非常复杂的函数, a_{ij} 是正常数. 上式右边的第一项体现了 Boid 模型的 "避免碰撞" 和 "聚集倾向" 规则, 而第二项则体现了 Boid 模型的 "速度匹配" 规则. Saber 证明了系统的哈密顿量 (动能 + 势能) 是单调非增的. 因为哈密顿量为非负函数, 因此具有收敛性. 利用该结果, Sabar 证明了如果鸟群满足连通性条件, 那么鸟群不会碰撞, 并且速度趋于一致, 相对位置固定, 形成 "集群"(图 3).

如果在 U_i 中加入全局引导控制和避障控制, 则鸟群能实现引导和避障功能, 非常生动地还原鸟群的运动. 虽然 Saber 将 Boid 模型的分析向前推动了一大步, 但仍有很多问题解决. 例如, 由于鸟、鱼等动物不可能连续转向, 因此离散时间模型更加合理. 然而, 目前尚未发现有离散时间 Boid 模型理论结果. 另外, 即使是连续时间 Boid 模型, 也存在大量未解决的难题, 例如如何将连通性条件去掉, 如果将交互函数 $f(\cdot)$ 简化, 如何在局部引导机制下进行理论分析等. 总之, 目前 Boid 模型的理论结果较少, 它的物理性质也所知甚少. 因此, 后来有很多更简化的集群模型被提出, 其中最有名的便是 Vicsek 模型.

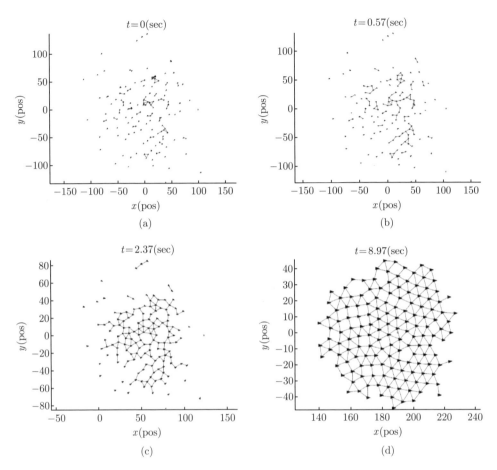

图 3　含有全局引导控制的 2 维 Saber 模型仿真效果图, 图片来源于文献 [2]

8.2　Vicsek 模型介绍

1995 年, 匈牙利统计物理学家 Tamás Vicsek 等受到磁极旋转启发: 鸟群中个体运动方向的改变跟磁体中磁极的旋转相似, 从统计力学的角度来研究集群运动, 提出了 Vicsek 模型[3]. Vicsek 模型是一个多粒子自驱动模型, 由 N 个具有相同速率、不同运动方向的平面粒子组成, 粒子根据其半径为 r 的邻域内所有粒子 (包括自己) 的方向来更

新自身的方向, 更新的时间间隔为 $\Delta t = 1$. 每个粒子 i 的邻居集为 $\mathcal{N}_i(t) = \{j : \|x_i(t) - x_j(t)\| < r\}$, 其中 r 为一个正常数, 表示交互半径. 模型假设所有粒子的初始位置在边长为 L 的具有周期边界的正方形区域内随机分布, 初始运动方向的角度值在 $[0, 2\pi)$ 中随机分布.

设粒子 i 在时刻 t 的位置为 $\boldsymbol{x}_i(t) \in \mathbb{R}^2$, 速度为 $\boldsymbol{v}_i(t) \in \mathbb{R}^2$. 那么, 粒子 i 在下一时刻的位置更新为

$$\boldsymbol{x}_i(t+1) = \boldsymbol{x}_i(t) + \boldsymbol{v}_i(t), \tag{1}$$

其中, 速度 $\boldsymbol{v}_i(t)$ 由速率和方向组成, 速率恒定为 $v > 0$, 而方向的角度为 $\theta_i(t) \in [0, 2\pi)$. 因此有 $\boldsymbol{v}_i(t) = v(\cos\theta_i(t), \sin\theta_i(t))$. 方向角的更新方式为

$$\theta_i(t+1) = \langle\theta_i(t)\rangle_r + \xi_i(t), \tag{2}$$

其中

$$\langle\theta_i(t)\rangle_r = \arctan \frac{\displaystyle\sum_{j\in\mathcal{N}_i(t)} \sin\theta_j(t)}{\displaystyle\sum_{j\in\mathcal{N}_i(t)} \cos\theta_j(t)}, \tag{3}$$

$\xi_i(t)$ 则为一个以均匀概率从 $\left[-\dfrac{\eta}{2}, \dfrac{\eta}{2}\right]$ (η 为一个正常数) 中选取的随机数, 表示随机噪声. 注意到由 (3) 可得

$$\frac{\sin\langle\theta_i(t)\rangle_r}{\cos\langle\theta_i(t)\rangle_r} = \tan\langle\theta_i(t)\rangle_r = \frac{\displaystyle\sum_{j\in\mathcal{N}_i(t)} \sin\theta_j(t)}{\displaystyle\sum_{j\in\mathcal{N}_i(t)} \cos\theta_j(t)},$$

因此 $\langle\theta_i(t)\rangle_r$ 在某种程度上是粒子 i 对周围邻居的方向角取平均.

Vicsek 模型 (1)—(2) 在形式上非常简洁, 和实际系统也有很大差距, 然而却被认为是一个重要的集群模型, 吸引了物理学家、数学家等学者广泛兴趣. Vicsek 本人也因此获得 2020 年度的拉斯·昂萨格奖, 这是统计物理领域最有分量的奖项, 地位仅次于诺贝尔物理学奖, 多位诺贝尔物理学奖得主曾获此殊荣. 这里的原因是 Vicsek 模型抓住了很多

系统共同的本质特征, 因此有人称它为 "极小" 模型, 也成为研究复杂系统一个很好的切入点. 然而, 尽管是 "极小" 模型, 但它仍然是一个非线性系统, 理论分析非常困难. Vicsek 等当时仅给出了一些仿真结果: 低密度低噪声情形下, 粒子随机形成多簇, 每一簇都一致移动; 高密度高噪声情形下, 粒子做随机运动, 但粒子间运动方向具有相关性; 而在高密度低噪声情形下, 所有粒子将朝一个方向移动, 高度有序 (见图 4). 为了衡量粒子运动的有序程度, Vicsek 等引入了序参量:

$$v_a = v_a(t) = \frac{1}{Nv} \left\| \sum_{i=1}^{N} \boldsymbol{v}_i(t) \right\|,$$

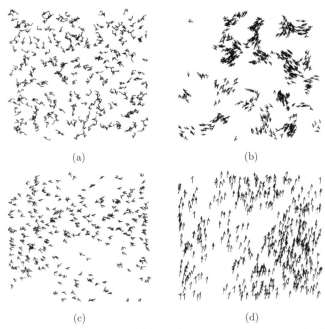

图 4　Vicsek 等在文献 [3] 中给出的仿真结果. (a)⇒(c) 高密度高噪声情形. 经过一段时间后, 粒子随机移动, 但粒子间运动方向具有相关性; (b) 低密度低噪声情形, 粒子随机分为多簇. (d) 高密度低噪声情形, 运动很快变得有序

其中 $\|\boldsymbol{v}\|$ 表示向量 $\boldsymbol{v}$ 的大小. 显然, $0 \leqslant v_a \leqslant 1$, v_a 越大表明粒子运动方向的一致性越好; 当 $v_a = 1$ 时, 所有粒子的运动方向完全一致. Vicsek 等通过仿真发现序参量关于密度和噪声存在相变: 当密度一定时, 随着噪声增大, 序变量在减小, 存在临界噪声值 η_c 使得序参量快速接近 0; 当噪声一定时, 随着密度减小, 序参量也在减小, 且存在临界密度 ρ_c 使得序参量快速接近 0.

后来物理学家尝试用理论来研究 Vicsek 模型. 由于之前没有出现过类似模型, 理论工具不完善, 物理学家用很多方法对模型近似. 其中, 最有代表性的工作为 John Toner 和涂豫海利用流体力学理论建立的 Toner-Tu 方程. 他们二人因此与 Vicsek 同时获得 2020 年度的拉斯·昂萨格奖. 此外, 由于物理学家们用不同的方法对 Vicsek 模型近似, 因而得出一些相互矛盾的结果. 例如, Tamás Vicsek、M. Aldana、V. Dossetti 和 G. Baglietto 等认为序参量是连续二阶相变, 而 H. Chaté 等人则认为序参量是非连续二阶相变. 事实上, 正如文献 [4] 中所说: 尽管 Vicsek 模型研究了 20 年, 并有大量理论结果, 但人们对它所表现出来的集体运动仍然缺乏全局理解.

(a)   (b)   (c)

图 5   Tamás Vicsek(a)、John Toner(b)、涂豫海 (c) 获 2020 年度的
拉斯·昂萨格奖, 原因是 "集群理论的开创性工作开启了
活性物质的研究领域, 并对其发展做出了巨大贡献".
涂豫海是继杨振宁和何天伦之后的
第三位拉斯·昂萨格奖华人得主

8.2.1 Vicsek 模型的数学研究

与物理学家们不同, 数学家们试图对 Vicsek 模型进行严格分析. 然而, 该模型在数学上也缺乏成熟工具, 数学家们试图对模型进行简化. 2003 年, Jadbabaie 等忽略了 Vicsek 模型中噪声, 并将非线性的角度更新公式 (3) 进行了形式上的线性化, 建立了线性化 Vicsek 模型[5]:

$$\theta_i(t+1) = \frac{1}{n_i(t)} \sum_{j \in \mathcal{N}_i(t)} \theta_j(t), \tag{4}$$

其中 $n_i(t)$ 表示粒子 i 邻居集 $\mathcal{N}_i(t)$ 内所有粒子的个数, $\theta_j(t)$ 表示粒子 j 的运动方向的角度. 注意到线性化 Vicsek 模型中每个粒子的邻居关系由其他粒子的位置决定, 粒子的角度由邻域内粒子的角度决定, 粒子的角度进一步影响位置, 角度和位置之间存在非线性的耦合关系, 因此它的理论分析仍然困难. Jadbabaie 等对粒子间的邻居关系设定了一个假设条件. 他们用时变的无向图序列 $\{\mathcal{G}_t = (\mathcal{V}, \mathcal{E}_t)\}$ 来刻画粒子间邻居关系, 其中顶点集 $\mathcal{V} = \{1, 2, \cdots, N\}$ 为所有粒子的集合, 边集 $\mathcal{E}_t$ 是时变的, 如果 t 时刻粒子 i 和粒子 j 是邻居, 那么 $(i, j) \in \mathcal{E}_t$. Jadbabaie 等首先介绍了联合连通的概念: 假设 $\mathcal{G}_{p_1}, \mathcal{G}_{p_2}, \cdots, \mathcal{G}_{p_m}$ 是一组具有相同顶点集 $\mathcal{V}$ 的无向图, 定义联合图 $\mathcal{G}_{p_1 - p_m} = \mathcal{G}_{p_1} \cup \mathcal{G}_{p_2} \cup \cdots \cup \mathcal{G}_{p_m}$ 的顶点集为 $\mathcal{V}$, 边集为所有图 $\mathcal{G}_{p_1}, \mathcal{G}_{p_2}, \cdots, \mathcal{G}_{p_m}$ 的边集的并. 如果联合图 $\mathcal{G}_{p_1 - p_m}$ 是连通的 (即任意两点间都有一条路相连), 则称 $\mathcal{G}_{p_1}, \mathcal{G}_{p_2}, \cdots, \mathcal{G}_{p_m}$ 是联合连通的. 下面给出 Jadbabaie 等的主要结论[5].

定理 1 假设存在一个正整数 T 和一个无穷整数序列 $0 = t_0 < t_1 < t_2 < \cdots$ 使得 $t_{i+1} - t_i \leqslant T$, $i \geqslant 0$. 若在每个时间区间 $[t_i, t_{i+1})$ 内粒子邻居关系图 $\mathcal{G}_{t_i}, \mathcal{G}_{t_i+1}, \cdots, \mathcal{G}_{t_{i+1}-1}$ 是联合连通的, 则线性化 Vicsek 模型最终达成同步, 即所有粒子的运动方向最终都相同.

该定理的证明主要应用了矩阵理论. 令 $\theta(t) = (\theta_1(t), \theta_2(t), \cdots, \theta_N(t))^\top$, 线性化 Vicsek 模型的更新公式 (4) 可以用矩阵形式表示:

$$\theta(t+1) = P(t)\theta(t) = P(t)P(t-1)\theta(t-1) = \cdots = P(t)P(t-1)\cdots P(0)\theta(0),$$

其中

$$P_{ij}(t) = \begin{cases} 1/n_i(t), & \text{如果} j \in \mathcal{N}_i(t), \\ 0, & \text{其他,} \end{cases} \quad 1 \leqslant i, j \leqslant N, t \geqslant 0.$$

再利用联合连通条件和 Wolfowitz 定理, 可以证明矩阵乘积 $P(t) \cdots P(0)$ 收敛到一个每一行都相同的矩阵, 因此最终每个粒子的角度都会相同. 该结果证明了一个自组织系统如何从无序走向有序的逆热力学过程, 获得了 IEEE 系统控制学会 George S. Axelby 杰出论文奖.

注意到 Jadbabaie 等的证明并没有考虑粒子的位置、角度相互耦合的过程, 这是因为使用了邻居图 "联合连通" 这一假设条件. 事实上, 在系统 (1) 和 (4) 中, 邻居图在时间轨道上的连通性仅依赖于粒子的初始位置和角度, 因此这一假设条件如何验证成为另一个难题. 2007 年, 唐共国和郭雷[6] 发展了大群体动态邻居图分析方法, 在一定的速率和交互半径条件下, 粒子间相对位置的变化能控制在一定范围内, 从而使邻居图的连通性得以保持. 利用该方法, 他们突破了联合连通性假设条件, 首次给出了仅依赖系统参数和初始状态的同步条件. 到 2012 年, 陈鸽、刘志新和郭雷[7] 利用渗流理论进一步给出了线性化 Vicsek 模型大群体下同步的最小可能交互半径, 具体结论如下:

定理 2 假设 N 个粒子的初始位置在 $[0,1]^2$ 中服从独立均匀的随机分布. 如果粒子的交互半径 r_N 和速率 v_N 满足

$$\lim_{N \to \infty} \left(\pi N r_N^2 - \log N \right) = \infty \quad \text{和} \quad \lim_{N \to \infty} v_N r_N^{-1} N^2 \log N = 0,$$

那么对任意的初始角度线性化 Vicsek 模型以渐近 1 概率达成同步; 如果交互半径 r_N 满足

$$\lim_{N \to \infty} \left(\pi N r_N^2 + 3 \log \log N - \log N \right) = -\infty,$$

那么对于任意的速率 v_N, 存在一些初始角度使得线性化 Vicsek 模型以渐近 1 概率不能同步.

上述结论证明了, 在一定的速率条件下, 线性化 Vicsek 模型的临界同步半径约为 $\sqrt{\log N/(\pi N)}$, 这和初始静态随机几何图的临界连通半径基本一致. 该论文被 *SIAM Review* 期刊评选为 "SIGEST 论文", 并被邀请在 2014 年第 3 期的 *SIAM Review* 上重新刊登. 美国工业与应用数学学会 (SIAM) 将 "SIGEST 论文" 视为一项奖励, 这是珊瑚学者首次获此荣誉.

Felipe Cucker 和菲尔兹奖得主 Steve Smale 则对 Vicsek 模型作了另外一种简化[8]. 他们将速度更新方程修改为与所有粒子速度的加权平均, 得到

$$
\begin{cases}
\boldsymbol{x}_i(t+1) = \boldsymbol{x}_i(t) + \boldsymbol{v}_i(t), \\
\boldsymbol{v}_i(t+1) = \boldsymbol{v}_i(t) + \displaystyle\sum_{j=1}^{N} \frac{K\left(\boldsymbol{v}_j(t) - \boldsymbol{v}_i(t)\right)}{(\delta^2 + \|\boldsymbol{x}_i(t) - \boldsymbol{x}_j(t)\|^2)^\beta}, & 1 \leqslant i \leqslant N, t \geqslant 0,
\end{cases}
$$

$$(8.2.1)$$

其中 K, δ, β 均为正常数. 系统 (8.2.1) 被称为 Cucker-Smale (CS) 模型. 注意到在 CS 模型中, 粒子间具有全局相互作用, 因此邻居图在任意时刻都具有连通性. 下面为 Cucker 和 Smale 给出的结论[8].

定理 3　假设 $K < \delta^{2\beta}/[(N-1)\sqrt{N}]$. 当 $\beta < 1/2$ 时, 对任意的粒子初始位置和速度, CS 模型均能达到同步, 即所有粒子最终速度都相同.

Cucker 和 Smale 还证明了当 $\beta \geqslant 1/2$ 时, 在某些初始条件下也能达到同步. 此外, 连续形式的 CS 模型的同步条件也被研究. CS 模型同样吸引了很多研究者的兴趣, 韩国首尔国立大学的 Seung Yeal Ha 教授曾在 2014 年世界数学家大会报告了他在 CS 模型上的研究成果.

原始 Vicsek 模型如何严格分析? 它有哪些性质? 这些问题困扰了研究者们二十多年. 直到 2017 年, 陈鸽给出了原始 Vicsek 模型的第一个严格分析结果[9]. 他提出了一个叫 "将随机性转化为控制器设计" 的方法,

将 Vicsek 模型中噪声项 $\xi_i(t)$ 拆分成一个控制项 $u_i(t) \in \left[-\dfrac{\eta}{2} + \varepsilon, \dfrac{\eta}{2} - \varepsilon\right]$ 和一个不确定项 $b_i(t) \in [-\varepsilon, \varepsilon]$, 其中 ε 是一个充分小的正常数, 从而构成一个新的 Vicsek-控制系统. 再利用马尔可夫理论将 Vicsek 模型和 Vicsek-控制系统建立关联, 证明出对任意的初始状态, Vicsek 模型将以概率 1 在有序与无序之间切换无穷次, 并能自发产生转向、分叉、漩涡等事件. 当然, 原始 Vicsek 模型的严格理论分析还刚起步, 尚存在大量未解难题, 例如无序与有序之间的切换时间是如何分布的, 是否存在相变等.

8.3 真实鸟群的建模

众所周知, 由于实际系统一般都非常复杂, 数学模型只是对实际系统一种 "去除枝叶、保留躯干" 的抽象与凝练. 不管是 Boid 模型还是 Vicsek 模型离真实鸟群尚有不少距离. 那么, 真实鸟群是怎样组织的呢? 近年来, 随着 GPS 的发展与高精度摄像机的产生, 人们开始尝试利用 GPS 跟踪技术与摄像技术对鸟群的群体行为进行研究, 并取得了很大的成功.

在鸟群的飞行过程中, 常常面临这样一个问题: 当不同个体的航行决策产生矛盾时, 如何将其整合得到整个群体的航行方向? 2006 年, Dora Biro 等通过使用高精度 GPS 跟踪器记录一对家鸽的飞行情况, 部分回答了上述问题[10]. 如图 6 所示, 白色圆圈与灰色圆圈分别表示飞行起点与终点, 红线与蓝线表示两只家鸽单独飞行的飞行路线, 在它们单独飞行完成后, 再将它们一起释放, 黑线表示它们一起飞行的飞行路线. 他们发现, 当两只家鸽的飞行方向差别较小时, 平均方向将会作为它们共同的飞行方向 (图 6(a)–(c)); 然而, 当它们的飞行方向之差超过某个临界阈值时, 两只鸟要么彼此分离 (图 6(d), (e)), 要么形成领导者-追随者模式 (图 6(f)).

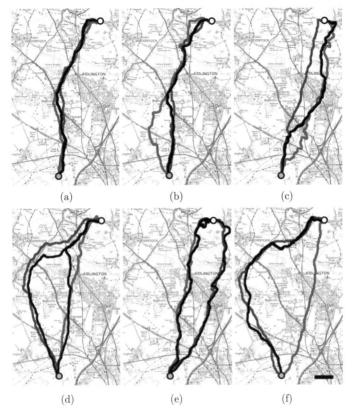

图 6 两只家鸽单独飞行与成对飞行的飞行路线

2008 年, Gaia Dell'Ariccia 等同样使用 GPS 数据记录器来追踪 6 只受过良好训练的家鸽飞行状况[11]. 如图 7 所示, R 表示释放地点 (release site), H 表示鸽巢 (home loft), 首先将 6 只家鸽分别单独释放 6 次, 并记录其飞行路线, 由蓝线表示, 共 36 条; 接着将这 6 只家鸽一起释放 6 次, 记录其飞行路线, 由 6 条红线表示; 最后再将它们分别单独释放 6 次, 形成 36 条飞行路线, 由绿线表示. 通过对采集到的数据进行处理, 他们发现, 在图 7 所示的群体飞行与单个个体飞行的对比实验中, 在停歇时间、总飞行时间、飞行速度以及无效飞行 (如环形) 等方面, 群体的飞行表现均明显优于单只家鸽的飞行表现, 且单独飞行的家鸽更多地依赖地形特征来归巢, 保持习惯性的归巢路线, 而鸽群则倾向于采用指南针式的导航, 这表明了在鸽群内部个体间通信效率的显著提高, 进而提高了鸟群的生存能力.

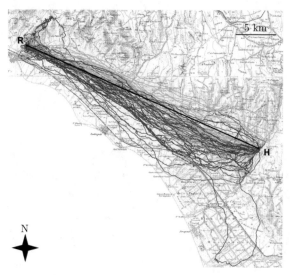

图 7　六只家鸽单独飞行与群体飞行的飞行路线

诺贝尔奖得主 Giorgio Parisi 在 2010 年曾与 Andrea Cavagna 等合作, 对椋鸟群进行了长期观察[12]. 他们利用一组高精度摄像机拍摄同一个鸟群的运动状况, 通过重建鸟群的三维坐标, 计算出每只鸟在任一时刻的位置与速度, 进而研究其群体运动规律, 如图 8 所示. 可以想象, 在鸟群中, 任何一只鸟都有可能因为各种不确定因素 (如外界刺激等) 而稍稍改变它的运动方向, 那么这种变化在鸟群中能影响多大范围呢? Cavagna 等提出了一种 "关联长度" 的概念来衡量这种影响范围. 在 Vicsek 模型、Boid 模型等传统鸟群模型中, 每个个体的速度只受到它附近几个邻居速度的影响, 而与群体的规模无关, 此时关联长度会接近于一个常数. 然而, Cavagna 等指出, 实际鸟群的关联长度可能会随着群体规模的扩大而变得非常长. 在图 9 中, Cavagna 等人分别计算了运动方向与速率的关联长度随鸟群规模的变化关系, 可以看出它们是成正比的. 最后, Cavagna 等指出, 鸟群内部每个个体的影响力范围存在某种

"长程关联性",即每只鸟的速度虽然只受到附近较少的几个邻居的影响,但当群体中任意一只鸟的速度发生突变时,这种速度的变化不仅对这只鸟的邻居产生影响,而且可以遍及整个群体,且这种"长程关联性"与鸟群的规模无关. 他们认为,这种无标度的长程关联正是鸟群群体运动敏感性的来源.

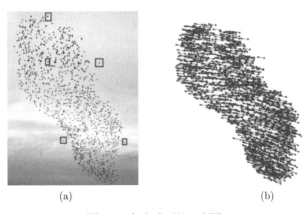

图 8　真实鸟群运动图

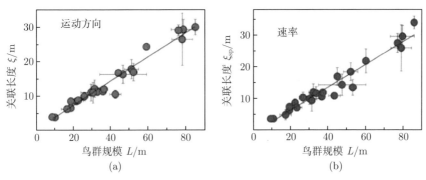

图 9　运动方向 (a) 和速率 (b) 的关联长度与鸟群规模的关系图

 **8.4　结束语**

壮观的动物群体运动还隐藏着很多不为人知的秘密,它背后的数学原理更是所知甚少. 然而,由群集运动所抽象、衍生出的数学模型与问

题涌现出了许多典型的理论和方法, 并在军事、通信、金融等领域有巨大的应用前景.

在军事领域, 根据美国空军研究实验室发布的无人机发展路线图, 由非自主到自主、由集中式到分布式、由单机到集群化是未来无人机的发展方向, 其最高目标之一便是全自主集群. 多无人机自主协同和鱼群、鸟群的群集运动所共有的局部性、分布式、自组织性、环境适应性等特点, 可以将 Vicsek 模型、Boid 模型等加以改进并应用于多无人机自主协同领域, 使得多无人机系统形成类似鱼群、鸟群的自主集群.

在移动通信网络领域, 随着通信技术的不断发展, 通信网络的业务量大幅增加, 但在不同时段、不同区域内业务量的分布不均衡, 各小区所承担的业务量也不均衡, 导致部分小区在某个时段载频紧张、业务阻塞, 而部分小区在某个时段载频闲置、浪费. 利用 Vicsek 模型平均同步的思想, 可以通过对网络性能指标的实时监测自适应地调整各小区导频信道的发射功率来调整覆盖范围, 从而实现移动通信网络的动态优化, 提高频谱资源的利用率和降低网络拥塞现象.

在金融领域, 股票网络的社团结构研究一直是一个热点问题, 该问题有助于从微观层面更准确地挖掘股票市场中的簇结构. 将基于 Vicsek 模型的同步聚类算法应用于金融股票市场中, 不仅能够较为正确地检测出股票网络的社团结构, 且更符合股票的属性分类, 亦有助于从微观层面理解股票市场的演化机制.

除此之外, 探索鱼群或鸟群保持规律队形的迁徙运动中的流体力学原理, 还有利于仿生飞行器和水下航行器的结构优化设计和队形优化设计. 生物群集的 Vicsek 模型、Boid 模型等以及衍生的复杂系统同步算法的应用还涉及分布式传感器网络、云计算等各个领域, 为科研工作者们提供了新的研究视角.

致谢

作者感谢宁政博士和葛超、成江江两位研究生帮忙收集资料.

参 考 文 献

[1]　Reynolds C W. Flocks, herds and schools: A distributed behavioral model. Proceedings of the 14th Annual Conference on Computer Graphics and Interactive Techniques, 1987: 25-34.

[2]　Olfati-Saber R. Flocking for multi-agent dynamic systems: Algorithms and theory. IEEE Transactions on Automatic Control, 2006, 51(3): 401-420.

[3]　Vicsek T, Czirók A, Ben-Jacob E, Cohen I, Shochet O. Novel type of phase transition in a system of self-driven particles. Physical Review Letters, 1995, 75(6): 1226.

[4]　Solon A P, Chaté H, Tailleur J. From phase to microphase separation in flocking models: The essential role of nonequilibrium fluctuations. Physical Review Letters, 2015, 114(6): 068101.

[5]　Jadbabaie A, Lin J, Morse A S. Coordination of groups of mobile autonomous agents using nearest neighbor rules. IEEE Transactions on Automatic Control, 2003, 48(6): 988-1001.

[6]　Tang G, Guo L. Convergence of a class of multi-agent systems in probabilistic framework. Journal of Systems Science and Complexity, 2007, 20(2): 173-197.

[7]　Chen G, Liu Z, Guo L. The smallest possible interaction radius for flock synchronization. SIAM Journal on Control and Optimization, 2012, 50(4): 1950-1970.

[8]　Cucker F, Smale S. Emergent behavior in flocks. IEEE Transactions on Automatic Control, 2007, 52(5): 852-862.

[9]　Chen G. Small noise may diversify collective motion in vicsek model. IEEE Transactions on Automatic Control, 2017, 62(2): 636-651.

[10]　Biro D, Sumpter D J, Meade J, Guilford T. From compromise to leadership in pigeon homing. Current Biology, 2006, 16(21): 2123-2128.

[11]　Dell'Ariccia G, Dell'Omo G, Wolfer D P, Lipp H P. Flock flying improves pigeons' homing: Gps track analysis of individual flyers versus small groups. Animal Behaviour, 2008, 76(4): 1165-1172.

[12] Cavagna A, Cimarelli A, Giardina I, et al. Scale-free correlations in starling flocks. Proceedings of the National Academy of Sciences, 2010, 107(26): 11865-11870.

剑桥分析学派[①]

李文林

19 世纪, 英国数学扭转了持续达百年之久的落后局面, 并通过哈密顿、凯莱、布尔、麦克斯韦等的成就而取得了堪与欧洲大陆抗衡的进展. 在这一复兴过程中, 剑桥分析学派起了极为重要的历史作用. 剑桥分析学派的活动, 包括了两个不同的时期, 即以巴贝奇 (C. Babbage)、皮科克 (G. Peacock) 和赫歇尔 (J. F. W. Herschel) 为首的分析学会时期以及以格林 (G. Green)、斯托克斯 (G. G. Stokes)、汤姆孙 (W. Thomson) 和麦克斯韦为代表的数学物理学派时期[②], 前后持续大约一个世纪, 是科学史上的重大事件, 本文就其形成、发展和影响做概要的阐述与分析.

 9.1 19 世纪初的英国数学

整个 18 世纪, 英国数学与欧洲大陆国家相比日趋衰落, 这种落后的状况在 19 世纪初达到了最低点. 1807 年《爱丁堡评论》上刊登了一篇

① 本文原载《科学、技术与辩证法》第 1 期, 1985, 第 34–46 页, 微有修改.

② 凯莱 (A. Cayley) 及后来的哈代 (G. H. Hardy) 亦属剑桥学派, 但对他们的工作的评述超出了本文范围, 作者将另文论及.

介绍拉普拉斯《天体力学》的文章, 作者的评述颇能说明问题, 他写道:

麦克劳林和辛卜松的著述算是当前关于流数演算的最佳工作了, 尽管国外的数学家们在这方面业已做出巨大的改进. …… 一个人也许能很好地掌握这个国家里的任何数学著述, 但当他阅读欧拉或达朗贝尔的作品时却很可能会在头几页就感到读不下去!

作者估计当时全英国能读懂拉普拉斯《天体力学》的人总共不会超过十数人. 我们还可以来看一看 1801—1830 年期间英国皇家学会会刊《哲学学报》(*The Philosophical Transaction*) 发表数学论文的情况. 据统计, 这 30 年间, 该会刊刊登数学方面的文章仅 44 篇, 其中还包括一些内容初等过时的作品, 而确有创造性的不过 30 余篇, 大约平均一年一篇! 这 30 多篇论文中, 巴贝奇、武德豪斯 (R. Woodhouse) 和爱伐里 (G. Ivory) 等的工作具有较高的水平, 但真正经受住时间考验而誉传后世的成果大概只能推霍纳 (W. G. Horner) 关于高次方程数值解的一篇. 8 篇几何方面的论文, 反映出当时的英国几何学家对笛卡儿也像对莱布尼茨一样地不熟悉; 关于无穷级数的 9 篇, 很少涉及收敛性问题. 如果我们对比一下同时期法国科学院每年源源不断发展的拉格朗日、拉普拉斯、勒让德、柯西、泊松、蒙日、傅里叶等影响深远的丰富作品, 那么英国数学的相形见绌便十分明显了.

18 世纪英国数学落后的原因, 是一个值得探讨的课题. 一般科学史著作历来把这种落后归咎于当时英国学术界对于牛顿传统的保守和牛顿与莱布尼茨的后继者中间关于微积分发明权的争论. 1727 年牛顿逝世以后, 不列颠学者中确实弥漫着对这位先哲的 "超乎理性的崇拜", 微积分发明权的争论, 又使他们同法、德等国的同行对立起来, "结果, 英国与欧洲大陆国家的数学家们中断了思想交流", 不列颠数学家们 "出于对这位民族英雄的忠诚而只使用他的方法与记号". "牛顿曾强使自己在欧几里得几何的框架内工作, 并力图把微积分归结为带有笨拙的点记号的动力学的流数原理. 尽管有这种作茧自缚的缺陷, 牛顿本人依然获得了成功, 然而他的能力较差的后继者却不能克服这种障碍." [1] 而在同一

时期 "大陆上的数学家们则继承、发展和改进了莱布尼茨的分析方法. 事实证明, 这一途径十分有效. 于是, 不仅英国数学落到了后头, 而且整个数学也失去了某些强有力的人物本来可能做出的贡献". [2]

以上这些论述无疑是正确的, 但我们也应当看到, 18 世纪英国数学的萎靡不振, 有着更深刻的社会原因. 至少, 可以说, 英国与法国数学家之间的割裂能够持续如此之久, 单以牛顿和莱布尼茨的 "个人战争" 论之是难以解释的. 回顾一下, 整个 18 世纪, 英国、法国战争不断, 而到了 19 世纪初反对拿破仑的战争时, 这种民族矛盾达到了白热化的程度. 英国与法国学术界的对立情绪, 如果不是为这种长期的政治对立所左右, 至少也受到其强烈的影响. 在 18 世纪的后期, 英国统治阶级倾全力抵制法国革命的影响, 这种抵制扩展到文化界来, 不仅是法国数学, 整个法国科学文化在英国都不受欢迎, 一个有趣的例子是, 连十进度量衡制当时也被英国政府禁传.

再说, 牛顿、莱布尼茨争论本来也可以使大陆国家的科学遭受同样的损害. 试想假如法国学者竭力抵制牛顿的理论, 那么起码拉格朗日、拉普拉斯等人的力学巨著就不可能产生. 这一情形幸好没有发生, 这就说明了英国与欧洲大陆国家当时在数学发展水平上的差异, 各自应该另有背景.

我们知道, 18 世纪在欧洲大陆上是法国大革命酝酿、发生和产生影响的时代. 这一时期的法国资产阶级 (包括后来的拿破仑政权), 出于自身经济和思想政治的需要, 大力支持新科学的发展. 对于数学研究, 不论其是否有直接应用, 政府也一概加以鼓励. 19 世纪初一位翻译过拉普拉斯《天体力学》的英国学者托普列斯 (J. Toplis) 曾经羡慕地说道: "在法国和其他大陆国家, 学数学和自然哲学的学生, 可望在国立学院或科学院找到职位, 那里的丰厚津贴足以保证他们的研究工作, 一旦他们写出值得发表的东西, 这些作品将一律由国家资助出版." 对比当时的英国, 托普列斯则不无感慨地说: 那里的学生们 "为了掌握这些科目而耗尽青春, 却很少获得回报的希望. 倘若他们的才能使自己有幸完成了一件高水平的工作，他们也绝不要指望能通过发表它而偿清哪怕一半的印刷费"！

这就是说，数学研究本身在当时的英国就不受重视．实际上，18 世纪英国的社会环境对于整个自然科学的生长也并不有利．在 17 世纪靠同封建贵族妥协而登上统治地位的金融资产阶级，此时日趋腐朽，他们拒绝任何革新的要求，对于发展新科学根本没有兴趣．这也反映到作为官方组织的皇家学会上来．这个曾由牛顿任会长，被大陆上一些国家奉为楷模的学术机构，从 18 世纪中叶起一度变得颇不景气．许多会员停止交纳会费和参加学会活动．到 19 世纪初，人们竟发现学会中充塞了大批主教、贵族和律师．据调查，1800—1830 年的 641 名会员中，在科学上真正做出贡献的仅 103 人，而有 63 名勋爵，对科学则一窍不通．因此，当 1830 年巴贝奇在其所著《英格兰科学衰落之感想》中指出"皇家学会已在客观上成为职员们的圈内组织，控制着会员的大多数，而对科学不过是点头之交"时，他的抨击是并不夸张的．

至于说 18 世纪的英国产业革命，它没有能挽回英国科学的落后，这乍看似乎有些费解．斯特洛伊克和贝尔纳等曾分析道：这一时期"不列颠本土的学者和工程师，都专注于解决与工业革命有关的问题"[3]．而"工业革命全期里的主要倾向在于发展越来越巧妙的机械，这些机械的设计开始基本上仍只是旧原理的联合应用"[4]，而它们后来对于以热力学和气体力学为主的新学科的刺激，其效果的显现则有一延迟的过程．这又决定了 18 世纪英国学术的实用色彩．对于牛顿学派所描绘的宇宙图像及自然规律的进一步理论探索，此时重点已转移到了受启蒙思想影响的法国．

因此，18 世纪英国数学的衰落可以看作是其一般科学衰落的一个侧面．到 18 世纪之末，越来越多的人开始觉悟到这种落后，并出现了改革的呼声．在早期的改革者中，罗伯特·武德豪斯（Robert Woodhouse）是重要的一位．武德豪斯长期在剑桥任教．他在 1803 年发表了一本叫《分析演算原理》的著作，其中分析了英国数学的落后，批评了对牛顿的盲目崇拜, 并且首次大胆地采用了莱布尼茨的微分记号. 武德豪斯的观点, 鼓舞了一群在剑桥学习的青年学生, 他们在武德豪斯著作发表八年之后, 发起了一场卓有成效的数学改革运动. 他们的组织, 就是剑桥分析学会.

9.2 分析学会

剑桥分析学会的主要创始人是查理士·巴贝奇. 巴贝奇以第一台通用计算机的设计者而著称于史, 但他创建剑桥分析学会而对数学发展的贡献绝不亚于其 "分析工程" [1].

巴贝奇 1791 年生于伦敦附近一个银行家家庭, 幼时身体极弱, 医生曾劝告其双亲 "不要以任何形式的教育去打扰孩子", 然而巴贝奇却于 1811 年进了剑桥三一学院, 并且在这之前, 他已通过大量阅读而熟悉了微积分, 包括大陆的分析方法. 进剑桥后, 他对于当时大学里的数学教育颇感不满, 他在自传中写道: "我讨厌这地方的老一套的教学, 而贪婪地猎读彼得堡、柏林和巴黎科学院卷帙浩繁的出版物中欧拉及其他数学家的文章 [5]." 巴贝奇的情绪反映了当时剑桥学生中日益高涨的改革气氛. 巴贝奇有一些志同道合的良友, 其中包括后来变得很出名的皮科克 (G. Peacock) 和赫歇尔 (J. F. W. Herschel). 他们每星期日在一起早餐, 饭后讨论数学. 这些青年学生一个共同的愿望是要打破英国与大陆数学之间的壁垒. 当时英法尚在交战之际, 法国书很难买到. 巴贝奇以高价搞来一本当时法国的标准微积分教科书——拉克鲁阿的《微积分学》(*Lacroix: Sur le Cacul Differential et Integral*). 在他的建议下, 这些大学生举行了一次会议, 最初的动机是讨论如何将拉氏著作译成英文, 但就在这次会上, 与会者 (据记录至少有九位) 一致同意成立一个数学团体, 并定名为 "分析学会" (Analytical Society). 学会租了一间会议室, 每天开放, 成员定期集会, 宣读论文并进行讨论.

---

① 巴贝奇对他设计的通用计算机的称呼.

学会的宗旨, 当然是改革英国的数学教育与研究, 推动新分析的发展. 1813 年, 学会成立不到一年, 出版了一本《分析学会论文集》 (*Memoirs of the Analytical Society*). 这本出自尚未毕业的大学生手笔的文集, 包括了无穷乘积、差分方程等方面的很有价值的结果, 但在当时尤其重要的是它从符号到方法都贯彻了莱布尼茨的体系. 为了表示向传统挑战的决心, 会员们给文集加上了一个醒目的副标题 "反对大学中点时代的纯 D 主义原理". 在首篇一般性论述中, 作者们追述了微积分的历史, 认为微积分 "最先是由费马发现, 而牛顿使其完美并给予了解析表述, 莱布尼茨则以强有力的普适符号极大地丰富了这门科学". 作者还写道: "似乎这个国家 (指英国) 的土壤不适合其耕耘, 它很快就凋谢了, 并且几乎遭到忽视. 现在, 经过一个世纪的国外发展, 我们必须把它重新输入, 再一次将其改造为我们自己的东西!"[6] 这可以说是一个世纪来英国学者对微积分发展所做的一次最没有偏见的分析. 在当时, 把微积分的最先发明权归于费马, 在英国尤其是剑桥, 是需要很大的勇气的. 事实上, 分析学会的活动从一开始就遇到了很大阻力. 一批老资格的教师立即出来斥责学会的成员们, 说他们是一群 "年少无知的异教徒", 这样闹下去 "前途不妙" 等. 拉克鲁阿《微积分学》英译本的出版也受到了阻挠, 一直到 1816 年才得以正式付印.

这群 "异教徒" 并没有在压力面前退缩. 他们从引进莱布尼茨的微积分符号开始, 锲而不舍, 坚持改革. 他们根据一百多年的实践, 分析比较了莱布尼茨与牛顿体系的优劣, 指出了牛顿的以力学为背景的流数记号对于微积分一般理论发展的束缚. 他们认为, "作为推理工具的分析学之所以具有极大的优越性, 精密而简明的语言似乎是首要的原因. 笨拙的记号既不能传达亦不能启发除原始定义之外的任何思想". 因此, 他们不仅在自己的所有论著中统一使用莱布尼茨的符号, 而且试图通过剑桥的学位考试来促使学生们掌握新的分析工具. 第一个采取行动的是皮科克. 1817 年, 已经是剑桥大学讲师的皮科克被任命为学位考试的主考员. 他利用这机会, 在他本人所出试题中采用了莱布尼茨的符号, 这在作为牛顿学说策源地的剑桥是破天荒第一次，不用说立即遭到强烈反对，以至于当时还是学生的惠威尔 (W. Whewell) 写信给赫歇尔说："您大概已经看到皮科克的试题，它们在此间引起了一片狂嚣，我想他以后很难有希望再当主考员啦！"皮科克本人倒很镇定自若，他在给朋友的信中表示，"我将为改革事业而竭尽全力 …… 忠于职守，明年我将采取一条比以往更有决定意义的路线。""只有通过不屈不挠地坚持，我们才有希望战胜传统偏见这个多头怪物，使大学名副其实地成为科学与真知的良母！"于是，以符号问题为导火线，在剑桥展开了一场改革与反改革的拉锯式斗争。皮科克命题的次年，主考员易人，剑桥学位试题全部复辟老记号。1819 年，皮科克复任主考，又重新采用新记号。这一次招来了官方的申斥。当局通过大学出版社新出版了一位与皮科克同姓的牧师 (D. Peacock) 撰写的反改革的书，书名叫《在剑桥大学讲授的流数论与微分学原理之比较》，对"拉克鲁阿《微积分学》的译者"进行了猛烈的攻击。当时特别引人注意的是，这位牧师在书中以校方代理人的身份宣称："在剑桥的数学教学中，应继续反对 (引进纯代数的或分析的思考方法)，这样做有许多正当的理由。学术教育应严格限制于真正有用的课题。而那些学究式的法国分析著作与哲学并无直接关系……。青年学生们要想获得大学评议会授予的荣誉，根本没有必要去费神阅读这类作品。"

因此，当局认为新分析与传统哲学不相容。但反改革人士所依据的理由，却远不像这位牧师所说的那样"许多"和"正当"，他们主要还是挥舞牛顿这面大旗。牧师皮科克在维护旧的符号体系时就直截了当地说："既然流数记号没有什么不合适，那么出于对不朽的牛顿的纪念，我们就应该继续使用它！"如果说这种对牛顿的"忠诚"在 18 世纪晚期还能使一部分英国学者团结起来固守传统的话，到 19 世纪 20—30 年代，形势就有了改观。当时英国知识界中已明显地表现出法国革命的思想影响。分析学会的成员们对形势也并非没有估计。G. 皮科克就曾在给朋友的信中指出："我感到，人们已经做好变革的准备，从而能够通过改进了的基础书籍的出版而学得一种更好的系统。"因此，分析学会的改革活动, 随着时间的推移而受到越来越多开明有识之士的支持, 特别是在青年教师、学生中有广泛的拥护者. 1819 年, 当皮科克第二次出任主考员时, 和他一起被提名的另一位主考格瓦特金 (R. Gwatkin) 对于采用新符号就采取了完全合作的态度. 1820 年, 在牧师皮科克的猛烈攻击之后, 惠威尔出任主考仍然坚持了皮科克的做法, 而另一位主考威尔金森 (H. Wilkinson) 也是站在惠威尔一边的. 这样, 自 1820 年起, 剑桥数学试卷中不再出现牛顿的流数记号, 其他大学亦纷起效仿, 这是一个标志, 说明分析学会发起的改革运动, 经过近十年的不懈努力, 已告实际成功. 新分析在英伦三岛得到了迅速传播.

1820 年, 分析学会出版了最后一本著作——《微积分例题集》. 就在这之前, 成员们已意识到学会的使命接近完成. G. 皮科克 1819 年致函巴贝奇, 谈到了组织新学会的计划, 这就是后来的剑桥哲学会. 剑桥哲学会的历史已超出本文范围, 下面我们要来讨论受分析学会直接影响的剑桥数学物理学派的发展.

 9.3 数学物理学派——从格林到麦克斯韦

分析学会一扫牛顿以后英国数学僵化、沉闷的空气, 为剑桥历史上一个新的光辉时期揭开了序幕. 然而学会成员们本身, 他们后来的工作领域大都离开了分析: 巴贝奇长期为设计制造他的计算机而奔忙, 赫歇尔成了天文学家, 皮科克也许是同数学保持了最密切关系的一位, 但他的兴趣转移到代数方面. 沿着分析学会开辟的道路前进, 在分析领域中攀上新的高峰而使剑桥数学威名重振的任务, 是由剑桥数学物理学派来担当的, 而其中一位承前启后、继往开来的人物, 就是乔治·格林 (George Green).

9.3.1 乔治·格林

格林 (1793—1841) 是一位自学成才的数学家, 他的父亲是诺丁汉市的磨坊主. 格林很早就在父亲的磨坊里做工, 他的数学知识几乎全是通过业余阅读得来的. 法国数学书此时已不再像过去那样难得. 格林把磨坊顶楼当作自己的书斋, 攻读从市里的一个叫勃隆利的图书馆借来的拉普拉斯、拉格朗日等的名著, 并于 1828 年写成了他的第一篇也是最重要的一篇论文——《数学分析在电磁理论中的应用》. 当时是他的朋友们集资帮他印发了这篇论文, 订阅者中有一位恰好是早年分析学会的发起人之一的勃隆海德. 勃隆海德也是诺丁汉的地方贵族, 他认识到格林的才能, 鼓励格林进一步钻研, 并向剑桥大学推荐了格林. 这样, 1833 年, 格林在四十岁上进了剑桥冈维尔与凯斯学院, 四年后获硕士学位. 在剑桥期间, 格林相继发表了一系列重要论文. 他的工作的主要特色, 是寻求解决物理问题的一般数学方法, 这也正是后来剑桥数学物理学派的特征. 格林最重要的贡献是他的位势理论. 拉普拉斯在引力计算、泊松在电磁问题中都曾用到过这样的函数 V, 它同力场分量 (x,y,z) 有关系:

$$X = -\frac{\partial V}{\partial x}, \quad Y = -\frac{\partial V}{\partial y}, \quad Z = -\frac{\partial V}{\partial z},$$

$$dV = -X\,dx - Y\,dy - Z\,dz,$$

拉普拉斯并指出函数 V 满足方程

$$\Delta^2 V = \frac{\partial^2 V}{\partial x^2} + \frac{\partial^2 V}{\partial y^2} + \frac{\partial^2 V}{\partial z^2} = 0, \tag{1}$$

并采用球调和方法来解方程 (1). 但拉普拉斯和泊松的方法都只适用于特殊的几何形体. 格林认识到函数 V 的重要性, 首先赋予它 "位势" (potential) 的名称. 同前人不同的是, 格林发展了函数 V 的一般理论, 特别是建立了许多对于推动位势论的进一步发展极为关键的定理与概念, 其中以格林公式

$$\int_\tau (U\nabla^2 V - V\nabla^2 U)d\tau = \int_\sigma (U\nabla V - V\nabla U)d\sigma$$

和作为一种带奇性的特殊位势的格林函数的概念影响最为深远.[7] 这样, 格林同高斯一起成为现代位势理论的创始人.

然而, 格林作为剑桥数学物理学派的开山祖师, 他的贡献远不止此. 格林短促的一生共发表过 10 篇数学论文. 这些原始著作数量不大, 却包含了许多对现代数学来说极其宝贵的思想, 它们的意义和影响, 还大大有待于探讨.

以格林关于光的折射与反射理论的论文为例. 光的波动的数学描述, 在 19 世纪数学家中始终是一个时髦的课题. 在格林的时代, 科学界所持的一种普遍的意见是把光看作弹性固体以太的振动. 柯西在光以太的研究中采用了以吸引与排斥形式相互作用的数学系统的机械模型. 格林对于柯西和其他学者对以太中力的性质做特殊假设的作法则持批判态度, 他的论文开门见山, 有如下一段深刻的论述:

我们对于发光以太元之间相互作用的方式知道得如此少, 因而最可靠的办法还是以某种一般的物理原理作为推理的基础, 而不要去假定特殊的模式.

格林提出作为 "推理基础" 的一般原理是什么呢? 他表述如下:

"任一物质系统的元素间不论以何种方式相互作用, 若以所有的内力分别乘以相应的方向元, 则对该物质系统的任一指定部分, 此乘积之总和将永远等于某函数的恰当微分. "

这实质上相当于能量守恒原理. 格林是第一个将这种一般形式的守恒原理引入弹性力学的学者. 他由此出发推导了描述光媒质振动规律的偏微分方程. 在格林写成他的光学论文时, 法拉第的电磁感应还刚发现不久, 格林关于光波动的数学研究还不具备突破旧的机械以太观的条件, 但他选择一般数学原理作为推导光媒质运动方程的基础而避免对以太的力学性质做人为假设的做法, 说明他比同时期的其他数学物理学家要高出一筹.

n 维空间的概念是格拉斯曼在 1844 年首先提出的. 但在格林的著作中已经出现高维几何的思想. 格林 1835 年发表的论文 "论椭球体的引力", 率先发展了 n 元函数分析, 其中格林使用 s 个坐标 $\{x_1, x_2, \cdots, x_s\}$ 来代替通常的三维欧氏坐标, 并使用 s 维球体和椭球来代替相应的三维图形.

在现代分析中扮演重要角色的所谓狄利克雷原理, 溯其源亦为格林首创. 在上述同一篇论文中, 格林假设积分 (用格林本人的记号)

$$\int dx_1 dx_2 \cdots dx_s \sum_{i=1}^{s} \left(\frac{dV}{dx_j}\right)^2$$

存在一个极小化函数 V_0, 并指出 V_0 满足方程

$$\sum_{i=1}^{s} \frac{d^2V}{dx_i^2} = 0,$$

这正是 n 维情形的狄利克雷原理. 汤姆孙在 1847 年也阐述了同样的原理. 汤姆孙的文章发表在刘维尔的《数学杂志》上, 因此, 我们就不能忽视它对欧洲大陆国家数学家的影响. 而汤姆孙本人, 正如我们后面将要看到的那样, 对于格林的工作是十分熟悉的. 这样, 所谓狄利克雷原理实际上应该称为 "格林原理".

现代数学物理可以从格林著作中吸取营养的另一个例证是他关于水波的研究. 我们知道, 一种叫孤立波的现象在现代物理的许多分支中正越来越受到重视. 这现象最先由一位英国工程师罗素 (S. Russell) 所发现 (1837 年), 而它的第一个非线性表述一般追溯到科特维克 (D. J. Korteweg) 和德福里斯 (G. de Vries) 合作的一篇论文 (1895 年). 然而, 如果我们调查一下 19 世纪水波方面的文献, 那就可以看出一条线索, 说明科特维克、德福里斯的理论, 乃是近一个世纪以来一系列研究的结果, 而格林的工作则一马当先. 罗素于 1844 年第二次在不列颠科学协进会上做浅水波问题报告时, 曾埋怨数学家们未能预报他所观察到的现象. 但在这之前, 格林已经发表了两篇这方面的论文, 其中第一篇几乎是同罗素的第一份报告同时发表的, 格林导出的浅水波方程为

$$\frac{\partial \phi}{\partial x^2} + \left\{\frac{\partial \beta}{\beta \partial x} + \frac{\partial \gamma}{\gamma \partial x}\right\} \frac{\partial \phi}{\partial x} - \frac{1}{2\gamma}\frac{\partial^2 \phi}{\partial t^2} = 0, \tag{2}$$

其中 ϕ 为水平面对平衡位置的位移, β, γ 分别为矩形渠道的宽与深.

格林通过变换 $\phi = Af(t+x)$ 将方程 (2) 化为 x 的函数 A 和 X 的两个方程, 从而解出

$$\phi = \beta^{\frac{1}{2}}\gamma^{\frac{1}{2}}\left\{ f\left(t+\int\frac{dx}{(g\gamma)^{\frac{1}{2}}}\right) + F\left(t-\int\frac{dx}{(g\gamma)^{\frac{1}{2}}}\right)\right\},$$

其中 f, F 为任意函数.

上述方法同今天数学物理中广泛使用的所谓 WKB 方法完全一致.

格林的贡献在数学物理史上是不可磨灭的, 但他生前却一直默默无闻. 他在 1839 年被选为冈维尔与凯斯学院的成员, 但一年后就不幸病故. 他的第一篇重要论文, 在他去世十年以后才得以正式发表. 然而, 格林的工作直接启导了两位强有力的人物, 由于他们的影响, 剑桥的数学物理开始变得名声斐然.

9.3.2　汤姆孙和斯托克斯

格林的第一篇论文因未正式发表而濒于失传. 威廉·汤姆孙 (1824—1907)(即后来的凯尔文勋爵) 在剑桥当学生时, 有一次从牟菲 (Murphy) 的一篇论文的文献索引中知道了格林这篇文章的题目, 但四处寻觅原作而不得. 1845 年, 汤姆孙从剑桥毕业, 在行将离校的前夕将此事告诉了他原先的数学辅导老师霍普金斯. 出乎汤姆孙意料, 霍普金斯细心地收藏着格林这篇著作的非正式传本, 并给了他几本. 汤姆孙带着这篇著作踏上了赴法国考察的旅途, 在巴黎, 他向著名数学家刘维尔和施特姆等介绍了格林的论文, 二者阅后立即意识到此文的特殊价值, 认为格林已为位势论及其应用奠定了完整的基础. 后来, 在德国数学家克勒尔的亲自赞助下, 格林这篇论文终于发表在克勒尔主办的著名的数学杂志上 (1850 年), 汤姆孙并为此撰写了介绍格林生平与工作的导言.

汤姆孙本人从格林的工作中受到了重要的启迪. 早在学生时代, 汤姆孙就企图寻求适当的数学理论, 以对某些不同的物理领域进行统一的数学处理. 1842 年, 汤姆孙发现热平衡问题的数学解答可以被形式

地移用到静电分布理论中去并且反之亦然. 大学毕业前后, 汤姆孙着手考虑法拉第电磁感应说的数学描述. 就在这时, 他看到了格林的著作, 立即意识到格林的位势概念正是他多年寻求的普遍工具. 借助于位势论, 可以从数学上有效地将某些不同的物理现象联系起来, 而毋须依赖那些在当时相当流行但在他看来却很不可靠的特殊的物理假设 (如泊松的电流体假设等), 这同格林的想法是一脉相承的. 汤姆孙还发现他本人 1842 年关于热平衡与静电分布理论的数学等价性的证明, 实质上正是在将温度分布看作位势函数的基础上进行的. 汤姆孙沿着自己这条推理路线前进, 在 1847 年迈出了重要的一步. 这一年, 汤姆孙利用斯托克斯导出的流体力学与弹性力学方程, 建立了弹性固体内线性位移与静电力之间以及旋转位移与电流、磁力之间的数学等价关系. 这样, 汤姆孙通过数学途径, 把不同性质的力 (电和磁) 与同一媒质的内部过程联系起来, 为从数学上表述当时众所瞩目的法拉第的伟大发现指明了道路, 汤姆孙这方面的工作, 强烈地影响了麦克斯韦早期的研究.

汤姆孙发展了格林的位势理论, 将位势论的应用范围拓广到电磁学、流体力学、弹性力学等许多领域. 从数学史的角度需要特别指出的是, 汤姆孙利用位势论去确立一系列物理现象的形式等价关系, 在这过程中, 他同时也确立了偏微分方程在相应物理理论中的重要地位. 汤姆孙还论证了在静电学中借助于格林位势函数的微分表述形式比之用库仑定律计算超距作用力的积分形式所具有的优越性, 进而又通过自己的工作大大扩展了可用微分定律表述的物理问题的范围, 对于推动偏微分方程的发展是有重要贡献的.

格林的另一位后继人乔治·盖布里尔·斯托克斯 (George G. Stokes, 1819—1903), 也是在剑桥学习数学的, 比汤姆孙早毕业四年. 斯托克斯在剑桥也曾拜霍普金斯为师 (此人就是向汤姆孙提供格林第一篇论文的那位私人教师, 他后来又当过麦克斯韦的辅导老师, 可以说是哺育剑桥数学物理学派的无名英雄). 大概是由于霍普金斯的影响, 斯托克斯熟悉了格林在剑桥发表的论文特别是关于水波理论的工作, 并选择流体力学作为自己最初的研究领域, 而流体力学后来便成为他最擅长的分支. 斯托克斯于 1846 年向不列颠科学协进会提交的一份 "关于流体力学新发展的报告", 使他作为英国科坛的新秀而崭露头角, 斯托克斯在报告中多次引征了格林的著作, 表现出他对格林的钦佩.

斯托克斯在 1845 年独立导出了著名的黏性流体运动方程, 接着又发展了格林的水波理论. 1850 年, 他将其黏性流体理论应用于摆在黏性流体中的行为, 结果之一是解释了大气中云的形成. 他还借助微分方程研究地球引力的问题, 揭开了一个曾使当时许多学者不解的谜——为什么陆地上的引力要比岛屿上小. 斯托克斯在声音与光传播的研究中也运用了他的流体力学方程. 所有这些, 使他成为运用偏微分方程解决问题的权威, 以致常有许多人在这方面请求他的帮助, 而他不论对于团体还是个人, 总是不厌其烦, 尽可能地予以答复.

汤姆孙和斯托克斯是 19 世纪典型的应用数学家. 他们的主要目标, 是发展求解重要物理问题的有效和一般的数学方法, 而他们手中的主要武器就是偏微分方程. 汤姆孙也许比斯托克斯更 "应用", 作为热力学第二定律的发现人之一, 人们往往把他看作物理学家而忽视其在数学史上的地位. 实际上, 汤姆孙具有强烈的应用数学家的素质. 他通过自己的工作, 向同时代人显示了数学的威力. 这方面最脍炙人口的一段佳话便是大西洋海底电缆的安装. 此项工程于 1854 年开始, 汤姆孙是领导委员会的成员. 在此之前, 他已在与斯托克斯的通信中讨论过长导线中信号延迟的数学解释. 1855 年, 他从理论上解决了这一问题, 并据此指出横越大西洋的海底电缆只宜使用小电流. 汤姆孙还为此专门设计了一种可用以测量微电流的电流计, 然而负责的总工程师怀特豪斯 (E. O. W. Whitehouse) 却拒绝汤姆孙的意见, 导致了安装工作的失败. 怀特豪斯后来被迫承认了汤姆孙的数学预报的正确性. 1865 年, 依据汤姆孙的方案, 第一条横越大西洋的海底电缆终于安装成功, 轰动了当时的整个科学界.

作为应用数学家, 汤姆孙和斯托克斯有时也在解决实际问题的过程中做出纯数学的贡献, 甚至处理一些十分精细, 往往只有纯数学家才加以考虑的问题. 例如, 在分析的严格化中扮演重要角色的一致收敛性, 一般主要是归功于柯西和魏尔斯特拉斯的研究, 而实际上, 在柯西之前, 斯托克斯已在 1847 年一篇论周期级数的应用性论文中提出了这一概念. 此外, 斯托克斯在 1848—1849 年答复他人关于声音传播理论的问题时, 引进了媒质中速度与密度的不连续曲面, 这就是后来的冲击波 (有趣的是, 当时这一发现并未获得人们的理解, 汤姆孙和瑞利并提出质疑, 认为斯托克斯的发现不符合能量守恒定律, 以致斯托克斯又收回了自己的想法). 又如汤姆孙, 除了位势理论方面的贡献外, 他也是所谓反演几何的创始人之一. 与几何学家不同, 汤姆孙是通过静电学的物理途径提出反演思想的, 他称自己的发现为 "电象方法".

斯托克斯与汤姆孙是一对科学密友, 他们有着共同的兴趣, 保持了终身的科学通讯, 他们的个人经历也十分类似. 两人年轻时皆受过良好的教育. 他们的工作在生前都受到了普遍的承认, 并因此而获得了巨大的荣誉 (斯托克斯于 1889 年、汤姆孙于 1892 年分别获得英王的加爵, 斯托克斯并长期作为剑桥大学的代表出席国会). 特别是两人生前都担任过科学与教育方面的要职, 汤姆孙长期任格拉斯哥大学自然哲学教授, 斯托克斯则从 1847 年起一直保持了剑桥卢卡斯教授的位置, 而他的任职使卢卡斯教授的交椅恢复了牛顿时代的光彩. 斯托克斯并于 1885 年出任皇家学会会长, 1890 年后由汤姆孙接替. 同格林坎坷不遇的一生相比, 斯托克斯与汤姆孙可以说是时代的幸运儿, 他们的科学活动产生了广泛的社会影响, 特别是对新一代的青年. 在这种影响下, 剑桥的沃土上开放的一枝最绚丽的花朵, 便是麦克斯韦.

9.3.3 克拉克·麦克斯韦

这样, 我们便来到了 19 世纪剑桥数学物理学派的顶峰.

克拉克·麦克斯韦 (1831—1879) 出生于爱丁堡, 其家庭是苏格兰地方的望族. 麦克斯韦少时聪慧, 十四岁发表第一篇论文, 发明了一种画卵形线的方法并讨论了卵形线的几何与光学性质. 同格林一样, 麦克斯韦年岁不永, 只活了 48 岁. 然而他一生共发表了一百多篇论文及四部巨著, 其中关于电磁场的数学理论, 使他成为牛顿以来数学物理领域中一颗最明亮的星而名载史册.

对麦克斯韦电磁学说的历史评述数不胜数. 这里仅做数学史上的考察.

麦克斯韦本人曾指出, 他创立电磁理论的主要动机乃是对 19 世纪以法拉第为代表的一批物理学家们在电磁领域中的重大发现做数学上的概括. 我们感兴趣的是这种数学综合的具体实现及其在数学史上的意义.

给法拉第电磁感应论以数学表述的努力并不是始于麦克斯韦. 前面已经提到, 汤姆孙就曾做过这种尝试, 并提出了从形式上统一某些不同物理领域的数学推理方式. 麦克斯韦高度评价并且推广了汤姆孙的推理方式.

麦克斯韦将电磁学中的物理量分成了两大类——强度 (intensity) 与通量 (flux), 这种分类是 "建立在对不同量做数学的或形式的类比的基础之上, 而不是以它们所从属的物质为基础". 随后的任务就是建立这两类物理量之间的关系. 麦克斯韦在《电磁学通论》中写道: "在物理学的许多部门里, 人们发现同一形式的方程可以被应用于本质上完全不同的现象, 例如通过介质的电感应、通过导体的传导以及磁感应等. 在所有这些情形中, 强度与所产生的效应之间的关系是用一组同一类型的方程来表述的, 以致当某一学科中一个问题得到解决后, 该问题及其解答可以被翻译成其他学科的语言, 而以新形式出现的结论依然成立. "[8]

麦克斯韦所确立的关系主要有三条:

$$D = k/4\pi E,$$

$$K = cE,$$

$$B = \mu H,$$

这里 D 为电位移, 可通过一位势的梯度来计算; B 为磁感应, 可通过一向量势的旋度来计算; K 是传导电流.

麦克斯韦采用偏微分方程作为物理实在的自然表述, 而上列通量–强度间的关系实质上就是斯托克斯关于连续介质系统的一般运动的三个部分. 位势论在这里又一次扮演了关键的角色. 正如麦克斯韦本人指出的那样: "位势被看作是满足一定偏微分方程的量, 整个位势理论实质上属于我曾称之为法拉第方法的那种方法." 麦克斯韦还讨论了利用泊松方程 $\nabla^2 V = -4\pi\rho$ 的解和依照库仑定律计算 $V = \int (\rho/r)d^3r$ 这两种途径的区别, 他的分析恰恰抓住了场论的本质. 按照麦克斯韦的看法, "积分形式是超距作用的适当的数学表述, 而偏微分方程则是描写介质中邻近部分相互作用的理论的最合适的工具".

爱因斯坦在一次纪念麦克斯韦的讲演中曾经指出: "偏微分方程进入理论物理学时是婢女, 但是逐渐变成了主妇." 他认为这是在 19 世纪开始的, 而麦克斯韦在实现这一转化中做出了有决定意义的贡献.[9] 这不仅意味着偏微分方程在科学中的作用的实质性提高, 而且也极大地推动了作为数学本身的一个分支——偏微分方程论的发展.

由上述可知, 麦克斯韦之所以能够完成牛顿以来物理学的一次新综合, 在数学上主要是利用了 19 世纪以来位势论和偏微分方程论的成果. 他的这种综合, 是从法拉第等发现的物理定律出发, 预报了物理学家们未能观察到的事实, 以致许多人甚至包括汤姆孙在内, 虽然承认麦克斯韦的天才, 却在很长一段时间内不能理解他的学说.

因此, 只有像麦克斯韦这样具有数学头脑的学者, 才能最终完成电磁理论的数学表述. 不过作为数学家, 麦克斯韦却并不恪守纯粹演绎的严密性. 在这里, 让我们来看一看 19 世纪的另一位大数学家克莱因对麦克斯韦科学素质的评论 [10], 这是很有意思的. 克莱因写道: "麦克斯韦并不是一位逻辑上无懈可击的人. 他的论证常常缺乏充分的说服力. 他的高度发达的归纳思维胜过了他的演绎思维[①]. …… 麦克斯韦出类拔萃之处, 很大程度是在于他的强有力的直觉, 这种不时出现、引导他做出科学预见的直觉能力, 是同他的丰富的想象力并驾齐驱的. " 从某种意义上说, 麦克斯韦正是数学史上被称为 "数学物理学家" 这样一个群体的杰出代表.

同斯托克斯、汤姆孙不同, 麦克斯韦是一位性格恬静、不好社交的学者, 很少担任行政职务. 他一生大部分时间是在祖传的苏格兰庄园里埋头研究. 1865 年以后, 麦克斯韦甚至一度从伦敦大学国王学院辞退, 隐居田庄专注写作他的《电磁学通论》. 不过, 在麦克斯韦一生难得从事的科学组织工作中, 却有一件特别重要的事情, 就是剑桥卡文迪许实验室的创建. 麦克斯韦是该实验室的第一任主任, 他的继任人则是瑞利勋爵, 后者可以说是 19 世纪剑桥数学物理学派的最后一位代表人物. 今天, 卡文迪许实验室已经成为全世界公认的理论物理中心之一, 在这个实验室的陈列廊里, 端放着它的创始人麦克斯韦的塑像!

9.3.4 结束语

剑桥数学在历史上有两个最辉煌的时期, 即牛顿时期 (17 世纪) 与分析学派时期. 这两个时期之间, 则是一个漫长的停滞阶段. 牛顿以其伟大的学说影响了整个自然科学发展的进程, 却在身后造成了英国科学的巨大真空, 这个真空只是到了麦克斯韦时代才得到真正的填补. 上面我们述说了剑桥数学是怎样从牛顿之后的停滞状态中振兴起来而焕发出新的光彩. 这种振兴, 起先是受了外部的推动, 分析学会是促成这场变革的强力催化剂, 剑桥数学物理学派则是这场变革的光辉硕果.

---

① 克莱因接着举了个例子, 说麦克斯韦 "曾叙述了一条球函数的定理, 即任何形如 $\gamma^{2n+1} = \dfrac{\partial^n \frac{1}{\gamma}}{\partial h_1 \cdots \partial h_n}$ 的表达式均表示一球函数, 然而接着他竟不加任何证明地使用了其逆定理".

新的分析方法的引进, 无疑是 19 世纪剑桥数学物理发展的重要条件. 但人们或许会问: 为什么麦克斯韦方程不是首先出现于此种分析方法的故土——欧洲大陆呢? 这就需要涉及剑桥数学本身的传统.

我们知道, 19 世纪数学发展中, 基于数学内部矛盾的演绎倾向占主导地位. 19 世纪数学的三大成就——非欧几何、群论和分析的严格化, 都是这种倾向的产物, 而剑桥数学物理学派却明显地不属于这一倾向.

剑桥数学物理学派的学者, 从格林到麦克斯韦, 他们不同于纯粹数学家, 主要的兴趣不在于数学的内部矛盾, 而在于根据物理的需要发展数学的新概念、新方法或新分支. 他们又不同于纯粹的物理学家, 不是满足于具体的实验结果的解释, 而是致力于以数学家特有的思维方式去概括带普遍性的原则与算法, 从数学一般性的角度解释现象, 预报事实.

因此, 剑桥数学物理学派是代表着数学史上的另一种倾向——归纳的或算法的倾向. 从实质上来说, 牛顿微积分之发明, 正是这种算法倾向的胜利. 在这一点上, 剑桥数学物理学派倒恰好继承并发扬了牛顿的传统, 所不同的是: 剑桥数学物理学派抛弃了牛顿传统中僵化的方面而采用了欧洲大陆数学家所发展的分析途径. 其次, 牛顿为了描写他的质点力学只需要借助常微分方程, 而处在向场物理飞跃时期的剑桥数学家们, 却主要依赖偏微分方程, "这些人贡献于偏微分方程的解到如此一个程度, 以致数学物理学与二阶线性偏微分方程往往看成了一个东西"[11].

在数学史上, 算法倾向的意义是不能低估的. 许多重大的数学真理都是探寻新算法的结果. 算法的创造同时也构成进一步演绎研究的基础. 事实上, 数学的发展似乎呈现出算法与演绎这两种倾向的交替繁荣. 19 世纪特别是后半叶, 当然是演绎数学的兴盛时代, 然而在剑桥, 从格林到麦克斯韦的数学物理学派却独树一帜. 恰如牛顿给出了古典物理的数学表述, 19 世纪的剑桥学派为以场论为特征的新物理学提供了数学语言, 这两件事都发生在剑桥, 应该说并不是偶然的.

参考文献

[1] Dubbey J M. The Mathematical Wosk of Charles Babbage. Cambridge: Cambridge University Press (CUP), 1978.

[2] 克莱因 M. 古今数学思想, 第二册. 上海: 上海科学技术出版社, 1979.

[3] Struik D J. Mathematics in the Early Part of the 19th Century. Social History of 19th Century Mathematics. Boston: Birkhäuser, 1981.

[4] 贝尔纳 J D. 历史上的科学. 北京: 科学出版社, 1959.

[5] Babbage C. Passages from the Life of a Philosophers. London, 1869.

[6] Babbage C, et al. Memoirs of the Analytical Society. Cambridge, 1813.

[7] Green G. Mathematical Papers. CUP, 1871.

[8] Maxwell C. Treatise on Electricity and Magnetism. CUP, 1873.

[9] 爱因斯坦. 麦克斯韦对物理实在观念发展的影响//许良英, 范岱年编译. 爱因斯坦文集, 第一卷. 北京: 商务印书馆, 1976.

[10] Klein F. Vorlesungen ueber die Entwicklung der Mathematikv im 19. Jahrhundert (Reprint)Spring-Verlag, 1979.

[11] 斯特洛伊克 D J. 数学简史. 北京: 科学出版社, 1956.

10 数学的意义

席南华

量与形是物质和事物的基本属性. 它们是数学研究的对象, 这决定了数学的价值和意义.

数学其实关注的是量与形的数学规律, 是现实世界的一个反映. **数学的规律是物质和事物的基本属性的规律, 是自然规律和社会规律中最实质的一部分.** 数学的意义和价值看起来已无需多说, 但是数学的语言是抽象的, 而抽象的面目基本上是人见人不爱, 也常常被误认为远离现实世界和人间烟火, 挺冤的. 抽象的价值后面会说到.

 10.1 遥远的过去, 数学是什么样子

数学有很长的历史. 一般认为数学作为独立的有理论的学科出现于公元前 600 年至公元前 300 年期间, 欧几里得的《原本》(约公元前 300 年) 是一个光辉的典范. 它采用公理化体系系统整理了古希腊人的数学成就, 其体系、数学理论的表述方式和书中体现的思维方式对数学乃至科学的发展影响深远. 纵观数学发展史,《原本》是最有影响的数学书.

古希腊另一部伟大的数学著作是阿波罗尼奥斯的《圆锥曲线》, 时间上它稍后于《原本》. 这本书除了综合前人的成就, 还有独到的创新, 材料组织出色, 写得灵活巧妙. 这本书称得上圆锥曲线方面的巅峰之作, 后人几乎对这个主题至少在几何上都说不出什么新东西.

几乎同时, 就有数学史的研究了. 亚里士多德 (公元前 384—前 322) 的学生欧德莫斯 (Eudemus, 约公元前 370—前 300) 写有数学史的著作.

人类的文明史又要长得多. 约一万年前人类开始定居在一个地区, 靠农牧业生活. 文字的出现却要晚得多, 大约在公元前 3200 年左右. 在此之前, 人类在数学上的进展是极其的缓慢, 原因在于发展水平低下, 对数学的需求极低, 抽象的数学概念从无到有的形成极不容易.

数学最基础的概念, 数和直线的形成经过了漫长的时间.

刚开始, 人们对数的观念是与具体的物品联系在一起的, 如一棵树、一块石头、两个人、两条鱼等等. 时光, 在不停地流逝……. 逐渐地, 人们领悟到一棵树、一块石头等具体物体的共同的数字属性, 数的抽象概念形成了.

同样, 刚开始, 人们对线的观念和树、树枝、绳子、物体的边沿等具体的线形状联系在一起. 时光, 在不停地流逝……. 逐渐地, 人们意识到直的树、拉紧的绳子、某些物体的笔直的边沿等具体物体的共同的形状属性, 直线的抽象概念就形成了.

数和直线概念的形成是人类认识自然的一个飞跃.

数学的产生与发展是实际生活推动的. 最初产生的是算术与几何. 现实的需要产生了数之间的计算 (如分配食物、交换物品、到指定日期前的天数等). 于是需要给数以名称, 并能记下来告诉别人. 从文字产生之初就开始引进的数字符号在算术的发展上起了巨大的作用. 这是引进一般数学符号和公式的第一步. 下一步, 引进算术运算符号和未知数符号是很晚完成的, 并不断改进, 比如, 我们熟悉的加减乘除的符号是在 15 世纪至 18 世纪间才开始使用.

算术最早是在巴比伦和埃及那儿发展起来, 由于税收、丈量土地、贸易、建筑、天文等的实际需要. 但这里主要是针对具体问题的计算和解答. **算术的这种形式并不是数学理论, 因为其中没有关于数的一般性质** (或说规律).

向理论算术的过渡是逐渐进行的. 中国、古巴比伦、古埃及已经知道百万以上数的可能. 这里已经显示出数列无限延续下去的可能性. 但人们不是很快就明确意识到这一点.

阿基米德 (公元前 287—前 212) 在《数砂法》中指明了命名大量砂粒的数目的方法. 这是一件当时需要详细解释的事情. 在今天其实也不是一件容易的事情.

公元前 3 世纪希腊人明确意识到两种重要思想: 数列可以无限地延续下去; 不但可以运用具体的数, 还可以讨论一般的数, 建立和证明关于数的一般性质. 例如《几何原本》中证明素数有无穷多个, 后面会提到这个结论和证明. 算术就这样发展成理论算术.

理论算术其实是数的理论, **对具体的局部的问题的计算不是其主要内容, 用概念和推理建立数的规律和一般性质是其主要的内容**. 当然, 这会反过来在更高层次对具体的计算有帮助.

理论算术令人信服的根源: 它的结论是从概念中运用逻辑方法得出, 而逻辑方法和算术概念都是以数千年的实践为基础, 以世界的客观规律为基础.

理论算术的概念和结论反映了事物的量的性质和关系, 概括了大量的实践经验, 在抽象的形式中表现出现实世界的那些经常和到处碰到的关系, 对象可以是动物、农产品、星球……. 所以, 算术的抽象性不是空洞的, 而是通过长期的实践, 概括了某些普遍的性质, 从而具有广泛的应用性. 对于全部数学, 对于任何抽象概念和理论也都是这样的. **理论应用广泛的可能性取决于其中所概括的原始材料的广泛性**.

抽象自有它的局限性: 应用到具体对象时仅反映了对象的一方面, 常常仅有量是不够的. 不能无限制地到处应用抽象概念. 一只羊和一头狼加在一起, 一升水和一把泥土混在一起都不是算术一加一应用的地方. 真理是具体的, 数学是抽象的. 抽象应用到具体常常是一种艺术和技术.

数的发展历程也是很有意思的. 最初是与具体对象相连的数, 然后是抽象的数, 进而是一般的数. **每一阶段都依赖先前的概念和积累的经验. 这也是数学概念形成的基本规律之一.**

几何的起源与发展类似于算术的情形. 测量、计算土地的面积和容器的体积、谷仓的容积、水利工程等的实际需要导致了几何的产生和发展, 包括长度、面积、体积等概念. 对于农民, 知道土地的面积, 对预计收成是很有益的. 对于水利工程, 知道土方量对工程需要多长时间完工是重要的.

巴比伦人和埃及人在几何发展的初始岁月 (大约是公元前 3000 多年至公元前 700 年期间) 是领先者. 刚开始, 几何就是从经验总结出来的一些公式, 包括求三角形、长方形、梯形、圆等的面积公式, 长方体、球等的体积公式. 埃及人用来计算圆面积的公式 $A = (8d/9)^2$ 在当时是惊人得好, 其中 d 是直径. 这个公式等于在圆的面积公式中取 $\pi=3.1605$. 几何问题在计算上也是算术问题.

巴比伦人和埃及人那时应该未意识到他们的算法和规则需要根据, 或能够通过演绎从一些结论推出另一些结论. 他们所得到的公式或法则都是互相没有联系的, 从而不成系统.

这时, 希腊人登场了. 他们去埃及和巴比伦做贸易、游历、学习数学和科学. 埃及人和巴比伦人的算术与几何就这样大约在公元前 7 世纪传到希腊. 随后就是群星闪耀的时代, 有众多的学派. 有意思的是那时中国大致是春秋战国时期, 百家争鸣, 思想家辈出, 老子、孔子、墨子、孟子、庄子、荀子、韩非子……

希腊古典时期 (公元前 600 年至公元前 300 年间) 很有影响的学派有: 爱奥尼亚学派、毕达哥拉斯学派、厄尼亚学派、巧辩学派、柏拉图学派、亚里士多德学派等.

古希腊人对数学的最重大的思想贡献包括**数学研究抽象概念, 一切**

数学结果必须根据事先明确规定的公理用演绎法推出.

几何就这样朝着几何理论方向发展; 引入概念, 对经验得到结论阐明之间的关系, 发现新的结论. 这个过程中, 抽象的思维发挥了极其重要的作用. 在现实物体的空间形式中抽象产生了几何的概念: 点 (没有大小)、线 (没有宽度厚度)、面 (没有厚度) ……

与算术一样, 几何产生于实践, 逐步形成数学理论. 几何理论研究的是空间的抽象形式和关系. 这是它有别于其他研究物体的空间形式和关系的科学, 如天文、测量等, 或艺术如绘画、雕塑等的地方. **抽象的空间形式是无法做实验的**, 只能用逻辑推理的方法建立结论之间的联系, 从已知的结论导出新的结论.

几何概念的明显性, 推理的方法, 结论的令人信服都如同算术那样以数千年的实践和世界的客观规律为基础.

在我们今天强调学科交叉对科学发展的重要性时, 回顾历史, 会发现那是一个似是而非的提法. 学科的交叉在历史上一直十分活跃, 是产生进一步的一般概念、方法和理论的重要来源, 对人类文明和科学的发展产生巨大的影响. 最伟大的科学家, 如阿基米德、牛顿、莱布尼茨、欧拉、高斯、爱因斯坦等在多方面都做出伟大的贡献.

就说算术与几何, 数学最早的两个分支, 在一开始就是密不可分, 互相影响的. 简单的长度测量就已经是算术与几何的结合了. 测量物体长度时, 把某种长度单位置放在物体上面, 然后数一数共置放多少次. 第一步 (放置) 是几何的, 背后的几何概念是全等或重合, 第二步 (数) 是算术的.

测量的时候常常发现所选用的单位不能在被测的物体上放置整数次. 这时必须把单位加以分割, 以便利用单位的一部分来更准确地测量物体, 就是说不仅用整数, 还要加上分数来表示被测物体的长度. 分数就这样产生了. 这是几何与算术合作的结果, 产生了重要的新概念——分数, 引起了数的概念从整数到分数的推广.

无理数的发现同样来自几何与算术的结合, 但无理数的发现却是不能通过测量实现的, 因为在实际测量中精度总是有限的, 而无理数是无限不循环小数.

勾股定理告诉我们单位边长的正方形的对角线的长度是 2 的平方根, 它是一个无理数. 这样, 数的概念就进一步发展了. 而且, 逐渐地人们把数理解为某个量与被取作单位的量的比值.

无理数的发现是体现数学理论在揭示自然规律和现象的威力与深刻性的一个典型例子. 没有数学, 很多的现象和规律是无法认识的.

数的进一步发展就是实数的概念, 然后是复数的概念, 然后是代数结构.

已故的伟大数学家华罗庚对数与形的联系有过精辟的评述: **数缺形时少直观, 形缺数时难入微**①.

 10.2 数 (shǔ) 数 (shù)

说起来, 数学应该是从数 (shǔ) 数 (shù) 开始的. 我们有谁不会数数呢, 在会说话后不久, 父母就会告诉我们数数, 到幼儿园后数数的本领肯定就更大了. 我们数数一般是

$$1, 2, 3, 4, 5, 6, \cdots,$$

似乎一般人不会想到用正整数把所有的整数都数一数. 其实这是可能的, 一个数法是

$$0, 1, -1, 2, -2, 3, -3, \cdots,$$

这样就用正整数把所有的整数都数出来了.

一般人应该更不会想到用正整数把有理数 (分数) 来数一下, 直觉看这似乎是不可能的事情. 出人意料, 这也是可能. 分数都能写成整数

---

① 原诗: 数与形, 本是相倚依, 焉能分作两边飞; 数缺形时少直观, 形缺数时难入微; 数形结合百般好, 隔离分家万事休; 切莫忘, 几何代数统一体, 永远联系, 切莫分离! 见《华罗庚诗文选》, 中国文史出版社, 1986.

的比:

$$0, \quad \pm\frac{p}{q}, \quad \text{其中 } p, q \text{ 是不等于 } 0 \text{ 的正整数, 没有大于 } 1 \text{ 的公因子.}$$

先按 $p+q$ 的值的大小分成若干部分排序, 每一部分再数, 所以一种数法是

$$0, 1, -1, \frac{1}{2}, 2, -\frac{1}{2}, -2, \frac{1}{3}, 3, -\frac{1}{3}, -3, \frac{1}{4}, \frac{2}{3}, \frac{3}{2},$$

$$4, -\frac{1}{4}, -\frac{2}{3}, -\frac{3}{2}, -4, \cdots.$$

就这样, 我们用正整数把有理数也数清楚了.

好奇心当然不能这样结束了. 我们可能琢磨怎样用正整数来数实数. 这一次真的是没办法了: 正整数无法数清楚实数. 可以严格证明这一点, 但我们这里不去说此事, 虽然并不难. 故事还没有结束. 这里产生了一个问题: 在自然数全体和实数全体之间有没有数的集合, 它没法用正整数去数 (即不能与自然数集建立一一对应), 同时实数也没法用这个集合去数?

集合论 (数学的一个分支) 的创始人康托尔猜想: 这样的集合不存在. 这就是著名的连续统假设. 希尔伯特在 1900 年国际数学家大会上做报告, 列出了二十三个问题, 连续统假设是第一个问题. 由此可见这个问题的重要性. 这二十三个问题对以后数学的发展产生了重大的影响.

哥德尔是伟大的数理逻辑学家, 他在 1940 年证明了连续统假设与我们平常用的公理体系是没有矛盾的. **没有矛盾, 并不意味着它是对的.** 1963 年科恩建立了强有力的方法——力迫法, 用这个方法他证明了连续统假设之否与我们平常用的公理体系也是没有矛盾的. 也就是说在我们常用的公理体系中, 加入这个假设不会产生矛盾; 加入这个假设之否, 也不会产生矛盾. 这显然出乎常人的意料, 一个重要而又自然的问题, 竟在我们常用的公理体系里没法断定真假. 逻辑的诡异由此可见一斑. 科恩因在连续统假设上的工作获得 1966 年的菲尔兹奖.

连续统假设似乎已经弄明白了, 但其实对这个问题的思考并没有停止, 仍在产生深刻的数学.

我们可以把连续统假设和平面几何的平行公理比较. 对平行公理的思索和研究导致了双曲几何等非欧几何的产生. 黎曼几何是非欧几何的一种, 是广义相对论的数学框架.

好奇心, 简单的好问题, 总是能把我们带到很远, 很远的地方.

10.3 认识无限

在我们有限的生命中要认识无限似乎是一件困难的事情, 甚至可能是一件让人不安的事情. 古诗 "生年不满百, 常怀千岁忧", 又表明我们并不甘心局限于自己有限的时空. 但无限是令人敬畏的. 帕斯卡说道: "当我想到我生命的短暂逗留, 被前后的永恒所吞噬, 我所占据的小小空间, 被我一无所知、对我一无所知的无限广阔的空间所淹没, 我感到恐惧. 这些无边无际的空间的永恒的寂静使我害怕[1]. "

整数有无限个, 实数也有无限个. 在数数的游戏中我们知道这两个无限是有本质差别的.

唯有数学能研究无限, 揭示神奇的无限世界, 并利用无限研究有限. 例子包括极限、级数、无限集合⋯⋯下面两个等式就能让人感受数学利用无穷的神妙:

$$\lim_{n \to \infty} \left(1 + \frac{1}{n}\right)^n = e,$$

$$1 + \frac{1}{2^2} + \frac{1}{3^2} + \frac{1}{4^2} + \frac{1}{5^2} + \frac{1}{6^2} + \cdots = \frac{\pi^2}{6}.$$

---

[1] "When I consider the short duration of my life, swallowed up in an eternity before and after, the little space I fill engulfed in the infinite immensity of spaces whereof I know nothing, and which know nothing of me, I am terrified. The eternal silence of these infinite spaces frightens me." Blaise Pascal, in "Pensées"(原文为法文, 意为沉思), 1670.

伟大的数学家希尔伯特对无限的认识是深刻的: "从未有其他的问题能如此深刻地触动人的心灵; 没有其他的思想能如此富有成果地激发人的思维逻辑领悟力; 然而, 也没有其他的概念比无限的概念更需要澄清[①]."

 **10.4 一些观点**

伟人们从不吝啬他们对数学的敬畏和赞美之词:

数学是现实的核心. —— 毕达哥拉斯学派、柏拉图学派

我们常常听到的观点 "万物皆数" 源自毕达哥拉斯, 他 (的学派) 还有类似的表述: 数统治着宇宙; 数是万物的本质. 柏拉图学派深受毕达哥拉斯学派的影响, 把数学摆在至高的位置: 纯粹思想的最高形式是数学. 在柏拉图学园的大门上写着 "无几何学识者勿入此门". 柏拉图的《理想国》第七篇中有很长的对话讨论算术与几何的重要性, 结论是算术迫使灵魂使用纯粹理性通向真理, 几何是认识永恒事物的, 把算术与几何作为青年人必须学习的第一门和第二门功课.

数学是自然界真实的本质. —— 古希腊

有这样的认识, 古希腊能在数学上取得开天辟地的成就似乎也就不奇怪了.

物理写在宇宙这本大书里, 它持续地打开在我们眼前. 但在我们学会书写宇宙的字符和语言之前, 是无法读懂这本书的. 它是用数学语言写成的, 字符是三角形、圆以及其他的几何图形. 没有 (明白) 这些意味

---

① "Das Unendliche hat wie keine andere Frage von jeher so tief das Gemüt der Menschen bewegt; das Unendliche hat wie kaum eine andere *Idee* auf den Verstand so anregend und fruchtbar gewirkt; das Unendliche ist aber auch wie kein anderer *Begriff* so der *Adfklärung* bedürftig." David Hilbert: In address (4 Jun 1925), at a congress of the Westphalian Mathematical Society in Munster, in honor of Karl Weierstrass. First published in Mathematische Annalen (1926), 95, 161-190 with title Über das Unendliche.

着人力理解这本书的一个单词都是不可能的. 没有这些, 人就只能在黑暗的迷宫里徘徊①. —— 伽利略

伽利略是近代实验科学与机械唯物主义的奠基人之一. 他建立了落体定律, 发现了惯性定律, 确定了 "伽利略相对性原理" 等, 是经典力学和实验物理学的先驱. 也是利用望远镜观察天体取得大量成果的第一人. 伽利略对数学的观点可以看作古希腊人的观点的一个发展.

数学是科学的皇后②. —— 高斯

高斯被称为 19 世纪的数学王子, 是 19 世纪最伟大的数学家, 也是杰出的物理学家、天文学家、大地测量学家. 他的这句话常被人引用, 只是不知道高斯把皇帝弄哪儿去了.

在自然科学中, 数学是不可思议地有效. —— 尤金·维格纳

维格纳提出原子核吸收中子的理论并发现维格纳效应, 因此 1963 年获诺贝尔物理学奖. 这个引言是维格纳 1959 年 5 月 11 日在纽约大学库朗数学研究所的报告的题目, 文章 1960 年 2 月发表在库朗数学研究所主办的杂志 *Communications in Pure and Applied Mathematics* 上. 维格纳的这个观点影响很大, 问世后对这个观点的讨论和引申就一直没有停过.

上帝是等级非常高的数学家, 构建宇宙时他用了十分高级的数学.

---

① "Philosophy (i.e. physics) is written in this grand book, the universe, which stands continually open to our gaze. But the book cannot be understood unless one first learns to comprehend the language and read the letters in which it is composed. It is written in the language of mathematics, and its characters are triangles, circles, and other geometric figures without which it is humanly impossible to understand a single word of it; without these, one wanders about in a dark labyrinth." Galileo Galilei, *The Assayer* (Il Saggiatore (in Italian)), as translated by Stillman Drake (1957), Discoveries and Opinions of Galileo, p. 237-8.

② "Die Mathematik ist die Königin der Wissenschaften und die Zahlentheorie ist die Königin der Mathematik", Wolfgang Sartorius von Waltershausen: *Gauss zum Gedächtnis* (《高斯传》), 1856. p.79.

我们在数学上气力不足的尝试使得我们能够理解宇宙的一点点. 当我们继续发展越来越高级的数学时, 可以希望我们能更好地理解宇宙[①]. —— 狄拉克

狄拉克发现了原子理论的富有成效的新形式, 因此于 1933 年与薛定谔一起获得诺贝尔物理学奖. 他提出的狄拉克方程被誉为石破天惊之作, 预言了正电子的存在, 后被实验证实. 他提出的 δ 函数极富创造性, 惊世骇俗, 当时的数学理论无法接纳, 但在物理上很有用. 后来广义函数理论出现, 数学理论才能解释和处理 δ 函数, 原来它是一个广义函数.

数学必须驾驭我们理智的飞翔; 数学是盲人的拐杖, 没有它寸步难行, 物理中一切确实无疑的都应归功于数学和经验[②]. —— 伏尔泰

伏尔泰是 18 世纪法国哲学家和作家, 法国资产阶级启蒙运动的泰斗. 他的思想代表了整个启蒙运动的思想, 启迪了民众的心智, 影响了整整一代人. 法国数学的强大不仅是法国数学家的功绩, 还有深刻的文化因素.

数学的发展与完善和国家的繁荣富强紧密相关[③]. —— 拿破仑

拿破仑是 19 世纪法国伟大的军事家、政治家, 法兰西第一帝国的缔造者. 人们一般都关注他的军政成就, 其实他在科教方面的成就对法

[①] "God is a mathematician of a very high order, and He used very advanced mathematics in constructing the universe. Our feeble attempts at mathematics enable us to understand a bit of the universe, and as we proceed to develop higher and higher mathematics we can hope to understand the universe better." P. A. M. Dirac: The Evolution of the Physicist's Picture of Nature. Scientific American, May 1963, Volume 208, Issue 5.

[②] "Mathematics must subdue the flights of our reason; they are the staff of the blind; no one can take a step without them; and to them and experience is due all that is certain in physics." Francois Marie Arouet Voltaire Oeuvres Completes, 1880, t. 35, p.219.

[③] "The advancement and perfection of mathematics are intimately connected with the prosperity of the State." Napoléon Bonaparte: Correspondance de Napoléon, t. 24 (1868), p.112.

国以后的发展也同样是至关重要的. 在法兰西第一帝国期间, 法国制定了保留至今的国民教育制度, 成立了公立中学和法兰西大学来培养人才, 鼓励科学研究与技术教育事业的兴起.

拿破仑对科学和文化事业极为关注. 掌权后, 他定时出席法兰西科学院的会议, 邀请院士们报告科学进展, 将许多奖赏授予科学家, 包括外国的科学家. 拿破仑的关注促进了法国科学的繁荣, 出现了拉普拉斯、拉格朗日、蒙日、萨迪·卡诺、傅里叶、盖·吕萨克、拉马克、居维叶等一大批耀眼的科学明星.

数学科学呈示了一个最辉煌的例子, 不借助经验, 纯粹理性就能成功地扩大其疆域[①]. —— 康德

康德是 18 世纪德国哲学家, 被认为是所有时代最伟大的哲学家之一. 他拥有渊博的自然科学知识, 对道德有着深刻的理解. 他的哲学对德国古典哲学和西方哲学具有深远影响, 对马克思主义哲学的诞生也具有深刻影响. 《纯粹理性批判》是其最有名的著作.

也许听起来奇怪, 数学的力量在于它躲避了一切不必要的思考和它令人愉快地节省了脑力劳动[②]. —— 马赫

马赫是 19 世纪至 20 世纪初奥地利物理学家和哲学家. 高速飞行的马赫数就是以他的名字命名的. 他最重要的成就是在研究物体在气体中的高速运动时, 发现了激波. 马赫的《力学》曾对爱因斯坦产生深刻的影响. 马赫也多次被多人提名为诺贝尔物理学奖的候选人. 马赫的上述观点是一个似非而是的真理, 后面我们会用哥尼斯堡七桥问题和晶体的

[①] "The science of mathematics presents the most brilliant example of how pure reason may successfully enlarge its domain without the aid of experience." Immanuel Kant and F. Max Müller (trans.), "Method of Transcendentalism", Critique of Pure Reason (1881), Vol. 2, p.610. 还可参见: 《纯粹理性批判》, p.575, 康德著, 王玖兴主译, 商务印书馆.

[②] "Strange as it may sound, the power of mathematics rests on its evasion of all unnecessary thought and on its wonderful saving of mental operations." Ernst Mach: in E. T. Bell, Men of Mathematics (1937), Vol. 1, 1 (Roman numeral "1").

分类加以说明.

如果我感到忧伤, 我会做数学变得快乐; 如果我正快乐, 我会做数学保持快乐[①]. —— 雷尼

雷尼 (Alfréd Rényi) 是 20 世纪杰出的匈牙利数学家, 主要研究概率论, 也研究组合数学、图论和数列. 雷尼告诉我们, 做数学多好!

纯粹的数学构造使我们能够发现概念和联系这些概念的规律, 这些概念和规律给了我们理解自然现象的钥匙[②]. —— 爱因斯坦

为什么数学享有高于其他一切科学的特殊尊重, 一个理由是因为他的命题是绝对可靠和无可争辩的, 而其他一切科学的命题在某种程度上都是可争辩的, 并且经常处于被新发现的事实推翻的危险之中. ……数学之所以有高声誉, 还有另一个理由, 那就是数学给予精密自然以某种程度的可靠性, 没有数学, 这些科学是达不到这种可靠性的[③]. —— 爱

---

① "If I feel unhappy, I do mathematics to become happy. If I am happy, I do mathematics to keep happy." Alfréd Rényi: In P. Turán. The Work of Alfréd Rényi, Matematikai Lapok, 1970, 21, p.199-210.

② "pure mathematical construction enables us to discover the concepts and the laws connecting them, which gives us the key to understanding nature." Albert Einstein, In Herbert Spencer Lecture at Oxford (10 Jun 1933). On the Methods of Theoretical Physics. Printed in Discovery (Jul 1933), 14, 227. Also reprinted in *Philosophy of Science*, Vol. 1, No. 2, (Apr., 1934), p. 163-169. 中文翻译可见《爱因斯坦文集》第一卷, 许良英等译, 商务印书馆, 2010. p.448.

③ "One reason why mathematics enjoys special esteem, above all other sciences, is that its propositions are absolutely certain and indisputable, while those of all other sciences are to some extent debatable and in constant danger of being overthrown by newly discovered facts. ... But there is another reason for the high repute of mathematics, in that it is mathematics which affords the exact natural sciences a certain measure of certainty, to which without mathematics they could not attain." Albert Einstein: *Geometry and Experience*, Published 1921 by Julius Springer (Berlin), also reprinted in "The Collected Papers of Albert Einstein", Translation Volume 7, Princeton University Press, 2002. 中文翻译可见《爱因斯坦文集》第一卷, 许良英等译, 商务印书馆, 2010. p.217.

因斯坦

爱因斯坦是 20 世纪最伟大的科学家, 妇孺皆知. 其科学成就改变了人们对世界的认知. 他不仅是一位伟大的科学家, 还是一位伟大的哲人, 社会活动家, 深切关注人类的命运. 对自然, 对社会, 对人类的深刻认识让人惊叹其超人的才智和伟大的心灵.

宇宙之大, 粒子之微, 火箭之速, 化工之巧, 地球之变, 生物之谜, 日用之繁, 无处不用数学[1]. —— 华罗庚

对于数学之用, 华罗庚的评说是极其精辟的.

在实践中, 通过感性和思考, 获得了知识. 进而, 通过抽象的思维, 建立了知识之间的联系, 形成了科学. 至此, 理性和思维就有了自己的自由王国. 在自己的王国里, 思维常常超出实际的需求很远. 比如, 十亿或百亿这样一些大数在计算的基础上产生, 运用它们的实际需要是以后的事情; 虚数是通过解方程 $x^2 + 1 = 0$ 产生的, 后来才发现广泛的应用. 数学关注的是量与形的数学规律, 是探索世界的一个精灵. 在思维的自由王国里, 它灵巧, 有很大的自由空间飞翔, 很多成果在完成后要过很久很久才得到应用. 著名的例子包括:

◇ 两千多年前希腊人关于圆锥曲线的研究在 17 世纪被用于描写天体的运动.

◇ 黎曼几何是广义相对论的数学框架.

◇ 纤维丛理论在规范场理论中的作用.

◇ 矩阵和无限维空间在量子力学中的作用.

◇ 概率论在统计力学、生物和金融中的应用.

……

---

① 华罗庚: "大哉数学之为用", 原载《人民日报》1959 年 5 月 28 日. 转载于《大哉数学之为用》(华罗庚科普著作选集), 上海教育出版社.

我国的文化和传统都是实用主义的, 主要关注眼前的利益. 在这儿, 我愿意引用哲学家怀特海德的忠告:

"对那些只把知识和研究局限于明显有用的那些人, 不会有比如下示例给出更深印象的告诫了: 圆锥曲线只是作为抽象科学 (的内容), 被研究了 1800 年, 除了满足数学家的求知欲外, 没有任何实用的考虑, 然而在这漫长的抽象研究的最后, 它们被发现是获得最重要的自然规律之一的知识所必不可少的钥匙①. "

10.6　数学的智慧

一般人对数学都是愿意敬而远之的, 可是马赫却说数学能令人愉快地节省了脑力劳动 (见 10.4 节: 一些观点), 这真是让人困惑的一个说法. 可能马赫说的是数学的智慧. 我们用两个例子说明这一点.

第一个例子是哥尼斯堡七桥问题. 这个问题发生在 18 世纪, 那时哥尼斯堡是普鲁士的城市, 现在为俄罗斯的加里宁格勒. 城市有一条河穿过, 把城市分成四部分, 有七座桥把这四部分连接起来, 如图 1②.

据说, 当时市民周末的一个很受欢迎的消遣是, 能否设计一条路线, 通过每一座桥正好一次. 没人成功过, 但这并不意味着不可能. 1735 年, 丹茨溪 (在哥尼斯堡西面约 140 千米) 的市长受当地一个数学家之托, 找到欧拉. 欧拉是 18 世纪最伟大的数学家, 当时 28 岁, 已经很有名了.

① "No more impressive warning can be given to those who would confine knowledge and research to what is apparently useful, than the reflection that conic sections were studied for eighteen hundred years merely as an abstract science, without a thought of any utility other than to satisfy the craving for knowledge on the part of mathematicians, and that then at the end of this long period of abstract study, they were found to be the necessary key with which to attain the knowledge of one of the most important laws of nature." A. N. Whitehead, *Introduction to Mathematics*, London WILLIAMS & NORGATE, p110-111.

② 本图来源: https://plus.maths.org/content/bridges-k-nigsberg.

图 1

欧拉是这样考虑问题的. 河流把城市分成四部分, 每一部分的大小不重要, 重要的是过桥的路线设计. 于是可以把陆地抽象成点, 桥抽象成点之间的连线[①](图 2): 从而问题就成为在上面的图 3 设计一条路线, 经过每条连线 (桥) 正好一次.

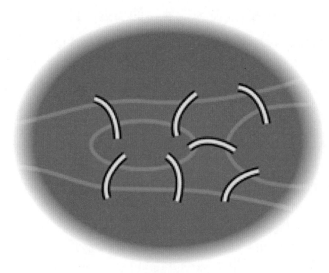

图 2

---

① 两个图来源: https://plus.maths.org/content/bridges-k-nigsberg.

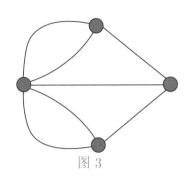

图 3

假设有这样的路线. 如果一个点不是起点, 也不是终点, 那么走到这个点的线路 (即桥) 和离开这个点的线路是不一样的. 这要求, 连接这个点的线路的数量必然是偶数.

上面的图有四个点, 一条线路的起点和终点合起来至多两个. 这是说, 不管怎样设计路线, 四个点中至少有两个点既非起点也非终点, 连接这样的点的线路的数量必然是偶数. 可是上面的图连接四个点的线路 (即桥) 都是奇数, 分别是 5, 3, 3, 3. 这意味着, 对上面的图, 不可能设计一条路线, 经过每条连线 (桥) 正好一次.

欧拉解决这个问题的方式显示了抽象的价值和数学思维的智慧. 欧拉的这项工作也标志了一个数学分支 —— 图论的诞生. 图论在信息科学 (包括网络和芯片设计) 中非常有用.

第二个例子是晶体的分类. 钻石和雪花都是晶体, 非常的美. 晶体具有很好的对称性. 晶体的对称性其实对晶体种类带来很强的约束. 数学中研究对称的分支是群论. 于是数学在晶体的研究中就发挥了很大的作用. 1830 年德国人赫塞尔 (J. F. Ch. Hessel, 1796—1872) 确定晶体外形的对称形式共有 32 种 (称为 32 种点群).

确定了外形的对称形式后, 人们转向晶体的内部结构. 19 世纪德国人弗兰根海姆 (M. L. Frankenheim, 1801—1869) 提出晶体内部结构应以点为单位, 这些点在三维空间周期性地重复排列. 稍后法国人布拉维 (A. Bravais, 1811—1863) 提出了空间格子理论, 认为晶体内物质微粒的质心分布在空间格子的平行六面体单位的顶角、面心或体心上, 微粒在三度空间中周期性地重复排列. 它们确定了空间点阵的 14 种形式.

舍弃晶体的所有物理性质, 仅从几何对称性的角度考虑晶体, 在 1885—1890 年, 俄国晶体学家费多洛夫确定了晶体的微观的对称形式是 230 种, 即晶体的内部的空间 (对称) 群只有 230 种.

费德洛夫的工作是后来晶体实验工作的数学理论基础, 对晶体的内部结构的确定发挥了巨大的作用. 在实验中这 230 种对称都被发现. 1912 年德国人劳厄 (M. V. Laue) 首次通过 X 射线揭示了晶体内部的周期性结构, 证实了晶体构造的几何理论. 此后, 英国人布拉格父子 (William Henry Bragg, 1862—1942; William Lawrence Bragg, 1890—1971) 和俄国的乌尔夫 (Георгий (Юрий) Викторович Вульф, George (Yuri Victorovich) Wulff 或 G. V. Wulff, 1863—1925) 相继得到晶体 X 射线衍射的基本方程, 并测量了大量的晶体结构. 特别, 他们测到了一些原来费德洛夫认为是虚的晶体对称性 (即认为仅理论上存在的对称性).

劳厄、布拉格父子先后于 1914 年和 1915 年获得诺贝尔物理学奖. 以后关于晶体研究还有多项的工作获得诺贝尔奖.

10.7 数学的美

数学家, 还有一些物理学家, 对数学之美的感受是强烈的, 对数学之美的追求也是无尽的:

我的工作总是设法把真与美统一起来, 但如果只能选择这个或另一个时, 我常常选择美[1]. —— 外尔

外尔可能是 20 世纪继庞加莱和希尔伯特之后最伟大的数学家, 物理上的规范场理论亦是他提出. 他写的《群论与量子力学》1928 年首次

---

[1] "My work has always tried to unite the true with the beautiful and when I had to choose one or the other, I usually chose the beautiful." Hermann Weyl, In Obituary by Freeman J. Dyson, "Prof. Hermann Weyl, for. Mem. R. S.", Nature (10 Mar 1956), **177**, p.458. Dyson notes that this was told to him personally, by Weyl who was "half joking".

出版. 据说, 当时的理论物理学家都会把这本书放在书架上, 但都不看, 因为其中的数学太难了. 外尔似乎相信美是更高层次的真实, 因为我们所见所悟应该都只是真实的一部分, 而美常常能把我们带到更全面的真实.

美是 (数学的) 第一道检验: 难看的数学在这个世界上没有长驻之地[①]. —— 哈代

哈代是 20 世纪杰出的分析学家, 也是他所在的时代英国最杰出的数学家. 他的《一个数学家的独白》表达了他对数学的看法, 影响颇广.

上帝用美丽的数学创造了这个世界. 研究人员在尝试用数学表达自然界的基本定律时, 应当主要力求数学美. [②]—— 狄拉克

狄拉克对数学美的感受是独特的. 狄拉克方程的产生就是实验与数学美的完美结合, 仅凭当时的结果实验结果得出的方程在狄拉克看来不具有数学美, 于是根据他自己对数学美的领悟, 修改了方程, 并根据修改后的方程预言了正电子的存在, 后被实验证实. 狄拉克的观点似乎和外尔的观点有相通之处. 狄拉克应该很喜欢自己的方程, 他第一次与费曼相遇是在一次会议上, 沉默良久后, 狄拉克对费曼说: "我有一个方程, 你也有么." 估计费曼当时是很郁闷的.

数学, 如果正确地看, 不但拥有真理, 而且也具有至高的美[③].

---

① "Beauty is the first test: there is no permanent place in the world for ugly mathematics." — G. H. Hardy. *A Mathematician's Apology* (1940). First Electronic Edition, Version 1.0 March 2005, Published by the University of Alberta Mathematical Sciences Society, Available on the World Wide Web at http://www.math.ualberta.ca/mss/. 有中译本: 《一个数学家的辩白》.

② "God used beautiful mathematics in creating the world." "The research worker, in his efforts to express the fundamental laws of Nature in mathematical form, should strive mainly for mathematical beauty." Paul A. M. Dirac: in Paul Adrien Maurice Dirac: Reminiscences about a Great Physicist (1990), Preface, xv; p.110.

③ "Mathematics, rightly viewed, possesses not only truth, but supreme beauty." Bertrand Russell Essay, "The Study of Mathematics" (1902), collected in Philosophical Essays (1910), p.73-74.

—— 罗素

罗素是数学家, 也是哲学家, 获诺贝尔文学奖. 他所写的《西方哲学史》从一个哲学家的角度而非哲学史家的角度看西方的哲学史, 视角独特, 脉络清晰, 文笔流畅也不乏幽默. 他对美的认识自然有着非常广阔的背景.

·········

数学的美的含义无疑和其他的美如艺术等在形式美上有一些共性, 但更多还是一种思维和逻辑的美, 智慧的美, 有自己的特质. 每个人对数学的美的理解是不一样的, 但下面的看法有助于把握数学的美的部分含义:

♡ 形式: 清晰、简洁、简单、原创、新颖、优美, 不同对象之间的联系;

♡ 内涵: 深刻, 重要, 基本, 蕴意丰富;

♡ 证明: 清晰, 干净利落, 巧妙.

我们用一些例子说明上面的观点.

第一个例子是勾股定理, 西方称为毕达哥拉斯定理. 勾三股四弦五是这个定理的一个特殊情况, 由西周初年的商高提出. 这个定理说直角三角形的两个直角边的平方和等于斜边的平方:

$$a^2 + b^2 = c^2.$$

证明是简单的. 图 4 的大正方形的面积是斜边的平方 c^2, 它等于里面四个直角三角形的面积与小正方形的面积的和:

$$\frac{4 \times ab}{2} + (a-b)^2 = c^2.$$

化简, 展开, 得

$$2ab + a^2 - 2ab + b^2 = c^2.$$

所以 $a^2 + b^2 = c^2$.

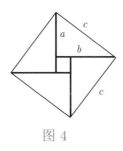

图 4

这个定理的形式与证明都能体现上面所说的数学美中形式与证明部分的含义. 这个定理是基本的, 其内涵深刻、蕴意丰富.

勾股定理的一个应用: 在平面坐标上, 一个点的坐标 (x, y) 满足方程

$$x^2 + y^2 = r^2$$

当且仅当这个点在半径为 r, 圆心在原点的圆周上 (图 5).

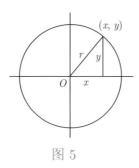

图 5

勾股定理的应用非常广泛, 这是它基本性的一个体现. 其深刻内涵还在于从它那儿可以引申出很多的问题, 比如:

♣ 什么样的正整数 a, b, c 能成为直角三角形的边长?

♣ 边长都是整数的直角三角形的面积是不是整数?

♣ 如果直角三角形的边长都是有理数, 什么情况下面积是整数 (一个例子, 3/2, 20/3, 41/6 是一个直角三角形的三个边长, 面积是 5.) 这样的整数称为**和谐数**或**同余数**.

第三个问题和千禧年问题 BSD 猜想密切相关. 谁能解决 BSD 猜想, 除了荣誉, 还能得到一百万美元. 157 是和谐数, 以 157 为面积的 "最简单" 的有理直角三角形的三边长是

$$a = \frac{411340519227716149383203}{21666555693714761309610},$$

$$b = \frac{6803298487826435051217540}{411340519227716149383203},$$

$$c = \frac{224403517704336969924557513090674863160948472041}{8912332268928859588025535178967163570016480830}.$$

第三个问题和 BSD 猜想的复杂与困难由此可见一斑.

在谈到数学之美的含义时, 里面有一条是 "不同对象之间的联系". 这一点似乎和美扯不上, 其实是思维、逻辑和智慧美的很重要的一点. 我们从这个观点看勾股定理. 一般人们看勾股定理是这样的: 知道直角三角形两个边的长, 可以求出第三个边的长. 这种实用主义的思维妨碍了我们的探索与创新. 换一个角度看, 勾股定理揭示了直角三角形三个边的联系. 这个角度一下子就给我们开阔的视野. 比如说, 三个数的平方有勾股定理的关系, 也可以有高次幂的关系:

$$a^3 + b^3 = c^3, \quad a^4 + b^4 = c^4, \quad \cdots, \quad a^n + b^n = c^n.$$

这就是数论中著名的费马方程. 它们是否有不含零的整数解 (即 a, b, c 是整数, 但它们都不是 0) 是困扰数学家三百多年的问题. 为解决这个问题, 产生了很伟大的数学: 代数数论, 现在是非常活跃的研究方向, 名家辈出. 费马方程问题最后 20 世纪 90 年代被外尔斯解决, 这是 20 世纪一项伟大的数学成就, 轰动一时, 背后的故事也是不寻常的精彩.

第二个例子是出自欧几里得的《几何原本》, 它断言: 素数有无穷多个. 在欧几里得的书中有一个优美的证明: 如果结论不正确, 那么只有有限个素数, 设为 p_1, p_2, $\cdots$, p_n. 把它们都乘起来, 再加上 1, 得到一个数

$$m = 1 + p_1 p_2 \cdots p_n.$$

那么 p_1, p_2, $\cdots$, p_n 都不是 m 的因子, 所以 m 的素因子和那 n 个素数都不同. 这是一个矛盾, 所以, 素数有无穷多个.

这个证明干净利落、巧妙, 能让人在心智上产生一种愉快的感觉. 素数看上去很容易明白, 但可能是数学里面最神秘最难以琢磨的对象了. 对素数, 很容易提出一些小学生都能明白的问题, 但几百年来最有智慧的数学家也无法解决它们. 比如

素数在自然数中占有多少?

哥德巴赫猜想: 每一个大于 2 的偶数都是两个素数的和.

孪生素数猜想: 存在无穷多个素数 p, 使得 $p+2$ 也是素数.

第一个问题的提法不够明确. 我们可以让问题更加明确: 对任意的自然数 N, 在 1 到 N 之间有多少个素数. 这个问题谁也回答不了. 不过数学家还是取得了很多的进展. 在 19 世纪初, 德国数学家高斯和法国数学家勒让德对于素数在自然数中的比例提出了一个著名的猜想, 19 世纪末, 阿达马和德拉瓦勒-普森最先分别证明该猜想, 这就是著名的素数定理. 1949 年塞尔贝格和埃尔德什分别给出素数定理的初等证明. 这是塞尔贝格 1950 年获菲尔兹奖的重要工作的一部分.

第二个问题很容易理解, 也很容易举出例子, 如

$$12 = 5+7, \quad 88 = 5+83 = 17+71 = 29+59 = 41+47, \cdots.$$

到目前为止, 在哥德巴赫猜想上最好的工作依然是陈景润的结果. 他在 1973 年发表的论文证明了每个充分大的偶数都可以写成一个素数加另一个数, 另一个数的素数因子的个数不超过 2 (比如素数和 6=2×3 是这样的数, 但 12=2×2×3 有三个素数因子, 不合要求). 陈景润的结果在世界上被誉为陈氏定理. 在我国, 它有一个误导的名称: 陈景润证明了 1+2, 是徐迟那篇影响广泛的报告文学 "哥德巴赫猜想" 的一个副产品. 徐迟的这篇报告文学激励了一代人对数学的热情和对哥德巴赫猜想的敬意. 陈景润也收到了巨量的敬仰、爱慕的信件. 这种盛况对数学家后来再也没有出现过.

曾经有人和我说起陈景润的工作, 他是完全字面上理解 1+2. 我试图给他解释陈景润工作中 1+2 的含义. 他听后斜乜了我一眼, 说: "你不懂." 我登时无语, 深叹做科普不易. 同时也发现有时人们是多么执着于自己不合事实的理解, 那似乎和自己的自尊心与心智安全感是分不开的.

第三个问题也是很容易理解的. 如 3, 5 和 41, 43 都是相差 2 的素数对. 问题就是这样的素数对是否有无限个. 2013 年华裔数学家张益唐在这个问题上取得巨大的突破, 他证明了存在无穷多对素数, 每一对素数的差都不超过 7000 万. 张益唐的结果轰动一时, 他本人在逆境中保持对自己理想追求的故事也是非常励志的, 感动了世界.

素数是数学研究的最基本的对象之一, 到目前为止, 看上去人类并未显示有足够的智力去完全理解它们. 数学中最有名的问题是黎曼假设, 它与素数研究有非常密切的关系. 实际上, 当时黎曼提出这个猜想就是为了研究素数. 黎曼假设现在还没有解决是一点也不奇怪的.

第三个例子是根号 2 的无理性, 它在古希腊是带来很多困扰的一个数. 定理: 如果 $x^2 = 2$, 那么 x 不是有理数.

我们同样可以给一个富有美感的证明. 如果结论不正确, 就会存在整数 a 和 b 使得 $x = a/b$. 可以假设 a 和 b 互素. 对 $xb = a$ 两边平方, 得 $x^2 b^2 = a^2$, 即 $2b^2 = a^2$, 所以 a 是偶数, $a = 2p$.

这样 $2b^2 = 4p^2$, $b^2 = 2p^2$, 所以 b 是偶数. 于是, a 和 b 都是偶数, 有公因子 2, 矛盾. 从而 x 不是有理数.

到这儿, 或许我们会突然想到小学就学过的圆周率 π 是不是无理数呢? 好像小学和中学都没有人说起此事. 其实这是一个好问题, 和古希腊的著名难题化圆为方密切相关. 这个问题说仅通过直尺 (没有刻度) 和圆规是否能作出一个正方形, 其面积是给定圆的面积. 这个问题直到 1882 年林德曼证明了 π 的超越性才知道答案是否定的. 林德曼的工作告诉我们, π 其实是极其无理的数, 称为超越数, 比 $\sqrt{2}$ 要无理得多. 超越数的研究也是很有意思的, 是数论的重要组成部分. 20 世纪贝克尔因为超越数的研究于 1970 年获得菲尔兹奖.

不谈数学的形美是不能完整认识数学美的. 在几何中有很多重要的几何对象都是异常美丽的, 让人惊艳.

(1) 极小曲面: 极小曲面在微分几何中是很重要的. 在丘成桐等关于广义相对论中的正质量猜想的证明中, 极小曲面是主要的工具 (图 6).

图 6

(2) 分形几何: 分形是 20 世纪研究海岸线发现的, 后来成为重要的数学分支 (图 7).

图 7

(3) 动力系统: 动力系统到处都有. 数学中的动力系统的研究源于庞加莱关于天文学中三体运动的研究, 现在是数学中非常活跃的研究分支, 有多人因动力系统学的研究获菲尔兹奖 (图 8).

(4) 卡拉比-丘流形: 卡拉比-丘流形是非常重要的流形, 研究者众, 在弦论中起基本的作用 (图 9).

图 8

图 9

毫无疑问，我们可以把数学中的质美和形美无限地展示下去，但篇幅所限，应该打消这个念头，把更多的数学美留给读者去探索.

10.8 数学家

数学家是一群有特殊天赋的人，其个性与轶事也是多姿多彩.

控制论创始人维纳要搬家了. 搬家那天，他太太再三叮嘱下班后要到新地址. 当然，和以往一样，维纳忘记了，下班后习惯性地回到旧址，发现有异. 昏暗的光线下看见旁边有一个女孩，问："对不起，也许你认识我. 我是诺伯特·维纳，我们刚搬家. 你知道我们搬到哪里去了吗？"女孩回答说："是的，爸爸，妈妈就知道你会忘记的."

维纳曾在 20 世纪 30 年代访问中国，在清华讲学，他很赏识华罗庚.

德林 (Deligne) 才气过人, 因证明韦伊猜想获菲尔兹奖. 他说: 能否做数学难题只是心理问题. 这颇有点说我行我就行, 说我不行就不行的味道. 这个说法也呼应了一个广为流传又真假莫辨的故事.

某日, 某牛大学上课, 一个学生因故迟到了, 到教室时课已经结束了. 黑板上留下七个题目, 他认为是作业. 他回去就做这些作业. 一周后交作业的时间到了, 这个学生感到非常痛苦, 他只做出来两道题, 虽然他对第三道题有好的想法, 但已经没有时间完成了. 当他沮丧地把部分完成的作业扔到教授桌上时,

教授: 是什么?

学生: 作业啊!

教授: 什么作业?

学生这时才搞清楚, 上周课堂上教授在黑板上写的是该方向最重要的七个未解决的问题. 据说, 这个学生成为职业数学家后就再也没有做出这么优秀的工作.

匈牙利数学家埃尔德什有传奇色彩, 无固定居所, 总在旅行, 到一处就与那儿的数学家合作, 所以其合作者的数量是惊人的. 他认为: 数学家就是把咖啡变成定理的装置.

西格尔, 德国数学家, 获首届沃尔夫奖, 他是很聪明又很努力的那类数学家. 小平邦彦, 日本数学家, 获菲尔兹奖, 常说自己天资不好, 但做事一丝不苟, 全身心投入, 第一次学习范德瓦尔登的《代数学》, 几乎学不懂, 就开始抄书, 直到抄懂.

一个数学家谈到他已故的同事: "他犯了很多错误, 但都是朝着好的方向犯的. 我试着这样做, 但发现犯好的错误是很困难的."

物理学家开尔文 (开氏温度就是以他命名) 这样看数学家: 数学家是这样的人, 他觉得下面这个公式很明显:

$$\int_{-\infty}^{\infty} e^{-x^2} dx = \sqrt{\pi}.$$

笛卡儿是数学家, 也是哲学家. 数学上他创立了解析几何, 哲学上,

他提出 "我思故我在", 引起人们对意识与存在的关系的深思. 有一个传言, 说他与瑞典的公主克里斯蒂娜恋爱, 文字传情因被皇室审查受阻, 于是他用方程 $r = a(1 - \sin\theta)$ 表达他的炽情. 公主看后很快明白了这独特的情书, 这个方程是一个极坐标方程, 其图像是图 10.

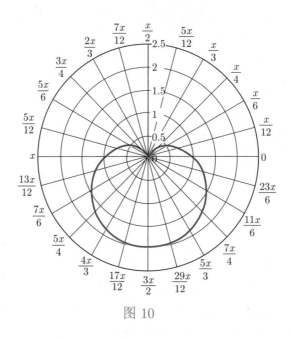

图 10

看来, 数学不仅是描写大自然的语言, 也是描写爱情的语言.

本文根据作者同名报告整理而成, 原载于《数学译林》2020 年第 1 期《数苑讲堂》栏目. 文中绝大部分材料都是广为人知的. 历史部分主要参考资料如下:

1. 数学, 它的内容, 方法和意义, 第一卷, (俄)A.D. 亚历山大洛夫等著, 科学出版社, 2001.

2. 古今数学思想, 第一卷, (美) M. 克莱因著, 上海科技出版社, 1979 年.

其他的参考资料颇繁杂, 包括网络资源, 部分出处在文中的注释列出, 还有很多参考资料难以一一列举.